建筑防灾系列丛书

地震破坏与建筑设计

建筑防灾系列丛书编委会　主编

中国建筑工业出版社

图书在版编目（CIP）数据

地震破坏与建筑设计/建筑防灾系列丛书编委
会主编．—北京：中国建筑工业出版社，2016.9
（建筑防灾系列丛书）
ISBN 978-7-112-19676-0

Ⅰ.①地… Ⅱ.①建… Ⅲ.①建筑结构-抗震结构-
防震设计 Ⅳ.①TU352.110.4

中国版本图书馆 CIP 数据核字（2016）第 194944 号

责任编辑：张幼平
责任设计：李志立
责任校对：王宇枢 李美娜

建筑防灾系列丛书
地震破坏与建筑设计
建筑防灾系列丛书编委会 主编

*

中国建筑工业出版社出版、发行（北京海淀三里河路 9 号）
各地新华书店、建筑书店经销
北京佳捷真科技发展有限公司制版
北京盛通印刷股份有限公司印刷

*

开本：787×1092 毫米 1/16 印张：15½ 字数：318 千字
2017 年 5 月第一版 2017 年 5 月第一次印刷
定价：**38.00** 元
ISBN 978-7-112-19676-0
（29140）

建筑防灾系列丛书
Series of Building Disaster Prevention
指导委员会
Steering Committee

《地震破坏与建筑设计》分册编写委员会

前　言

　　我国地处环太平洋地震带和亚欧地震带，是世界上地震灾害最严重的国家之一，地震强度大、分布广、频率高、损失重。20世纪全球大陆7级以上地震35％发生在我国。

　　地震具有突发性强、难以预测的特点，目前地震的监测预报还是世界性难题，而且即使做到了震前预报，如果建筑工程自身的抗震能力薄弱，也难以避免建筑工程破坏程度很大的巨大损失。

　　近年来的特大地震灾害屡屡告诉我们，严格执行工程建设强制性标准，搞好新建工程的抗震设防，对原有未经抗震设防的工程进行抗震加固等，是减轻地震灾害最直接、最有效的途径和方法。新疆是我国地震频发而且烈度较高的地区，近年来新疆按照《建筑抗震设计规范》建造的抗震安居工程有效抵御了数次地震，未造成不可修复的破坏；发生在2008年的汶川地震，其震害经验表明，严格按照2001年版《建筑抗震设计规范》进行抗震设防的建筑，在遭遇比当地设防烈度高一度的地震作用下，没有出现倒塌破坏，达到了在预估的罕遇地震作用下保障生命安全的抗震设防目标。同样属于发展中国家的智利，20世纪60年代曾经历了惨痛的地震破坏，近半个世纪以来严格执行本国的抗震设计标准，在2010年初的特大地震中，建筑工程损失较小，有效保障了居民的生命财产安全，堪称奇迹。相比之下，因建筑工程未考虑抗震设防，早于智利地震一个月的海地地震，则给该国人民带去了不可磨灭的痛苦回忆。

　　国内外的地震经验教训表明，地震造成的损失主要来自于工程震害及其次生灾害，如何最大限度地减轻地震灾害损失，越来越成为各国政府和工程技术界关心并致力解决的问题。事实表明，虽然人类目前尚无法避免地震的发生，但切实可行的抗震措施使人类可以有效避免或减轻地震造成的灾害。

　　本书受"十二五"国家科技支撑计划课题"城镇重要功能节点和脆弱区灾害承载力评估与处置技术"（2015BAK14B02）资助。在编写过程中，借鉴国内外多位工程抗震专家的论文和著作，总结了近年来国内外大地震的经验教训，充分吸收了地震工程的新科研成果，注重实用性。全书共四章，内容包括有没有能防震的建筑、什么样的建筑能防震、建筑的抗震设计和地震的次生灾害。由唐曹明研究员负责统稿，杨韬高级工程师和肖青工程师参加了校对工作。参加编写的人员为：沈麒副研究员编写第一、四章，毋剑平副研究员编写第二章 2.1 节，姚秋来研究员编写第二章 2.2 节和第三章 3.2 节，肖伟研究员编写第二章 2.3 节和第三章 3.3 节，唐曹明研究员编写第二章 2.4 节和第三章 3.4 节，史铁花研究员编写第二章 2.5 节和第三章 3.5 节，尹保江研究员编写第二章 2.6 节和第三章 3.6 节，易方民研究员编写第二章 2.7 节和第三章 3.7 节，沙安研究员编写第二章 2.8 节和第三章 3.8 节，罗开海研究员编写第三章 3.1 节。

在本书编写、审校过程中，得到了住房和城乡建设部防灾研究中心领导的大力支持和指导，并提出了宝贵的修改意见，在此表示衷心的感谢。同时对本书中参考和引用过文献资料的单位和作者，一并表示诚挚的谢意。

由于编者水平所限，书中难免存在疏漏之处，恳请读者和同行批评指正。

目　录

第一章　有没有能防震的建筑？

第二章　什么样的建筑能抗震？

第三章　建筑的抗震设计

第四章　地震的次生灾害

第一章　有没有能防震的建筑？

有没有能防震的建筑？从纯理想的角度来说，只要把所有建筑物的抗震能力无限提高，那么就能满足，"不论多大的地震，地震灾害的发生率都会趋近于零"。但事实上，由于地震的不可预见性以及经济上的考虑，希望地震的破坏力和人的反破坏能力完全达到平衡几乎是无法实现的。因此，讨论建筑与地震的关系，必须在现实的经济可行性和地震可能的危害程度（用烈度和震级表示）之间进行博弈，而不能用"防震"这样的绝对化思路来应对：与其说是"防震"，不如说是"抗震"。

目前提高建筑抗震能力可行且行之有效的方法只能通过总结历次地震灾害的经验教训，逐步完善现有的抗震设计方法，并研发新型材料和抗震技术。

1.1　以往地震中建筑震害情况

实践表明，每一次大地震都是对建筑抗震设防的检验，同时会提供一些新的经验教训，也会提出一些新的问题。认真总结这些经验教训，研究新问题，必将有力推动工程抗震科学研究工作的发展，为制定各类工程抗震设计的规范、规程、标准，提供宝贵的第一手资料。地震的震害情况与地震特性、社会发展、抗震设计水平有关，现将近年内 2 次大地震震害情况进行统计。

1.1.1　2008 年中国汶川地震

2008 年 5 月 12 日，中国四川省汶川县发生 8.0 级特大地震，这次地震是新中国成立以来破坏性最强的一次地震，直接严重受灾地区达 10 万平方公里，遇难约 7 万人，受伤近 4 万人，失踪约 2 万人，直接经济损失达 8 亿多元。

汶川地震区的建筑结构形式主要有砖混结构、框架结构、砖土（木）结构等，其中砖混结构房屋的破坏情况最为严重。以震中北川县城为例，整个县城砖混结构的房屋倒塌约占整个倒塌房屋的 70% 以上，而这其中很多建筑都是学校、医院等重要建筑（图 1-1、图 1-2），因此造成的人员伤亡十分惨重。未倒塌的教学楼也都受到了不同程度的破坏，震中 60% 以上的教学楼成了危房，需要拆除重建。

图 1-1
2008 年中国汶川
8.0 级地震震害情
况

图 1-2
2008 年中国汶川
地震中较多学校
和医院破坏

造成这种严重后果的客观原因如下：

1. 汶川地震烈度已远远超过该地区的抗震设防烈度。

2. 中小学教学楼横墙间距大、道数少，层高高，外纵墙窗洞多，缺少足够的结构冗余度，结构整体性差，破坏特征表现为脆性。

3. 教学楼楼盖大量采用预应力多孔板。

汶川地震后，学校建筑安全和灾后恢复重建受到社会各界的广泛关注，确保学校、医院等重要建筑的抗震安全性成为灾后重建工作的重中之重。

1.1.2　2011 年日本东日本地震

2011 年 3 月 11 日，日本东北部海域发生里氏 9.0 级地震并引发海啸，遇难和失踪人数超过 2 万，并造成重大财产损失。

图 1-3
2011 年日本东部
海域 9.0 级地震
震害

由于东日本地震的震中在外海 130 公里的太平洋海域，加之震中宫城在 1978 年遭受过 7.0 级大地震，震损建筑都进行过加固而新建建筑都是按照 1981 年颁布的新抗震设计法，设防要求更高，所以此次由于地震直接遭受破坏的建筑不多，破坏也多以非结构构件损伤为主。大部分人员和财产损失都是由于海啸造成，虽然海水冲进房屋，造成室内财产损失，但是结构整体没有破损（图 1-4）。

图 1-4
2011 年日本东部海域地震中部分结构整体完好

同时通过调查发现，钢结构和钢筋混凝土结构的建筑要比木屋有更强的抗海啸能力，特别是底层为框架柱的多层结构。这对于今后海啸多发地区的抗震设计有重要的指导意义。

1.2　未破坏建筑的特点

通过对历次地震震害的分析总结，发现地震后有的房屋倒塌了，有的却完好无损，房屋的体形、结构形式、材料、建筑年代、抗震设防标准，以及地基是否位于地震的断裂带等原因，都会影响其在地震中的表现。设计的合理性与施工的严密性决定房屋在地震中的表现。在同等条件下，结构设计得越合理，施工质量控制得越好，建筑物的抗震表现越好。地震中未遭受破坏建筑的特点可以总结出以下几方面的特点。

1.2.1　合理的结构体系

建筑结构选型是保证结构良好抗震性能的第一道重要防线，它不仅要考虑建筑的设计高度和功能需求，还需要考虑各种结构体系的综合经济指标。

现有的建筑结构主要包括砖混结构、框架结构、剪力墙结构、钢结构、木结构等。无论哪一种结构形式，只要设计合理、高度与结构形式匹配，就应该是抗震的。现将各种结构形式的适用范围总结如下：

1. 100m 以上的超高层建筑或者跨度较大的建筑通常应用钢结构。不过，由于钢结构建筑的造价相对较高，目前应用不是非常普遍。

2. 10 层及 10 层以上的居住建筑或高度超过 24m 的高层建筑大量采用剪力墙结构。

3. 24m 以下或者 10 层以下住宅一般以砖混结构为主。目前我国只有城郊的一些建筑使用。

4. 目前我们所见的大多数建筑都是框架结构，框架结构在现代建筑设计中应用较为普遍。

5. 木结构在我国使用很少，在日本、加拿大等地的小别墅中使用较多。

1.2.2　完善的抗震设计

中国现行抗震规范采用基于承载力和构造保证延性的设计思路，实现"小震不坏，中震可修，大震不倒"三个水准的基本设防目标。为实现三水准的设防目标，结构抗震要从概念设计、抗震计算与构造措施三方面进行。概念设计在总体上把握抗震设计的基本原则，抗震计算为建筑抗震设计提供定量手段，构造措施可以在保证结构整体性、加强局部薄弱环节等方面保证抗震计算结果的有效性。

1. 抗震概念设计

概念设计是根据结构经历真实地震考验的经验总结或大型地震模拟实验的分析结果而建立的，有些规律是目前的理论分析或理论计算所难以解释或难以准确计算的，是抗震计算的前提和基础，在很大程度上，结构抗震性能的决定因素是良好的概念设计。

1）场地、地基和基础

地震对建筑物的破坏作用是通过场地、地基和基础传给上部结构体系的。在具有不同工程地质条件的场地上，建筑物在地震中的破坏程度是明显不同的，故对于场地条件的选择是抗震设计的第一步。建议工程场地避开地震断裂带、山体滑坡区、行洪河道等危险地带。

2）平、立面布置

建筑及其抗侧力结构的平面布置宜规则、对称，并应具有良好的整体性；立面和竖向剖面宜规则，结构的侧向刚度宜均匀变化，竖向抗侧力构件的截面尺寸和材料强度宜自下而上逐渐减小，避免抗侧力结构的侧向刚度和承载力突变。

大量震害事实表明，规则、简单、对称的建筑平、立面布置震害较轻，原因在于这种结构体系受力明确，荷载传递路径合理，在地震作用下，始终保持良好的整体性，结构构件在地震作用下共同、协调承受地震作用，从而提高建筑物承受地震作用的能力。

3）结构整体性

结构构件之间连接的可靠性必须得到保证，结构体系的整体性和稳定性才能得到保障。

4）多道抗震防线

概念设计的一个重要原则是结构应有必要的冗余度和内力重分配的功能。具有多道抗震防线的结构体系具有耗散大量地震能量的能力，在遭受罕遇地震时第一道防线可能遭受破坏，部分结构退出工作，多道抗震防线将会避免因部分构件破坏而导致结构体系丧失抗震能力和承受荷载的能力，从而实现"大震不倒"的设防目标。

2. 抗震计算

世界各国的抗震设计基本思路大致相同，但抗震计算方法却有一定差别，根据我国的建筑抗震设计规范，抗震计算应按如下原则采用不同的方法，即越复杂建筑越需要进行严密的计算：

1) 高度不超过 40m，以剪切变形为主且质量和刚度沿高度分布比较均匀的结构，可采用底部剪力法。

2) 除第 1) 条外的建筑结构，宜采用振型分解反应谱法。

3) 特别不规则的建筑，应采用时程分析法进行多遇地震下的补充计算。

同时对于不同的结构形式，抗震规范也给出了具体的计算要求和抗震构造措施。

3. 抗震构造措施

我国抗震规范明确指出，抗震构造措施是指根据抗震概念设计原则，一般不需要计算而对结构和非结构各部分必须采取的各种细部要求。地震十分复杂，而且是不确定的，结构构件的破坏机理也很复杂，各种计算模型也不可能与结构的实际情况完全相同。因此，结构的抗震设计不应完全依靠理论分析来解决；从大量震害调查和模拟试验中总结出来的抗震构造措施，同样十分重要。

对于不同的结构形式，抗震构造措施基本都包括构件的截面尺寸、配筋要求、延性、锚固长度、轴压比、最小配筋率、体积配筋率、长细比等。

1.2.3 良好的施工质量

施工质量，百年大计，科学合理的设计，还要通过高质量的施工才能得以实现。科学合理的抗震设计，必须通过高质量的施工才能发挥作用，因此把好施工质量关和把好抗震设计关一样重要，都是减轻地震灾害的重要环节。要提高建筑的施工质量，必须注意以下几个方面：

1) 提高施工队伍技术和素质，拒绝无证上岗。

2) 把好施工用材质量关。

3) 严格按施工规范或规定施工，加强施工环节的现场质量监督。

4) 健全法律体系，依法对施工中不法行为进行惩罚。

1.3 如何使建筑更加耐震

近年来的地震灾害告诉我们，严格执行工程建设强制性标准，搞好新建工程的抗震设防，对原有未经抗震设防的工程进行抗震加固等，是减轻地震灾害的最直接、最有效的途径和方法。简而言之，抗震设防是第一道防线，抗震加固是第二道防线。

1.3.1　抗震加固

建筑物在长期的使用环境特别是震害的作用下，其功能必然逐渐减弱。为了保证结构良好的抗震性能，不仅需要做好建筑物前期的设计工作，还要能科学地评估结构损伤的客观规律和程度，并采取有效的方法对结构进行抗震加固。房屋抗震加固就是要弥补房屋的缺陷，改善房屋的抗震性能，提高房屋本身的安全性，使现有建筑达到规定的要求而进行的设计及施工。

汶川地震以后，震区各类学校损失惨重，针对地震中大量学校遭到破坏的情况，国务院办公厅于 2009 年颁布了《全国中小学校舍安全工程实施方案》，要求从 2009 年开始，用 3 年时间实施中小学校安全工程。除了国家特别要求外，通常情况下，需要进行抗震加固的建筑包括如下几种：接近或超过设计使用年限 50 年的建筑；原结构设计未考虑抗震设防或未达到规定抗震设防目标的建筑；历史风貌、纪念性建筑；需进行改建、扩建或加层的建筑；遭受灾害（地震、火灾、爆炸、撞击）受损的建筑；发生工程质量事故或质量低劣建筑。

加固应优先采用增强结构整体抗震性能的方案，要从抗震性、功能性、可实施性、经济性和美观性等方面综合考虑。

1. 增大截面加固法。即采用增大混凝土或构筑物的截面面积，提高其承载力以满足正常使用的加固方法。该方法施工工艺简单、适应性强，并具有成熟的设计和施工经验，适用于梁、板、柱、墙和一般构筑物的混凝土的加固（图 1-5）。

图 1-5
增大截面加固法

2. 粘钢加固法。粘贴钢板加固法是采用胶粘剂和锚栓将钢板粘贴固定于混凝土结构受拉面或薄弱部位，使钢板与加固混凝土构件形成结构整体，以达到提高结构承载能力的目的。该法有基本不改变原结构截面尺寸、施工工艺较为简单、工期短、技术可靠性高、工艺成熟且短期加固效果较好等优点（图 1-6）。

图 1-6
外粘钢板加固法

3. 粘贴纤维复合材加固法。外贴纤维加固是用胶粘材料把纤维增强复合材料贴于被加固构件的受拉区域，使它与被加固截面共同工作，达到提高构件承载能力的目的。除具有粘贴钢板相似的优点外，还具有耐腐蚀、耐潮湿、几乎不增加结构自重、耐用、维护费用较低等优点，但需要专门的防火处理，适用于各种受力性质的混凝土结构构件和一般构筑物（图 1-7）。

图 1-7
粘贴纤维复合材加固法

4. 增设支点加固法。通过增设支撑点减小结构计算跨度、改变结构内力分布以提高承载能力的加固方法被称为增加支承加固法。该法适用于对使用条件和外观要求不高的建筑物以及抢险工程的临时性支顶，具有受力明确、易于安装拆卸、简单可靠等优点，缺点表现为显著影响使用空间，对建筑物的原貌和部分使用功能具有一定损害（图 1-8）。

图 1-8
增设柱间支撑加固法

1.3.2　非结构构件设计

　　房屋的结构构件，是指作为骨架把房屋支撑起来并承受荷载的构件，如柱、梁、楼梯、屋盖、承重墙及基础等。房屋中结构构件以外的构件即为附属结构及非结构构件。建筑附属结构及非结构构件，主要包括非承重墙体、屋面构件、连接部位与变形缝、吊顶与天棚、楼梯、装修（图 1-9～图 1-11）。

图 1-9
非承重墙破坏

图 1-10
楼梯破坏

图 1-11
装修和吊顶破坏

　　长期以来,非结构构件的破坏被认为是次要因素而没有引起足够的重视。可是,震害调查结果表明,很多结构构件破坏轻微甚至没有破坏,而非结构部分破坏却比较严重。虽然尽量降低地震时建筑结构性破坏仍是研究的主要课题,可是非结构构件的破坏对人类生命安全带来的危害以及所造成的经济损失已不能被认为是次要的因素,所以必须加以认真对待。

　　随着社会的进步和经济的发展,建筑的非结构构件造价将占总造价的主要部分,抗震设防将不仅是保护人的生命安全,而要更多考虑经济和社会生活,建筑非结构构件的抗震设防目标将更为重要。完备的非结构构件设计也是提高结构抗震设计很重要的组成部分。

参 考 文 献

[1] 杜晓琴,张国军.从汶川地震探讨中小学教学楼的抗震性能.上海师范大学学报(自然科学版),2010(8).

[2] 杨杰,张敏,李红培.概念设计在建筑抗震设计中的重要性和实现方法.四川建筑,2010(8).

[3] 黄卫等.房屋抗震知识读本.中国建筑工业出版社,2008.

第二章　什么样的建筑能抗震？

2.1　地震是如何对建筑作用的

据统计，世界上 130 次巨大的地震灾害中，90%～95% 的伤亡是由于建筑物倒塌造成的。地震为什么会造成房屋的破坏？地震时造成房屋破坏的"元凶"是地震作用。什么是地震作用？简单地说，这是一种惯性力，行驶的汽车紧急刹车时，车上的人会向前倾倒，就是惯性力的作用。地震时地震波引起地面震动产生的地震力作用于建筑物，如果房屋经受不住地震力的作用，轻者损坏，重者就会倒塌；地震越强，房屋所受到的地震力越大，破坏就越严重。影响震时房屋破坏程度的因素是什么？首先与地震本身有关，地震越大，震中距越小，震源深度越浅，破坏越重。其次是房屋本身的质量，包括其结构是否合理、施工质量是否到位等。再次是建筑物所在地的场地条件，包括场地土质的坚硬程度、覆盖层的深度等。最后，局部地形对震害的影响也很大。那么地震究竟是怎样作用在建筑物上，进而导致建筑物损坏的呢？这里需要介绍几个关于地震的基本概念。

1. 地震

地震是地球表层的震动，根据震动性质不同可分为三类：天然地震，指自然界发生的地震现象；人工地震，由爆破、核试验等人为因素引起的地面震动；脉动，由于大气活动、海浪冲击等原因引起的地球表层的经常性微动。天然地震又可分为三类：构造地震、火山地震和陷落地震，其中构造地震约占全球地震的 90% 以上且破坏力巨大。

构造地震是如何发生的？这就要从地球的内部构造说起。地球是一个平均半径约为 6370km 的多层球体，最外层的地壳相当薄，平均厚度约为 33km，它与地幔（厚约 2900km）的最上层共同形成了厚约 100km 的岩石圈。在构造力的作用下，当岩石圈某处岩层发生突然破裂、错动时，长期积累起来的能量便在瞬间急剧释放出来，巨大的能量以地震波的形式由该处向四面八方传播出去，直到地球表面，引起地表的震动，便造成地震。

2. 断层

断层是地下岩层沿一个破裂面或破裂带两侧发生相对位错的现象。地震往往是由断层活动引起的，是断层活动的一种表现，所以地震与断层的关系十分密切。断层一般在中上地壳最为明显，有的直接出露地表，有的则隐伏在地下；它们的规模也各不相同。岩石发生相对位移的破裂面称为断层面；根据断层面两盘运动方式的不同，大致可分为正断层（上盘相对下滑）、逆断层（上盘相对上冲）、平移断层（两盘沿断层走向相对水平错动）三种类型。与地震发生关系最为密切的是在现代构造环境下曾有活动的那些断层，即活断层。

3. 地震波

地震发生时，地下岩层断裂错位释放出巨大的能量，激发出一种向四周传播的弹性波，这就是地震波。地震波主要分为体波和面波。体波可以在三维空间中向任何方向传播，又可分为纵波和横波。纵波是振动方向与波的传播方向一致的波，传播速度较快，到达地面时人感觉颠动，物体上下跳动；横波是振动方向与波的传播方向垂直的波，传播速度比纵波慢，到达地面时人感觉摇晃，物体会来回摆动。当体波到达岩层界面或地表时，会产生沿界面或地表传播的幅度很大的波，称为面波。面波传播速度小于横波，所以跟在横波的后面。

地震发生后一段时间，一些地震波到达地球表面，引起地面运动，对建筑物产生地震作用，首先作用在建筑物的基础上，然后通过复杂的方式传递到建筑物其他部位，最后导致建筑震害，这个过程可以通过模拟振动台试验重现。

真正的地面运动非常复杂，可以想象在湖面扔一块小石头，水面的运动大致与地震中建筑物所处的地面运动相似。首先平静的水面被打破，然后以石头入水处为中心，形成一圈圈向外扩展的波纹，这些波纹相互作用，很快整个湖面布满涟漪，你已经不能分辨出最初的波形。同样，地震中不同频率和振幅的地震波互相作用，形成复杂的地面运动。

地面运动复杂由三方面原因造成：震源产生地震波时，各个波的特征并不统一；各波在传播时又受地球表面介质的影响；当地震波传至建筑物下方的场地时，又受到场地土的影响。我们把这三方面因素称为震源、路径和场地土特征。

地面运动最重要的三个因素是持续时间、峰值（位移、速度和加速度）以及场地土特征周期（频率）。地面运动是各种不同频率的振动叠加引起的复杂过程，但是任何场地都有一些频率起主要作用。场地的频率分布称为场地的频谱。

建筑物对地面运动的反应与地面运动本身类似，也非常复杂，但是却完全不同。既然地震中建筑物是一个复杂的振动体系，它也有自身频谱。有一个主要频率起作用，也就是基本频率。一般来讲低的建筑物基本频率比较高，高层建筑基本频率比较低。结构基本周期也是一个重要概念，基本周期是基本频率的倒数。工程中有简化计算结构基本周期的方法，也就是楼层数的 0.1 倍，如 3 层房子基本周期是 0.3 秒，20 层房子基本周期是 2 秒。

同一地震中，不同建筑物有不同表现，同样地，同一建筑物在不同的地震中也会有不同的表现。那么对不同频率的地震，建筑物会有什么不同的反应，我们可以简要地用反应谱来表示。反应谱就是一幅曲线图，描述了对应不同频率地震，建筑物的峰值加速度、速度和位移等。反应谱是工程抗震领域一个重要的概念。建筑物在地震中遭受的加速度值是预测其抗震性能的一个重要指标。

即使在大地震中，地面和建筑物的绝对运动并不是很大，也就是说，房屋并没有很大的位移（相对它自身的尺度）。因此，导致房屋破坏的因素并不仅仅是位移。事实上，是因为地震中房屋由于地面运动被迫快速移动导致破坏的。想象一下，你站在一块地毯上，某人忽然从你脚下抽出这块地毯。如果他抽得足够快，那么他不用抽很长的距离就可以让你失去平衡。相反地，如果他开始抽得很慢，逐渐加快速度，那么即使移动很长的距离，你也可以保持平衡。

换句话说，地震中房屋的破坏很大程度上不是它位移有多大，而是在地震中它遭受的加速度有多大。目前为了研究房屋的地震作用，很多地震易发地区的建筑物上装有加速度仪。地震中，这些设备可以记录下建筑物或者地面的加速度变化过程，工程中称为加速度谱。加速度谱除了提供与此次地震相关的信息之外，还可以为新建筑的抗震设计提供参数。

加速度对房屋的破坏有重大影响，因为作为一个运动的物体，地震中的房屋遵循牛顿第二运动定理，也就是 $F＝ma$。

从式中可以看出，作用在房屋上的力等于房屋质量与加速度的乘积。房屋质量不会改变，因此这个力随着房屋的加速度的增加而增大。而房屋加速度随地面加速度的增加而增加。

作用在房屋上的力越大，房屋的破坏程度越大，因此房屋抗震设计时，尽量减少地震作用是一个重要的手段。设计一个新建筑物时，工程师首先会尽量采用轻质建材，这样可以减少 m，进而达到减少地震作用的效果。随着科技的发展，目前也出现很多技术可以减少地震中房屋的加速度，例如隔震技术。

式中 F 是惯性力，也就是说这个力之所以产生是因为地震中尽管地面已经开始运动，但是房屋由于惯性的原因仍然想在它原来的位置保持静止的状态。根据达朗伯原理，当物体运动状态发生变化时，由于物体本身的惯性，物体将产生反作用力，大小等于物体质量与加速度的乘积，方向与加速度方向相反。这个惯性力作用在结构上，使结构构件，梁、柱、墙、楼板以及节点产生应力。如果应力足够大，结构构件将出现各种不同程度的破坏。

为了说明这个惯性力是如何在结构构件上产生应力的，我们可以将房屋简化成一个刚性体。当地震发生时，如果一个刚性体没有任何约束，放在地面上，那么它在惯性力的作用下，将会向地面运动相反的方向移动。但是如果它被固定在地面上不能自由移动，那么，它必须内部消化这个惯性力，在它的基础附近会产生大量裂缝。

当然，地震中建筑物的表现不会像我们描述的这么简单。建筑物自身很多的特性会影响它在地震中的加速度以及变形进而使同一地震中，不同建筑物产生不同类型和程度的破坏。

地震时地面突然运动，建筑物获得加速度，这个加速度的大小主要与场地的运动频率和建筑物的固有频率有关。如果两个频率接近，由于共振作用，建筑物的地震反应将达到最大。在某些情况下，这个放大效应可以将建筑物的加速度提高至地面输入加速度的两倍甚至更多。基于此，当场地频率接近建筑物基本频率时，建筑物震害最为严重。发生在 1985 年 9 月 19 日的墨西哥城地震可以很好地说明这个问题。地震中大多数 20 层左右的建筑物倒塌，这些建筑基本周期大概为 2.0 秒，频率 0.5 赫兹，与地震频率接近，产生共振。其他不同层数的建筑物，即使与这些倒塌的 20 层建筑物紧邻，也基本没有破坏。

建筑物越高，它的基本周期越长。同时建筑物的高度与结构的另一个重要特性——延性密切相关，高层建筑延性通常比低矮的建筑物延性好。以金属杆为例，直径一定，长度越短，那么越难徒手弯折。延性和刚性是反义词，一个建筑物越刚，那么它的延性就越差。

刚度决定建筑物在地震中吸收多少地震作用。一个固定在地面上的刚性体，刚度很大，吸收的地震作用也很大，破坏很严重。当然实际建筑物内部要复杂得多，由很多不同的构件组成，相对柔性好一些。

延性是一个物体的变形能力。简单说就是受扭、受弯而不破坏的能力。与刚性体相反的是金属杆，我们可以从一个例子看出，延性如何提高建筑物的抗震性能。用一个质点和金属杆来代替刚性体，当地震来临，随着地面运动，金属杆弯曲，尽管变形很大，但是没有破坏（相对石头、砌体和混凝土而言，金属有更好的延性）。地震时，建筑物产生一定程度的变形而不是破坏更加让人能接受。

延性实际上是影响建筑物抗震性能的最重要的特性。结构工程师进行房屋抗震设计时，最重要的任务就是保证房屋具有足够的延性，以便在设计使用年限内，它能够经受一定超越概率的地震而不倒塌。

最后一个重要的概念是阻尼。地震中建筑物表现出来的是一个复杂的振动过程，不是一个方向的一次大的位移，而是在很多不同方向来回振动。所有的振动物体，包括建筑物，随着时间流逝，振动都会衰减，也就是振幅逐渐减小，这是因为阻尼存在。如果没有阻尼，一旦物体开始振动，它就永远不会停止。不同物体拥有不同的阻尼。地震中的建筑物，阻尼主要是来自结构内部的摩擦和结构构件和非结构构件的耗能作用，所有建筑物天生都有阻尼，阻尼越大，振动后越快停下来，从抗震的角度来看，这当然是一个很大的优点。目前工程上已经利用这一点，在建筑物内部设置阻尼器来提高建筑物自身的阻尼，从而达到提高其抗震性能的目的。

简单地说，地震作用在建筑物上是一个复杂的过程。首先岩石圈某处岩层发生突然破裂、错动时，会把长期积累起来的能量在瞬间急剧释放出来，巨大的能量以地震波的形式由该处向四面八方传播出去，直到地球表面，引起地面运动。坐落在地面的建筑物随之被赋予一个加速度，根据牛顿第二运动定理和达朗伯原理，建筑物上产生一个惯性力，这个惯性力的大小不仅与地震本身特性如震级、震中距和震源深度有关，而且与房屋自身重量、周期等有关。此外建筑物所在地的场地条件，包括场地土质的坚硬程度、覆盖层的深度等都会影响其大小。F 是惯性力，也就是说这个力之所以产生，是因为地震中尽管地面已经开始运动，但是房屋由于惯性的原因仍然想在它原来的位置保持静止的状态。这个惯性力作用在结构上，使结构构件、梁、柱、墙、楼板以及节点产生应力。如果应力足够大，结构构件将出现各种不同程度的破坏，也就是我们通常所见的各种各样的震害。

2.2 砌体房屋

砌体结构是指采用砌筑砂浆将砖、石材或砌块粘结砌筑成房屋的承重墙体，圈梁、构造柱等抗震构件和楼板、屋面板等水平承重构件采用钢筋混凝土预制或现浇而成的房屋结构，其中主要承受风和地震等水平作用的构件是砖墙。以前这类结构因常用块体为砖或石材而被称为砖石结构，后因结构中增加了圈梁、构造柱等混凝土构件的设置而被称为砖混结构。

砌体结构曾经是在我国应用最为广泛的结构形式，无论城市还是村镇，多层砌体房屋随处可见。近十余年来，伴随我国的城市化进程，高层建筑突飞猛进，砌体结构的应用相对有所减少，但在多层建筑中仍占有极大的比例。以北京市为例，目前高层和多层建筑各占 50%；而在其他城市，一般多层建筑均超过高层建筑的数量。因此，砌体结构的抗震设计仍不容忽视。我国砌体结构抗震设计研究和应用水平处于国际领先状态。

2.2.1 砌体结构的受力特性

砌体结构的受力特性简而言之就是"抗压能力强，抗弯、抗剪能力差"。

我们形容某些事物非常坚固，经常用"坚如磐石"这个词，说它像大石头一样坚硬牢固，因为在我们的意识里石头的材质是很坚硬的，专业一点说就是它的抗压强度比较高，人工烧结的砖和砌块也是如此。房屋结构采用如此特性的材料砌筑而成，虽然由于砌筑砂浆的灰缝厚度和密实度不均匀以及块体和砂浆的交互作用等原因，在砌体结构中块体的抗压强度不能充分发挥，但是整体结构在竖向荷载作用下的抗压能力也相对较强（相对于传统木结构而言）。

砌体结构是用砌筑砂浆把一块一块材料粘结起来而形成的，其抗弯、抗剪能力取决于灰缝中砂浆和块体的粘结强度，特别是平行于灰缝的切向粘结强度。该强度与砂浆强度关系最大，但影响因素很多，砌筑砂浆的强度一般较块体低，且离散性较大，根据"各个击破"的原理，砌体结构受到水平荷载作用时，大多沿水平通缝或沿齿缝破坏。实际情况下砌体结构的抗拉、抗剪强度远远低于其抗压强度，因此抗弯、抗剪能力比较差，抗震能力也就相对较差了。

2.2.2　砌体结构的变形特性

砖石和钢是破坏形态完全不同的两种材料。砖石在破坏时和素混凝土类似，呈现脆性特点，无论受拉还是受压，一旦开裂即达到破坏，之前没有明显的变形等破坏预兆。而钢材在受拉或受压时，随着外力的增加，变形也随之增加，在一定阶段（弹性阶段内）变形线性增长，如果此时撤销外力变形可以恢复，度过该阶段（进入屈服阶段），变形增加速度高于外力增加幅度，此部分变形在外力撤销后不可恢复，之后在有一段短暂的强度增加后（强化阶段）达到破坏，受拉时出现破断，受压时压力无法增加而变形无限增大，因此钢材在破坏前有明显的预兆，属于塑性材料。而配置钢筋的混凝土共同工作，我们称之为钢筋混凝土，其变形特性介于上述两者之间。

砖石材料的变形特性决定了砌体结构的变形能力较差，特别是砌筑砂浆的存在，使砌体结构中有较砖石更为薄弱的环节，所受水平力超过其承载能力，即会产生齿缝或通缝，当局部块体薄弱时裂缝可能会贯通块体，裂缝一旦出现，原本通过砂浆粘结在一起的砌体结构将变成松散块体，其整体性遭到破坏，严重时造成建筑破坏甚至倒塌。

总的来说，砌体结构是一种刚性结构，靠自身的刚度来抵御水平力作用，没有什么变形能力，因此在其设计施工中应注重结构构造（包括层高、层数、设置圈梁、构造柱等构造措施），有助于提高对砌体的约束作用和变形能力。

2.2.3　砌体结构中墙体的抗震性能

在地震中，砌体房屋的墙体主要承受往复的水平惯性力作用。试验研究发现，不配筋墙体、配置水平钢筋的墙体和设置构造柱的墙体，在往复水平力作用下的性能有很大不同。

1. 无筋砌体墙

作用有竖向压力时，无筋砌体墙在往复水平力作用下，首先从近似对角线方向出现斜向裂缝，并逐步扩展。如果墙体的高宽比接近 1，则墙体呈 X 形交叉裂缝。若墙体的高宽比较小，还在墙体的中间部位出现水平裂缝，如图 2-1 所示。在往复水平力作用下，墙体最终形成四大块体，其破坏形态为剪切型破坏。若继续加载，开裂的墙体沿水平裂缝产生滑移，其承载能力迅速降低。

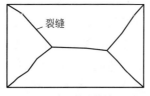

a. 高宽比较大的墙　　　　　*b.* 高宽比较小的墙

图 2-1
不同高宽比墙的破坏特征

当门窗洞口把墙体分成若干墙段，各墙肢高宽比都小于 1.0 的情况下，其破坏规律为：较宽的墙肢一般先于较窄墙肢开裂和破坏，但也有个别例外的情况。试验结果表明，墙体在水平力作用下的各墙肢按其刚度大小承担地震剪力。

2. 水平配筋砌体墙

水平配筋砌体墙的破坏现象与无筋砌体墙有所不同。无筋砌体墙破坏是沿墙面主要出现一对交叉的对角斜裂缝，其他部位裂缝较少发生。而水平配筋砌体墙，即使水平钢筋的体积配筋率比较低，也会出现沿墙体两个对角线方向的多条裂缝，而且很难确定哪一条是主裂缝；水平钢筋的体积配筋率越高，墙体裂缝分布越均匀，如图 2-2 所示。

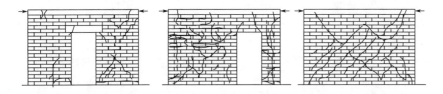

图 2-2
水平配筋砌体墙的破坏特征

在往复水平力作用下，水平配筋砌体的滞回曲线能较全面地描述其弹性、非弹性性质及其抗震性能。图 2-3 为比较典型的水平配筋砌体墙的荷载—位移滞回曲线。从图中可以看出，水平配筋砌体墙工作的过程经历了三个阶段：

（1）开裂前，荷载—位移曲线接近线性变形，为弹性阶段；

（2）从开裂荷载到极限荷载为墙体裂缝开展与刚度明显降低的弹塑性阶段；

（3）超过极限荷载后，横向配筋砌体的承载能力随位移的增加而逐渐下降的破坏阶段。

由于水平配筋砌体墙在水平力作用下出现多条均匀的裂缝，所以以图中荷载—位移滞回曲线所包络的面积比较大，也就是说水平配筋砌体墙的耗能能力比较大。

试验表明，水平配筋砌体墙的承载力随着墙体水平钢筋体积配筋率的增加而增加，其变形能力也随之得到显著提高。一些试验结果表明其变形能力比无筋砌体墙提高一倍以上，带构造柱的水平配筋砌体墙比带构造柱的无筋砌体墙的变形能力要提高 50％左右。

3. 设构造柱的砌体墙

设构造柱的砌体墙的破坏过程和普通砌体墙有所不同。当达到极限荷载时，墙面裂缝延伸至柱的上下端，出现较平缓的斜裂缝，柱中部有细微的水平裂缝，接近柱端处混凝土破碎，墙体亦呈现剪切破坏，大量的试验说明，虽然设构造柱对砌体墙的抗剪能力提高不多，大体为 10％～20％，但是其变形能力确可以大大提高。在极限荷载下，1340mm×4000mm×240mm 的足尺试验墙体的最大变形，设构造柱的平均为 16.3mm，普通的平均为 4.95mm，提高了 2.3 倍左右。

设构造柱砌体墙的滞回曲线，墙体开裂前荷载—位移呈现直线关系，处于弹性阶段；墙体开裂后，变形增大较快，但墙体的承载能力仍能继续保持并略有增大，滞回曲线所包络的面积较大，反映出有较好的耗能能力，如图 2-4 所示。

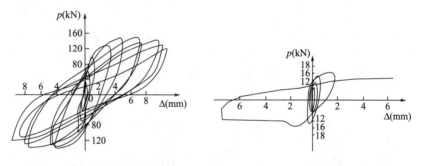

图 2-3　横向配筋砌体的荷载　　　　　　图 2-4　设构造柱砌体的
　　　　　位移滞回曲线　　　　　　　　　　　　荷载位移滞回曲线

总结试验结果，可以得出钢筋混凝土构造柱的主要作用是：

（1）大大提高砌体墙的极限变形能力，使砌体墙在遭遇强烈的地震作用时，虽然开裂严重但不至于突然倒塌；

（2）构造柱虽然对于提高砌体墙的初裂和极限承载能力有一定的帮助，但其主要作用是在墙体开裂以后，特别是墙体破坏分成四大块以后，约束破碎的三角形砌体以免脱落坍塌，即使在构造柱自身上下端出现塑性铰后，也仍能阻止破碎砌体的倒塌；

（3）钢筋混凝土构造柱不仅增强了内外墙连接的整体性，而且形成了一个由圈梁和构造柱组成的带钢筋混凝土边框的抗侧力体系，大大增强了砌体结构的整体作用。

2.2.4 多层砌体房屋的抗震性能

多层砌体房屋模型的往复水平静力和激振等试验结果，都进一步验证了带构造柱砌体墙和无筋砌体墙的破坏机理和抗震性能。

静力试验表明，模型房屋的裂缝首先出现在底层墙体的中部，沿灰缝、齿缝和水平缝处开裂。设置构造柱时，裂缝出现斜裂后沿水平方向延伸，最后裂缝开展至柱的上下端，裂缝的分布为底层重，上部层轻。无构造柱房屋墙体裂缝仅限于底层，不向上扩展，如图 2-5 所示。

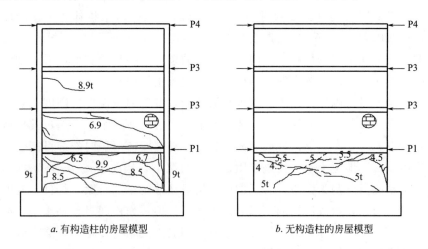

a. 有构造柱的房屋模型　　　　b. 无构造柱的房屋模型

图 2-5
房屋模型的破坏特征

房屋模型的纵墙裂缝多呈现水平和窗洞口斜角开裂，破坏时由于内横墙顶推外纵墙，使纵墙连同一部分内横墙一起坍落。

图 2-6 为房屋的荷载—位移滞回曲线。从图中可以看出，墙体开裂前，结构处于弹性状态，荷载与位移关系近似于直线；墙体开裂后，结构残余变形增大，刚度下降，滞回曲线包络面积扩大，结构进入塑性工作阶段。

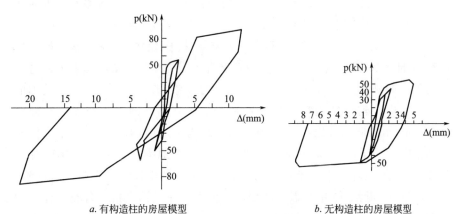

a. 有构造柱的房屋模型　　　　b. 无构造柱的房屋模型

图 2-6
房屋模型的荷载—位移滞回曲线

从图中还可以看出，带构造柱的比无构造柱的房屋的荷载—位移滞回曲线所包围的面积要大得多，刚度退化也比较慢。

这些试验表明，利用构造柱和圈梁等延性构件对砌体结构形成分割、包围，必要时设置水平钢筋，对整个砌体房屋而言，承载力提高不多，而变形能力和耗能能力却大大增加。这样，可以大大提高砌体房屋的防倒塌能力，是改善砌体结构抗震性能的最重要的有效途径。

2.2.5　砌体结构在地震下破坏过程

砌体的抗压能力强是相对于其抗弯、抗剪能力而言的，它与钢或钢筋混凝土的抗压强度之间存在较大差距，故砌体结构比钢结构或钢筋混凝土结构所需采用的构件截面尺寸更大，一方面造成砌体结构体积大、刚度大，自振周期短，另一方面造成其自重大。由前面章节可知，地震作用与结构的自重和刚度密切相关，两者均较大的砌体结构建筑在地震时受到的地震力明显高于同等规模的钢结构或钢筋混凝土结构建筑。

在地震时，砌体结构主要受水平力作用，层剪力按墙段的刚度比例分配，由于其抗剪能力是结构中的薄弱环节，当墙体所受水平力超过其抗剪承载能力，即会产生沿齿缝或通缝的裂缝，局部块体薄弱时裂缝可能会贯通块体。由于地震为水平往复作用，一般情况下，墙体会产生"X"形裂缝，将原墙段分割为多块，若无圈梁、构造柱等约束"箍紧"构件，有的墙体将会闪倒，造成房屋局部或全部倒塌。当地震作用超过预期水平，或因设计、施工不当导致结构存在缺陷时，钢筋混凝土构件也有可能遭到破坏，造成房屋局部或全部倒塌。

2.2.6　砌体结构的防震关键点

1. 震害统计

砌体结构的材料性质和砌筑方式决定了其在抵御水平地震作用时比较脆弱和缺乏延性，因此在国内外的历次地震中，砌体结构房屋损坏甚至倒塌最为严重，这也是造成人员伤亡和财产损失的主要和直接原因，因而在普通百姓的意识中砌体属于抗震性能较差的结构形式之一。

国外历次地震后的调查表明，砌体材料房屋破坏的比率极高。如1923年日本关东地震中，东京约有砌体结构房屋7000幢，几乎全部遭到不同程度的破坏，灾后仅有1000多幢平房能够修复使用。1906年美国旧金山地震中，砌体结构房屋破坏特别严重，如典型的市政府大厦全部倒塌。1948年苏联阿什巴哈地震中，砌体结构房屋的倒塌和破坏占70%～80%。1993年印度德干高原凯拉里镇的6.4级地震，1995年日本阪神地震和1999年土耳其伊兹米特地震，也都有大量的砌体结构房屋倒塌破坏。

我国20世纪80年代以来的地震大多发生在城镇乡村，各类砌体结构房屋也遭到严重破坏并大量倒塌。1996年2月3日云南丽江发生7.0级地震，震中烈度达到9度，房屋建筑破坏比例为77%，其中砌体结构房屋占最大比重；1996年5月3日内蒙古包头发生6.4级地震，房屋建筑破坏比例为 70%，其中砌体结构房屋也是占多数的。此后发生在新疆伽师、河北张北、甘肃景泰、河北古冶、山东菏泽等的地震，震级不大，烈度不高，但却都有大量房屋建筑破坏倒塌，其中也不乏砖砌体结构建筑。1999年 9 月 21 日发生在台湾省的集集大地震，除了少数中高层钢筋混凝土框架或剪力墙结构有倒塌之外，相当多的砌体结构如住宅、学校等建筑也遭到严重破坏，损失惨重。同样，在国外的历次地震中，无筋砌体结构房屋的破坏也是十分严重的。

1976 年 7 月 28 日的唐山大地震中砌体结构的倒塌和破坏最为严重，是造成人民生命财产巨大损失的主要原因。在地震现场的调查中，发现部分砌体结构因设有钢筋混凝土柱而使房屋出现裂而不倒的现象，这启发了科研工作者对砌体房屋的抗震性能进行大量的试验和理论研究，深入探讨砌体房屋的抗震性能，提出了改善这类房屋抗震性能和增加抗震能力的有效措施，形成了多层砌体房屋实现"小震"不坏、设防烈度可修、"大震"不倒的抗震设计方法，这些成果在后期颁布的 78 规范和 89 规范中得以体现。

唐山地震后的 30 年来，我国发生多次破坏性地震，各地的调查报告显示，严格按照规范进行设计计算并设置有构造柱的砌体结构房屋，在遭遇比当地设防烈度高一度的地震作用下，至今尚无倒塌的报道，实践证明来自唐山地震的这一重要经验，对砌体结构的防倒塌设计是可靠的和行之有效的。

2008 年 5 月 12 日，四川省汶川县发生了里氏 8.0 级特大地震，除极震区外，人口相对密集的绵阳市、德阳市、都江堰市等地倒塌和破坏严重的房屋以砌体结构为主。从建造年代的角度看，单就未倒塌砌体结构房屋，自 20 世纪 60 年代至 21 世纪初，可以使用或加固后可以使用的房屋比例随时间呈上升势态，应停止使用立即拆除的房屋比例明显下降；就砌体房屋总体而言，破坏程度也随建造年代的推移明显减轻，完好率明显增强。说明随着抗震规范的实施以及不断完善，按照抗震规范设计的房屋基本达到甚至超过了规范规定的抗震设防目标。

实践证明，除高烈度地震区外，砌体结构房屋只要做到合理设计、按规范采取有效的抗震措施，精心施工，在地震区可以采用并能够达到相应的抗震设防要求。

2. 震害表现

地震后的震害调查说明：砌体结构房屋的破坏通常是由于剪切和连接出现问题引起的，一般表现为局部破坏，但也有不少完全倒塌的例子。下面分别介绍砌体结构房屋震害的几种典型情况。

（1）承重墙体的破坏

承重墙体的破坏主要因为抗剪强度不足，表现为斜裂缝，在地震力反复作用下砖墙更多表现为斜向交叉裂缝，如果墙体的高宽比接近 1，则墙体呈现 X 形交叉裂缝；若墙体的高宽比更小，则在墙体中间部位出现水平裂缝。如墙体破坏加重，丧失承受竖向荷载的能力，将导致楼（屋）盖坍落。

图 2-7
映秀镇漩口中学宿舍楼为五层砖混结构，底部一层整体倒塌，纵墙严重破坏

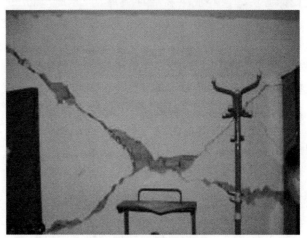

图 2-8
都江堰市某住宅楼室内墙体破坏情况

解决方法：按照规范的规定进行地震作用和承载力验算，必要时可在墙体中部设置构造柱，并考虑其对受剪承载力的提高作用，加强墙段端部构造柱设置等抗震措施；提高墙体砌筑质量，注重砌筑砂浆材料选用与配比。

《砌体工程施工质量验收规范》GB 50203 中，考虑到现场质量管理、砂浆、混凝土强度、砂浆拌和方式和砌筑工人情况四方面因素，将砌体施工质量控制等级依优良排序分为 A、B、C 三级。《砌体结构设计规范》GB 50003 中给出的砌体各项计算指标，均为当施工质量控制等级为 B 级时的数值，规范规定当施工质量控制等级为 C 级时，砌体强度设计值应乘以 γ_a（$\gamma_a = 0.89$），由此可见控制施工质量、提高砌筑质量对砌体结构的重要性。

（2）转角处墙体的破坏

房屋转角处，由于刚度较大，必然吸收较多的地震力，且在转角处墙体受到两个水平方向的地震作用，出现应力集中，从而导致转角墙体首先破坏。

图 2-9
都江堰市某住宅楼转角处底层墙体的破坏

解决方法：采取在转角处设置构造柱和拉结钢筋加强纵横墙体之间的连接等抗震措施；注重墙体和构造柱的施工顺序。

（3）内外墙交接处的破坏

由于砌体强度低，或存在内外墙不同时施工、施工缝留直槎，未按放坡留槎规定操作、未按要求设置拉结筋等施工质量问题，或抗震设计未设置足够的圈梁、构造柱等问题，内外墙交接处会因连接不足而发生破坏。

图 2-10
都江堰市某住宅楼底层内外墙交接处墙体的破坏

解决方法：内外墙交接处按规范规定设置圈梁、构造柱和拉结钢筋；施工中注意墙体之间咬槎问题。

（4）房屋端部的破坏

房屋作为一个整体结构，各部分之间相互依赖、相互作用。但在房屋纵向的两端，墙体的依靠较少，出现边端效应，是应力集中的

图 2-11
都江堰市某住宅楼底层内外墙交接处墙体交叉裂缝穿过构造柱

一种体现形式，可导致墙体的破坏。如构造措施不力，可能引起房屋局部倒塌。

解决方法：房屋的平面布置宜规则，纵横墙布置宜均匀对称，在房屋四角处设置构造柱并可适当加大截面和配筋，在柱上下端箍筋宜适当加

密，构造柱与墙连接处应砌成马牙槎，并应沿墙高每 500mm 设 $2\phi6$ 拉结钢筋，每边伸入墙内不宜小于 1m，同时注意圈梁的设置。

图 2-12　都江堰市某住宅楼端部底层墙体破坏，因有构造柱、圈梁裂而未倒

图 2-13　都江堰市某住宅楼端部墙体破坏引发局部倒塌

（5）纵墙承重房屋外纵墙的破坏

纵墙承重的砌体结构，由于楼板的侧边一般不嵌入横墙内而横向支撑少，横向地震作用有很少部分通过板的侧边直接传至横墙，而大部要通过纵墙经由纵横墙交接面传至横墙。因而，地震时外纵墙因板与墙体的拉结不良易受弯曲破坏而向外倒塌，楼板也随之坠落。横墙由于为非承重墙，受剪承载能力降低，其破坏程度也比较重。

图 2-14
都江堰市某住宅楼外纵墙上窗间墙和窗下墙破坏

解决方法：多层砌体房屋应优先采用横墙承重或纵横墙共同承重的结构体系，尽量不要采用纵墙承重结构体系，同时应注意纵横墙体之间，圈梁或楼板与墙体之间的连接并设置足够的构造柱。

（6）窗间或窗下墙和墙垛的破坏

比较细高的窗间墙受剪弯双重作用，产生交叉裂缝或水平断裂。

图 2-15
都江堰市某砌体房屋顶层窗间墙上出现水平裂缝

解决办法：合理设计，保证主要承重结构满足承载力和构造要求，注意规范对于局部尺寸的要求和对开洞和墙垛设置构造柱的要求。

（7）楼梯间等墙体刚度变化和应力集中部位的破坏和倒塌

楼梯间墙体缺少与各层楼板的侧向支撑，有时还因为楼梯踏步削弱楼梯间的砌体，特别是楼梯间顶层砌体的无支承高度为一层半，在地震中的破坏比较严重。

图 2-16　都江堰市某砌体房屋从
　　　　　中部楼梯间破坏

图 2-17　绵竹市汉旺镇某住宅
　　　　　楼楼梯间处垮塌

解决方法：楼梯间不宜设置在房屋的尽端和转角处，应按照规范规定增加楼梯段上下端对应墙体处设置构造柱的要求，和原楼梯间四角设置的构造柱合计有八根构造柱，再与规范 7.3.8 条规定结合，可构成应急疏散安全岛。

（8）房屋整体错位

在都江堰，我们发现个别砌体房屋在防潮层位置出现整体错位情况。

图 2-18
都江堰市某砌体
房屋整体错位

解决方法：应注意基础圈梁与防潮层相结合并应按规范规定设置构造柱。如基础圈梁标高已位于±0.000 或高出地面，构造柱应符合伸入室外地面下 500mm 的要求。

（9）门窗过梁的破坏

解决方法：不应采用无筋砖过梁，尽量采用钢筋混凝土过梁，如建筑设计可行，门窗上口到楼板标高相差在 300～500mm 以内时，过梁可与圈梁合并设置，可以减轻对过梁的破坏。

图 2-19
安县某砌体房屋钢筋砖过梁破坏

图 2-20　绵阳市某砌体房屋
钢筋砖过梁破坏

（10）出屋面附属结构的破坏

多层砌体房屋出屋面的附属物，如楼电梯间等小建筑、烟囱、女儿墙等，由于鞭梢效应地震力被放大，若连接构造不力，是地震时最容易破坏的部位。

图 2-21　某砌体房屋
女儿墙掉落

图 2-22　都江堰市某砌体房屋出屋面小
建筑甩落（该房屋高度不大）

解决方法：结构在立面体型上应避免局部突出物，如必须设置时，突出部分地震作用效应计算，宜乘以增大系数 3 进行验算，并应采取措施在变截面处加强连接，或采用刚度较小的结构和减轻突出部分的结构自重；控制无锚固女儿墙在非出入口处的最大高度；对附墙烟囱及出屋面烟囱采用竖向配筋。

（11）较高层数砌体结构的破坏

都江堰市原设防烈度为 7 度，在汶川地震中其遭遇烈度约为 9 度，按照现行规范，多层砌体结构在 7 度设防时最高建造层数为 7 层。在实地震害调查中，我们了解到 7 层的砌体房屋有倒塌的情况，而未倒塌的 7 层砌体房屋从其外观看，建造年代较早的房屋有中等破坏情况，建造较晚的房屋情况基本良好。

解决方法：严格按照规范控制多层砌体房屋的高度和层数，并注意结构体系的选择和抗震构造。

图 2-23
都江堰市某 7 层
砌体房屋未倒塌，
但墙体破坏较为
严重

（12）砖柱承重房屋的破坏

四川地震中，有些建造年代较早的砌体结构大开间部分砖柱有破坏现象，医院、教学楼等横墙较少的房屋也存在砖柱破坏情况。

解决方法：规范规定多层砌体房屋在 7～9 度时不得采取独立砖柱，可考虑钢筋混凝土柱或组合砌体等措施。

（13）横墙较少房屋的破坏

采用砌体结构的中小学和幼儿园教学楼、医院等建筑往往层数不多，但震害比较严重，在四川地震中造成了人员重大伤亡。

图 2-24
都江堰市某 7 层
砌体房屋经检查
基本完好

图 2-25
绵竹市汉旺镇某
砌体房屋砖柱破
坏

解决方法：规范对教学楼、医院等横墙较少的多层砌体房屋提出了多项针对性条款，主要体现在总高度和层数限制、楼屋盖形式、构造柱设置方面。具体有：

图 2-26
都江堰市聚源中学
两栋教学楼倒塌，
造成严重人员伤亡

① 总高度应比规范表 7.1.2 的规定降低 3m，层数应减少一层；横墙很少时应减少两层。

② 对抗震设防类别为乙类的医院、教学楼等多层砌体房屋应比规范表 7.1.2 的规定减少两层且总高度应降低 6m。

③ 规范 7.3.14 条所采取的加强措施不适用于教学楼、医院等横墙较少的多层砖房，其总高度和层数应按上述两条严格执行。

④ 宜采用钢筋混凝土楼、屋盖。

⑤ 对于外廊式、单面走廊式的多层砖房，应根据房屋增加一层的层数，按规范表 7.3.1 的要求设置钢筋混凝土构造柱，且单面走廊两侧的纵墙均要按外墙的要求设置构造柱。

⑥ 对于教学楼、医院等横墙较少的多层砖房，应根据房屋增加一层后的层数，按规范表 7.3.1 的要求设构造柱；当教学楼、医院等横墙较少的房屋为外廊式或单面走廊式时，除应按增加一层的层数考虑设置构造柱要求外，在 6 度不超过 4 层、7 度不超过 3 层和 8 度不超过 2 层时，应按增加两层后的层数考虑设置构造柱要求；此时单面走廊两侧的纵墙均应按外墙处理。

⑦ 房屋的高度和层数接近限值时，构造柱应按规范 7.3.2 条 5 款进行加密。

⑧ 其他承载力验算和措施也应严格按规范执行。

图 2-27
都江堰市某学校墙
体、砖柱破坏

图 2-28
文县碧口镇中学初
中部教学楼外纵墙
水平裂缝，内横墙
交叉裂缝

图 2-29
绵竹市汉旺镇中心幼儿园横墙破坏严重

图 2-30 什邡市前氏镇社保医院外纵墙开裂严重

图 2-31 都江堰市中医院病房楼倒塌，造成严重人员伤亡

2.3 底部框架—抗震墙砌体房屋

底部框架—抗震墙砌体房屋是多层砌体房屋中的一种特殊形式，顾名思义，这种房屋的底部楼层采用了框架—抗震墙结构，上部楼层采用了砌体结构。在某种意义上，此类结构可以说是我国特有的一种结构形式，目前在国外的地震区建筑中，较少见到此类结构。

这种结构形式在我国的应用和发展经历了不同的阶段。早期多出现在我国的城市建设中，由于使用功能的需要，临街的建筑在底部设置商店、餐厅、车库或银行等，而上部各层为住宅、办公室等。房屋的底部因大空间的需要而采用框架结构，上部因纵、横墙比较多而采用砌体墙承重结构。由于这种类型的结构是城市旧城改造和避免商业过分集中的较好形式，且具有比多层钢筋混凝土框架结构造价低和便于施工等优点，性价比较高。在我国经济尚较困难的时期，是一种较为适宜的结构形式。随着我国国民经济的快速发展，这种结构形式在城市建设中的应用逐步减少，但在农村城镇化及乡镇城市化的过程中，该结构形式的房屋仍在继续兴建，目前大多集中在中小型城镇的沿街房屋中。

这种房屋在发展初期阶段，基本在底层采用框架结构、上部楼层采用多层砖砌体结构，称之为"底层框架砖房"。经济好转后，底部商业类建筑的需求有所提高，出现了底部两层甚至三层为框架结构的商业用房，同时随着承重墙砌体材料的进一步发展，不仅限于使用砖作为砌体块材，混凝土空心砌块等材料得到了广泛应用，这类房屋相应的名称有所变化，可称之为"底部框架砌体房屋"。随着工程经验和技术水平的不断提高，要求在底部框架中合理设置一部分钢筋混凝土或砌体的抗震墙，以提高这类房屋的抗震性能，现阶段将这类房屋的名称定义为"底部框架—抗震墙砌体房屋"。

这种结构形式，底部和上部不是同一种结构体系，从结构抗震性能方面而言并不值得提倡。但因我国国土幅员辽阔，各地区差别较大，一些发达地区可以不选用此类结构，但对欠发达地区，此类结构在经济方面还具有一定的优势，尤其是为现阶段进行的新农村建设节约大量相对短缺的建设资金，具有一定的现实意义。

因此，总结这类房屋的震害规律，研究其抗震性能，分析提高这类房屋整体抗震能力的设计方法与措施，对于搞好这类房屋的抗震工作是非常重要的。

2.3.1 受力、变形特性及抗震性能

近二十余年来，结合实际震害情况的统计与分析，国内各地的工程技术人员针对这类结构进行了大量的试验和分析研究，这些研究成果主要包括：改善底层框架—抗震墙砌体房屋的底层低矮钢筋混凝土墙性能的试验研究，底层框架—抗震墙砌体房屋和底部两层框架—抗震墙砌体房屋的整体模型抗震试验研究，底层框架—抗震墙砌体房屋和底部两层框架—抗震墙砌体房屋与砌体结构房屋的振动台对比试验研究，以及相应的弹性、弹塑性分析研究等。结合大量开展的工程实践活动，有关技术已经相对成熟。

结合 5.12 汶川大地震的实际震害情况，验证相关研究成果的准确性，对于深刻认识这类房屋的抗震性能、及时调整和修正相关技术，意义非常重大。我国的国家标准《建筑抗震设计规范》（GB 50011，以下简称《抗震规范》）纳入了相关的成熟技术，为广大工程技术人员提供了可靠的技术支持。

在《抗震规范》中，底部框架—抗震墙砌体房屋的定义是由底部一层或底部两层为框架—抗震墙结构、上部为多层砌体结构构成的房屋，分别称为"底层框架—抗震墙砌体房屋"和"底部两层框架—抗震墙砌体房屋"（图 2-32）。

要保证房屋结构的抗震性能，房屋各楼层的竖向构件（柱、墙、支撑等）应具有足够的侧向刚度，除应保证结构构件的承载能力外，结构还应具有良好的变形和耗散地震能量的性能，即结构应有良好的延性。

底部框架—抗震墙砌体房屋的底层或底部两层具有一定的侧向刚度和一定的承载能力、变形能力及耗能能力；上部多层砌体房屋具有较大的侧

向刚度和一定的承载能力，但变形和耗能能力相对比较差。这类结构的整体抗震能力，既取决于底部和上部各自的抗震能力，又取决于底部与上部的侧向刚度和抗震能力的相互匹配程度，即不能存在特别薄弱的楼层。因此，这类结构与同一种抗侧力体系构成的房屋有着一些不同的受力、变形和薄弱楼层判别的特点。

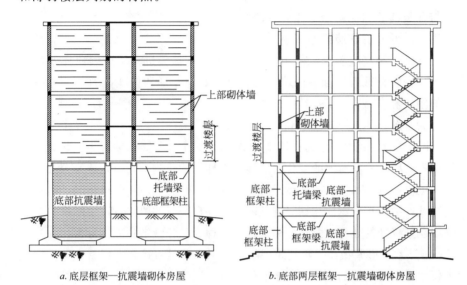

a. 底层框架—抗震墙砌体房屋　　　　*b.* 底部两层框架—抗震墙砌体房屋

图 2-32
典型底部框架—抗震墙砌体房屋布置示意

在底部框架楼层未设置抗震墙或抗震墙量很少时，由于上部砌体楼层墙体较多，使底部框架楼层刚度相对偏小，形成"底柔上刚，头重脚轻"的"鸡腿式"结构体系。地震时，由于上下结构形式不同，结构刚度沿竖向分布不均匀，底部框架层一般侧向变形较大，震害比上部结构严重。如果框架梁柱变形超过混凝土构件的变形能力，框架就会发生破坏，甚至会引起结构的整体坍塌。

当在底部框架层增设了足够数量的抗震墙，形成框架—抗震墙体系后，底部的侧向刚度得以大幅度提高，水平地震作用下的侧向变形得到有效控制，而上部砌体结构抗震性能较差，再加上越靠近底部的砌体墙体所需承受的水平地震作用越大，故底部框架楼层上方的过渡楼层（底层框架—抗震墙砌体房屋的第二层或底部两层框架—抗震墙砌体房屋第三层）墙体比较容易在地震中发生破坏。

1. 带边框开竖缝钢筋混凝土低矮墙的受力、变形特性及抗震性能

为了改善底层框架—抗震墙砌体房屋的抗震性能，根据震害经验总结，在底层设置一定数量的抗震墙，使结构侧向刚度沿高度分布相对较为均匀。在实际工程中，其钢筋混凝土抗震墙的高宽比往往小于 1.0，一般称之为低矮抗震墙。

低矮抗震墙是以受剪为主，其破坏形式为剪切破坏[1~5]，变形和耗能能力差。为了改善低矮抗震墙的性能，文献[6]对高层钢框架结构中的低矮

墙提出了开竖缝方案，将低矮墙板变为一组墙板柱，使其由受剪破坏状态变为受弯剪破坏状态，提高了墙体的变形能力和耗能能力，但刚度和承载能力降低较多。文献[7]提出在混凝土板上开缝槽的方案，且允许墙板纵横向钢筋穿过，开缝槽墙的初始刚度和承载能力与整体墙相比降低不多，但其破坏形态仍为剪切破坏，其变形能力和耗能能力虽较整体墙有所提高，但与开竖缝墙相比就差得比较多。

（1）低矮抗震墙模型试验

文献[8]围绕改善这种带边框低矮墙的抗震性能进行了试验研究及理论分析，旨在使改善性能后的墙体既具有较好的变形和耗能能力，又具有较大的刚度和承载能力。

为了解整体低矮抗震墙和开竖缝低矮抗震墙的性能，试验制作了五个试件（图 2-33），其中一个为整体墙（SW1），四个为开竖缝墙。为了研究开竖缝墙中的墙板柱高宽比的变化对墙体抗震性能的影响，开竖缝墙又分为中间开一道竖缝（SW2、SW3）和开两道竖缝（SW4、SW5）两种情况，所有开竖缝试件中的水平钢筋均在竖缝处断开，并在竖缝的两侧各设置暗柱。开竖缝墙在竖缝处的处理方式又分为两种：一种为在竖缝中预先放置两块预制的 15mm 厚水泥砂浆板条，再浇筑混凝土；另一种是直接浇筑混凝土，使之成为仅水平钢筋断开的整体混凝土墙板。五个试件的边框尺寸和配筋均相同。

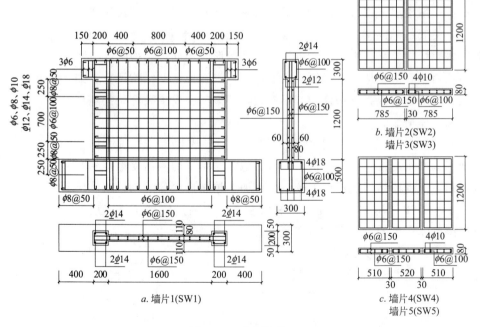

图 2-33　试验模型

五个试件模型的设计，是模拟总层数为 7 层的底层框架—抗震墙砌体房屋的底层钢筋混凝土墙、按原型尺寸的 1/3 比例进行设计的。

（2）试验结果分析

在竖向和水平荷载共同作用下，每个钢筋混凝土构件均经历了混凝土开裂、钢筋屈服和破坏三个过程。

① 在带边框的低矮钢筋混凝土墙上开竖缝至梁底，并在竖缝处放置预制的隔板，使带边框的低矮墙分成两个或三个高宽比大于 1.5 的墙板单元，可以大大改善带边框低矮墙的抗震性能，其弹性刚度和极限承载能力与整体低矮墙相比降低不多，但变形和耗能能力大为提高。

② 从对比试验结果可以看出，在竖缝处放入两块隔板的墙体抗震性能优于仅断开水平钢筋的整浇混凝土墙体。因此在竖缝处放置两块预制的隔板是必要的措施。

③ 开竖缝墙的竖缝两侧应设置暗柱。暗柱对竖缝两侧的混凝土裂缝的形成和开展有一定的限制作用，同时暗柱能够提高墙板单元的承载能力和极限变形能力。

④ 带边框开竖缝低矮墙的边框柱的纵筋和箍筋对墙体的极限承载能力和变形能力有很大影响，其边框柱的配筋不应小于无钢筋混凝土抗震墙的框架柱的配筋要求。

⑤ 带边框开竖缝低矮墙的边框梁，在竖缝对应部位会受到因竖缝作用引起的附加剪力，应在竖缝两侧 1.0～1.5 倍梁高范围内将箍筋加密，其箍筋间距不应大于 100mm。

⑥ 从所进行的开一道和两道竖缝的试验来看，对整体墙抗震性能的改善基本相同，从改善带边框低矮墙的抗震性能、提高变形和耗能能力的效果出发，建议开竖缝墙的墙板单元的高宽比不应小于 1.5，但也不宜大于 2.5。

2. 托墙梁的受力特点

托墙梁，即底部框架—抗震墙楼层中承托上部砌体抗震墙的梁，可分为托墙框架梁和托墙次梁。底层框架—抗震墙砌体房屋中的托墙梁在一层顶部，底部两层框架—抗震墙砌体房屋中的托墙梁在二层顶部。

由托墙梁向上砌筑上部砌体抗震墙的过程中，托梁上面的这部分砌体的砂浆将逐渐硬结并获得强度，从而与托梁结成一个能够共同工作的由钢筋混凝土和砌体两部分材料组成的组合深梁，通常把这种组合深梁称为"墙梁"。只要设计得当，它就能可靠地承担上面各层传来的各项荷载。

（1）竖向静力荷载作用下墙梁的受力特点

国内外对这种由两种材料组成的"组合深梁"的受力性能及组合作用进行了大量的试验和分析研究，揭示了墙梁的工作原理和受力特点。墙梁的受力情况可分为墙上无洞口和墙上有洞口两种情况。

① 墙上无洞口

图 2-34 是根据有限元计算结果给出的主应力迹线图及受力机构图。

由无洞口墙梁的受力机构图可以清楚地看到，墙梁顶部的均布荷载主要沿着主压应力迹线向两侧斜下方传入两端支座。几乎全部砌体都处于受压区内，而托梁的全部或大部分截面则位于受拉区内，截面处于偏心受拉状态，整个受力机构类似一个带拉杆的拱。墙梁的破坏是由于拉杆拱的某一部位达到极限强度而导致整个受力机构丧失承载能力。不同的部位破坏则表现为不同的破坏形态：由于拱的拉杆（托梁）钢筋达到极限导致墙梁丧失承载能力时，表现为墙梁弯曲破坏；由于拱肋墙体被压坏或斜拉裂缝贯穿拱肋或拱脚而使墙梁丧失承载能力，则表现为墙梁斜压或斜拉破坏（墙体剪切破坏）；由于拱脚砌体被局部压碎而导致墙梁丧失承载能力，则表现为局部破坏。

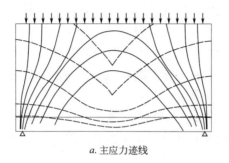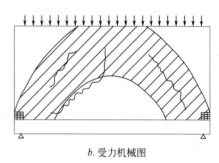

图 2-34
无洞口墙梁的主
应力迹线及受力
机构图

a. 主应力迹线　　　　　　　　　b. 受力机械图

② 墙上有洞口

从以下分析可以看出，开门洞墙梁的拱式受力机构说明墙体和托梁在整个受荷过程中始终是组合在一起工作的。

a. 跨中开洞口墙梁

如前所述，无洞口墙梁的受力机构是一个拉杆拱。当墙体在跨中开洞时，洞口处于墙体的低应力区，虽然开洞后墙体有所削弱，但并未严重干扰拉杆拱的受力机构。分析结果表明，跨中开洞墙梁的受力机构与无洞口墙梁基本一致，仍是一个拉杆拱，如图 2-35 所示。故跨中开洞墙梁与无洞口墙梁表出现相同的工作特性。

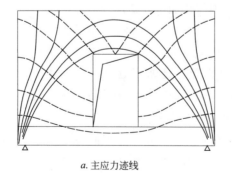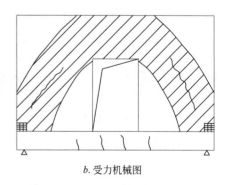

图 2-35
跨中开洞墙梁主
应力迹线及受力
机构图

a. 主应力迹线　　　　　　　　　b. 受力机械图

b. 偏开洞口墙梁

当门洞偏开在一侧时，如图 2-36a 所示，墙体主应力迹线一部分呈拱形指向两支座，另外有一部分分量的小拱形指向门洞内侧附近。墙体主要受力部位是一个大拱内套一个小拱的形式。这时，托梁除起拉杆的作用外，还作为小拱一端的弹性支座，具有梁的受力特性，可称之为梁—拱组

合受力机构，见图 2-36b。图中所标各裂缝位置表明，裂缝在梁—拱受力
机构之外时，一般地说，它们的出现不会直接导致受力机构的破坏，是非
破坏裂缝。但裂缝的发展将会使侧墙在门角和支座上方的承压面积大大减
小，从而可能导致侧墙局压破坏。此外，有限元计算结果表明，门洞右上
角附近是双向受拉区，当洞口过梁锚入长度未能超出此区域时，裂缝可能
绕过梁端部向上发展，或梁配筋不足不能有效地控制裂缝时，均可能出现
受力拱的拱顶被破坏而导致整个受力机构的破坏，应当加以注意。发生于
受力机构内的裂缝，它们的形成和发展将直接破坏受力机构，是破坏性裂
缝。当受力机构的某一部分首先达到其极限状态时，由丁该部分破坏而使
整个受力机构破坏，不同的部位首先达到极限状态便形成不同的破坏形
态。其中门洞处托梁底部裂缝的发展使托梁底部钢筋达到屈服时呈受弯破
坏；侧墙斜裂缝出现和发展导致墙体剪切破坏；而支座上部和门洞角隅处
的局部压力集中而导致局压破坏。

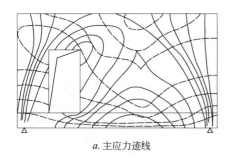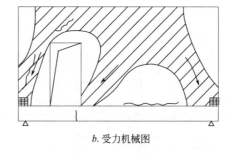

a. 主应力迹线　　　　　　　　b. 受力机械图

图 2-36
偏开洞墙梁主应
力迹线及受力机
构图

随着门洞向跨中方向移动，大拱的作用逐步加强，而小拱作用逐步削
弱，托梁的梁式作用逐步减弱，当门洞到达跨中时，小拱作用消失，托梁
成为拉杆。

（2）托墙框架梁的受力特点

托墙框架梁的受力特点与上述墙梁的受力特点大致相同。托墙框架
梁，由于柱对梁端的约束，使受力机构拱脚内移，拱跨减少，相应带来梁
的弯矩和拉力减少，而梁端剪力增大。

对于多跨的托墙框架梁，其承担竖向荷载的基本特点与单跨时是相似的。

考虑地震作用组合时，在"大震"作用下托梁上部墙体开裂严重，对
托梁和墙体的拱式组合受力机构将产生不同程度的影响，其组合受力性能
被削弱、受力特性变得复杂。

3. 底部框架—抗震墙砌体房屋的整体受力特性和抗震性能

（1）底层框架—抗震墙砌体房屋

底层框架—抗震墙砌体房屋的底层，因使用功能的要求，底层抗震墙
的设置常常不足，使得房屋的底层抗震能力比较差。对于底层设置抗震墙
较少的底层框架—抗震墙砌体房屋，其底层的侧向刚度比纵、横墙较多的
第二层小得多，加上地震倾覆力矩主要由底层框架柱承担，使框架柱的承

载力大为降低，底层成为较薄弱的楼层。在强烈地震作用下，底层会成为弹塑性变形和破坏集中的楼层，危及整个房屋的安全。因此，底层框架—抗震墙砌体房屋的底层横向和纵向设置足够数量的抗震墙是保证该类结构抗震能力的基本要求。

① 模型试验分析

为了进一步了解开竖缝钢筋混凝土抗震墙在实际底层框架—抗震墙砌体房屋中的性能，进而深入分析这类房屋的抗震性能，文献[9]在进行了总层数为 7 层的底层框架—抗震墙砖房 1/2 比例模型的拟静力抗震试验研究后，总结了该类房屋的整体受力特性和抗震性能。

底层框架—抗震墙砌体房屋模型的破坏状态，按照不同的部位分可为三部分：底层框架—抗震墙部分、过渡楼层（第二层）砌体结构部分和二层以上砌体结构部分。

模型破坏形态和裂缝分布见图 2-37。

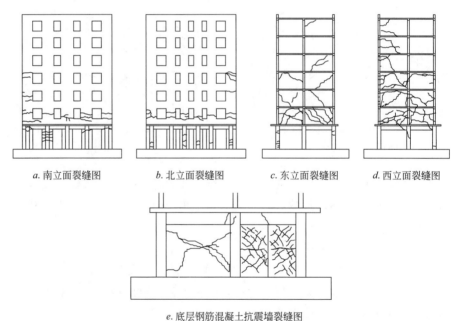

a. 南立面裂缝图　　b. 北立面裂缝图　　c. 东立面裂缝图　　d. 西立面裂缝图

e. 底层钢筋混凝土抗震墙裂缝图

图 2-37
底层框架—抗震墙砌体房屋模型破坏形态和裂缝图

a. 底层框架—抗震墙部分

该模型底层的侧向刚度比第二层侧向刚度小，所以在模型的拟静力试验中底层钢筋混凝土抗震墙先于底层的砖填充墙和上部砌体部分出现裂缝，而钢筋混凝土抗震墙的裂缝被竖缝分割，呈现出两墙片各自相对独立的裂缝分布，加之在竖缝两侧又增设了暗柱，使得带边框的开竖缝墙具有较好的承载能力和耗能能力。

带边框的钢筋混凝土墙开裂后，其刚度虽然有所降低，但是尚未达到其极限承载能力，加上底层的砖填充墙还没有开裂，所以刚度降低不太多。在继续加载的过程中，第二～四层的层间位移先后达到砖墙的开裂位移而使砖墙开裂，开裂后其层间刚度降低到初始刚度的 20％ 左右。再继续加载时，第二～四层的破坏比底层严重，特别是第二层的破坏更为严重一些。这表明带边框开竖缝的钢筋混凝土抗震墙的边框和暗柱具有阻止墙板裂缝开展的作用。由于在带边框的低矮混凝土墙中开了竖缝，竖缝两侧墙板的高宽比大于1.5，对于在竖缝两侧设置暗柱的两块墙板来讲，虽然裂缝仍为斜裂缝，但因在每块墙板中形成多条均匀分散的裂缝而具有较好的抗震能力。

带边框开竖缝的钢筋混凝土抗震墙中边框柱的破坏为受拉破坏，柱底出现多道水平裂缝，随着混凝土墙板裂缝的开展而更为明显。通过电阻应变片测量柱中纵向钢筋的应变，同一级加载中钢筋混凝土墙边框柱的钢筋应变大于未设抗震墙的框架柱的应变。因此，在抗震设计中不能使钢筋混凝土墙中边框柱的配筋小于一般框架柱的配筋。

b. 过渡楼层（第二层）砌体结构部分

过渡楼层的受力复杂，要传递上部的地震剪力，此外，上部各层地震力对底层楼板的倾覆力矩所引起的楼层转角，会对第二层（过渡楼层）层间位移产生增大影响。因此，在底层钢筋混凝土抗震墙出现裂缝之后的继续加载过程中，第二层砖墙的开裂先于其他楼层的砖墙（试验模型第二层砖墙的实际砂浆强度等级与第三、四层相比还高一些），而且在该楼层形成破坏相对集中的现象。在模型设计中已经考虑到过渡楼层的特点，从抗震构造措施上给予了增强，在内纵墙与横墙（轴线）的交接处增设了钢筋混凝土构造柱，有利于约束脆性墙体和增强该楼层的耗能能力。在模型试验中，加载后期第二层砖墙裂缝开展较快，但有构造柱的约束使得该层墙体裂缝并不宽，构造柱的柱端出现裂缝，但尚未出现混凝土脱落的现象。

随着水平推（拉）力的加大，在第二层的纵墙上出现水平裂缝。虽然在第三、四层的纵墙上也出现了一些水平裂缝，但仅是局部的，并未分布在整个纵墙上，只有第二层的纵墙裂缝有较规律的分布。第二层纵墙上的水平裂缝，有的是横墙剪切裂缝的延伸，而多数则是由于在上部各层地震力对过渡楼层的倾覆力矩作用下，过渡楼层纵墙平面外抗弯能力不足所引起的。因此对底层框架—抗震墙砌体房屋第二层纵墙平面外的抗弯能力应给予增强。

c. 二层以上砌体结构部分

二层以上砌体结构部分的破坏状态和多层砌体房屋的破坏状态相同。在一定强度的地震作用下，首先在最薄弱楼层中的薄弱墙段率先开裂和破坏，随着地震作用强度的增大，在最薄弱楼层的薄弱墙段形成"X"形裂缝，其他墙段也先后破坏而形成破坏集中的楼层。试验表明，该模型除第二层外，第三、四层为相对薄弱的楼层，其破坏程度比第五～七层要重一些。

② 抗震性能分析

a. 这类房屋的动力特性类似多层砌体房屋，房屋整体仍属刚性结构。

b. 底层框架—抗震墙砌体房屋底层的钢筋混凝土抗震墙，宜设置为开竖缝的带边框混凝土墙，使每个墙片的高宽比大于1.5，有助于提高底层的变形和耗能能力。

c. 底层框架—抗震墙砌体房屋的过渡楼层（第二层）受力比较复杂，担负着传递上部的地震剪力和倾覆力矩等作用，应采取相应的抗震措施提高墙体的抗剪和平面外抗弯能力。

d. 在底层框架—抗震墙砌体房屋中，由于地震倾覆力矩的作用，致使上部砌体部分的侧移相对于同样层数（不计底层这一层）的多层砌体房屋要大一些。因此，应对底层框架—抗震墙砌体房屋中上部砌体部分的抗震构造措施予以适当增强。对除过渡楼层外的上部砌体部分的钢筋混凝土构造柱的设置部位，应按底层框架—抗震墙砌体房屋的总层数和所在地区的抗震设防烈度，按多层砌体房屋同样层数的要求设置，钢筋混凝土圈梁的设置也应适当增强。

（2）底部两层框架—抗震墙砌体房屋

底部两层框架—抗震墙砌体房屋的抗震性能与底层框架—抗震墙砌体房屋有类似之处，但因底部抗震墙高度为两层，一般不再是低矮抗震墙，底部两层框架和抗震墙之间协同工作的特点明显，具有较好的受弯和受剪承载能力，而上部砌体墙具有一定的受剪承载能力。同时抗震墙的弯剪变形中的弯曲变形使第一层和第二层楼板处产生转角，使得上部砌体结构的侧移增大，过渡楼层的受力更为复杂。故其受力特点和抗震性能与底层框架—抗震墙砌体房屋相比又有自身的特点。

振动台整体模型对比试验结果表明，在同等条件下，底部两层框架—抗震墙砌体房屋的整体抗震性能要稍好于底层框架—抗震墙砌体房屋。

① 模型试验分析

文献[13] 在总层数为八层的底部两层框架—抗震墙砖房 1/3 比例模型的抗震试验研究的基础上，结合 1/2 比例模型的拟静力试验研究，总结了这类房屋的整体受力特性和抗震性能。

与底层框架—抗震墙砌体房屋类似，底部两层框架—抗震墙砌体房屋模型的破坏状态，同样可分为底部两层框架—抗震墙部分、过渡楼层（第三层）砌体结构部分和三层以上砌体结构部分三种情况。

模型破坏形态和裂缝分布见图 2-38。

图 2-38
底部两层框架—抗震墙砌体房屋模型破坏形态和裂缝图

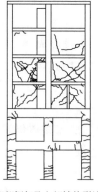
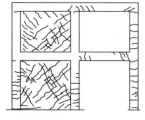

a. 底部框架及上部墙体裂缝图　　b. 底部两层框架及抗震墙裂缝图

a. 底部两层框架—抗震墙部分

模型设置的两道横向钢筋混凝土抗震墙的高宽比为 1.81，已不属于高宽比小于 1.0 的低矮墙。因此，整个模型试验的底部两层的受力特征基本上反映了框架—抗震墙结构的受力特征。主要表现在：

a) 底部两层框架和钢筋混凝土抗震墙之间的协同工作特点明显。此模型的底部钢筋混凝土抗震墙承受的地震倾覆力矩大于总地震倾覆力矩的 50%。从动力测试结果的第一振型也可以看出，该模型的第一振型具有弯剪受力状态特征。在试验过程中，设有砖填充墙的框架榀中填充墙开裂次序是第二层先于第一层，而且第二层砖填充墙的裂缝开展速度和裂缝宽度均大于第一层，这是由于底部两层钢筋混凝土抗震墙与框架协同工作，使框架和填充墙在第二层承担的剪力大于在第一层承担的剪力。

b) 底部两层钢筋混凝土抗震墙呈现出弯剪破坏状态。模型的钢筋混凝土抗震墙不属于低矮墙，其破坏状态是除剪切斜裂缝外，在底层距墙底约 1/3 高度处出现水平裂缝，第二层则基本没有出现水平裂缝。

c) 底部两层框架—抗震墙的破坏状态是，框架中的砖填充墙和钢筋混凝土抗震墙比框架梁柱重，框架中柱比梁重，而柱的破坏状态表现为弯曲破坏，即柱端的水平裂缝比较明显。与钢筋混凝土抗震墙相连接的连梁是框架梁，而不是深梁，虽然受力较为复杂，但因其具有一定的抗弯和抗剪能力，所以仅在第二层与钢筋混凝土抗震墙连接处出现裂缝，其破坏不算太重。

b. 过渡楼层（第三层）砌体结构部分

与底层框架—抗震墙砌体房屋一样，过渡楼层负责传递上部地震剪力，上部各层地震力对第二层楼板的倾覆力矩所引起的楼层转角会对第三层层间位移产生增大影响，该影响也由过渡楼层担负。此外，底部两层框架—抗震墙的弯剪变形中的弯曲变形使第一层和第二层楼板处产生转角，也会引起第三层层间位移的增大，使得该层的受力更为复杂。

在试验过程中，随着水平推（拉）力的加大，受底部两层框架—抗震墙弯剪变形和上部各层地震剪力对第二层倾覆力矩的影响，第三层的纵墙上出现了水平裂缝。这与底层框架—抗震墙砌体房屋的规律相同，但因受底部两层框架—抗震墙弯剪变形的附加影响，故对第三层纵墙平面外抗弯能力的增强措施应更为加强一些。

在该模型设计中，已考虑了过渡楼层（第三层）的受力比较复杂，采取了增强其抗震能力的构造措施，具体增强措施与底层框架—抗震墙砌体房屋的模型试验相同，试验中对应的破坏特点也基本相同。

c. 3 层以上砌体结构部分

3 层以上砌体结构部分的破坏状态和多层砌体房屋的破坏状态相同。该模型上部各层墙体相继开裂后，在薄弱楼层剪力大于构造柱斜截面的受剪承载力时，在构造柱的柱头截面产生了剪切裂缝。

② 抗震性能分析

a. 底部两层框架—抗震墙砌体房屋的抗震能力，取决于底部两层框架—抗震墙、过渡楼层和过渡楼层以上各层砌体的抗震能力。评价其抗震能力需要在这三个方面的分析基础上予以综合判断。

b. 底部两层框架—抗震墙砌体房屋的过渡楼层（第三层）受力比较复杂，担负着传递上部的地震剪力和倾覆力矩的作用，同时受底部两层框架—抗震墙的弯剪变形的影响，致使第三层侧移增大，使纵向墙体容易产生水平裂缝，故提高墙体抗剪和平面外抗弯能力的相应抗震措施应加强。

c. 过渡楼层以上的砌体结构部分，其抗震能力与相应措施与底层框架—抗震墙砌体房屋的对应部分类似。

2.3.2　地震下破坏规律及特点

近十多年来，国内外发生了多次较大的破坏性地震，工程技术人员从中取得了有关底框房屋的震害资料，尤其是在 1999 年我国台湾发生的 9·21集集大地震和 2008 年我国四川发生的 5·12 汶川特大地震中，收集到了大量的底框房屋实际震害的资料，为分析这类房屋的抗震性能提供了宝贵的实践经验。

1. 底部框架—抗震墙砌体房屋震害基本规律概述

对于在整幢建筑中上下楼层采用不同材料和结构形式的做法，在国外也有先例，最典型是日本，其做法大多是下部采用钢筋混凝土结构而上部采用钢结构，或下部采用钢骨钢筋混凝土而上部采用钢筋混凝土结构，或者其他组合形式。在 1995 年的阪神地震中，一部分这类结构在中间层遭到破坏和倒塌。分析表明，这种上下层由不同种材料组成的结构，虽不是在地震中破坏的唯一原因，但至少也是重要原因之一，而造成其中间层的倒塌则是由多种综合因素决定的。

从前面的分析可以看出，底部框架—抗震墙砌体房屋这两种由上下不同材料和结构形式组成的复合结构，对于抗震性能是不利的。事实证明，在历次地震震害中，这类结构的震害的确是比较重的。

底部框架—抗震墙砌体房屋的震害情况，基本可以按照此类房屋的发展情况划分为两个阶段：

早期发展阶段（20 世纪六七十年代，我国经济还较为困难的时期），国内外对该种结构形式的实际抗震经验尚较缺乏。受国外一些学者理论的影响，认为在底层设置侧向刚度较小的框架结构（柔性底层框架结构），理论上能够减轻上部结构的振动，从而可以降低其上部的地震动力反应。于是当时曾在不少国家建有柔性底层框架结构的房屋，底层基本未设置抗震墙，形成上刚下柔的"鸡腿式"结构。这种结构形式不久就被多次地震所否定，在日本、南斯拉夫、美国以及我国发生的多次地震中，柔性底层框架遭到严重破坏并发生倒塌。

后期发展阶段，随着理论分析、模型试验以及实际工程经验的逐步积累，这类建筑的实际抗震设计水平也得到进一步的提高。在我国，该时期设计建造的底部框架—抗震墙砌体房屋，在底部结构增设了一定数量的抗震墙，同时强调了上部结构和底部结构抗震性能的匹配关系。在 5·12 汶川大地震中，这类房屋的震害情况呈现出一些不同的特点，房屋薄弱层出现的部位不再集中在底部、也出现在上部过渡楼层等部位，受损部位趋于分散均匀化，设计较为合理时，房屋普遍整体倒塌现象有所减少。

2. 柔性底部框架砌体房屋的震害特点

此类房屋由于底层框架侧向刚度小，地震时水平位移较大，过大的水平位移使结构偏心加剧，此时竖向荷载使底层结构产生较大的附加内力，出现 P—Δ 效应，严重时使结构发生倒塌。如 1972 年，美国圣费南多地震，一栋上层侧向刚度远大于底层侧向刚度的 6 层房屋，底层柱发生很大侧移；1976 年，罗马尼亚地震中，同样一栋未设钢筋混凝土抗震墙的底部框架多层房屋，底层柱子全部折断，上面几层整体塌落地面，相对而言，上面几层破坏较轻，底层则是彻底破坏。特别在是日本阪神地震和台湾 9·21 集集地震中，这类房屋的破坏非常典型，柔性底层框架的严重破坏，造成了整体房屋的成片严重破坏和倒塌。

唐山大地震的震害也反映出类似情况，对距离唐山较近的天津市底层商店住宅的震害调查表明，与同样层数的多层砌体住宅相比，底层框架砌体房屋的震害还要重一些。

在 5·12 汶川大地震中，也存在一些柔性底部框架砌体房屋，底层未设抗震墙或仅设置砖抗震墙（数量不足），底层刚度小。在地震中，由于底层破坏严重而发生整体倒塌，上部塌落地面（图 2-39、图 2-40）。

图 2-39
五层底框住宅楼（底部一层）底层倒塌

a. 底层整体倒塌、房屋倾斜　　　　　　　　*b.* 底层柱全部折断

这类房屋的震害特点是：

① 震害基本集中发生在底层，为严重破坏或倒塌；

② 底层的震害规律是：底层的墙体比框架柱重，框架柱又比梁重；

③ 上部几层破坏状况与多层砌体房屋类似，但破坏程度比房屋底层轻得多。

图 2-40　五层底框住宅楼（底部两层）底部倒塌

图 2-41　底层横向砖抗震墙破坏

3. 底部框架—抗震墙砌体房屋的震害特点

对 5·12 汶川大地震中该类房屋的震害调查表明，在底部设置了足够数量抗震墙的底部框架—抗震墙砌体房屋，其震害与柔性底部框架砌体房屋有所不同，主要表现在：1）结构薄弱部位可能出现在底部，也可能出现在过渡楼层。当薄弱部位在底部时，虽然抗震墙和框架梁柱节点、填充墙破坏严重，但不至出现底部整体垮塌情况；当薄弱部位在过渡楼层时，该层破坏集中现象较为明显，而底部则破坏较轻。当过渡楼层破坏严重时，该层出现整体垮塌现象，过渡层及以上各层砌体部分全部倒塌，仅剩底部。2）当房屋底部框架—抗震墙部分和上部砌体部分抗震性能匹配较好时，结构上下部分较为均匀，无论结构薄弱部位是出现在底部还是在过渡楼层，房屋震损部位都较为分散均匀，总体情况比较好。

（1）底部框架—抗震墙部分

① 底部抗震墙

房屋在底部设置足够数量的抗震墙时，在地震作用下，由于墙体侧向刚度较大，故抗震墙将分担底部大部分地震作用，在地震中受损现象明显。一般钢筋混凝土抗震墙受损情况相对较轻，而砖抗震墙由于延性比钢筋混凝土墙差，震损情况相对较重（图 2-41）。这表明抗震墙确实发挥了重要作用。许多房屋由于底层需要开设商铺，在沿街一侧大多未设置抗震墙，而背街一侧设置较多抗震墙，致使房屋底层背街一侧纵墙破坏严重（图 2-42）。

图 2-42
底层背街面纵向
砖抗震墙破坏

② 底部框架

底部框架的震害主要集中在梁柱节点处，总体情况为柱的震害大于梁，柱顶震害大于柱底，角柱震害大于内柱和边柱。框架柱端的破坏一般由于剪力、弯矩或压曲引起。表现为混凝土破碎，主筋压曲，柱顶的破坏很普遍（图 2-43）。

a. 柱顶破坏状况1

b. 柱顶破坏状况2

c. 柱顶破坏状况3

d. 柱顶破坏状况4(梁腋底)

图 2-43
底层柱顶破坏

震害调查中发现，由于底部框架托墙梁受力的复杂性和承担上部墙体较大荷载等客观原因，实际设计中托墙梁的截面尺寸往往较大，较难实现"强柱弱梁"的调整，梁柱节点破坏多发生在梁底（或梁腋底）。这对底部框架结构抗震很不利。

一般情况下，发生在柱底的破坏不如柱顶破坏普遍，往往伴随柱顶破坏同时发生，相对柱顶破坏要轻一些，但也有柱底破坏严重的情况（图 2-44）。

a. 柱底破坏状况1

b. 柱底破坏状况2

图 2-44
底层柱底破坏

由于扭转作用，角柱所受的附加剪力最大，同时承受两个主轴方向地震作用，而所受的约束又比其他柱小。故角柱的破坏比中柱和边柱普遍而且严重（图 2-45）。

图 2-45
底层角柱破坏

a. 角柱破坏重于边柱

b. 混凝土酥碎、主筋压曲

图 2-46
底层梁端破坏

震害中，底部梁的破坏情况相对较轻，多发生在抗剪不足引起的斜向主拉应力处，出现梁端部的斜向裂缝（图 2-46）。

③ 底部框架填充墙

底部框架中填充墙的破坏值得重视，虽然它不是承重构件，但一旦破坏亦会造成人员伤亡。填充墙具有一定的侧向刚度，但往往材料强度较低。当底部框架在地震作用下有较大变形时，首先造成的破坏是填充墙。实际震害表明，填充墙的破坏是比较普遍的。

填充墙在其平面内的破坏表现为斜裂缝或交叉裂缝，在 7 度时就有所见。当填充墙与框架拉结措施不足时或在烈度较高的地区，还会出现平面外的破坏，表现为局部或整体倾倒（图 2-47、图 2-48）。

图 2-47　底层横向填
充墙破坏

图 2-48　底层纵向填
充墙破坏

（2）过渡楼层砌体结构部分

过渡楼层的受力复杂，除传递上部的地震剪力外，作用于该层底楼板的倾覆力矩引起的楼层转角会对下层层间位移产生增大影响，故底部框架上方的过渡层墙体比较容易在地震中发生破坏。

　　在常规情况下，虽然过渡楼层设置的构造柱能基本保证砖墙"裂而不倒"，但过渡层纵横墙受损现象比较明显却是这类房屋震害特征之一（图 2-49）。

a. 端山墙交叉裂缝　　　　　　　　　b. 外纵墙破坏

c. 外纵墙及横墙破坏　　　　　　　　d. 外纵墙交叉裂缝

图 2-49
常见的过渡楼层
受损情况

　　震害调查表明，过渡楼层的外纵墙上出现的水平裂缝不容忽视。这些裂缝有的是横墙剪切裂缝的延伸，而多数则是由于在上部各层地震力对过渡楼层的倾覆力矩作用下、过渡楼层纵墙平面外抗弯能力不足引起的，试验研究结果也反映出这一特点（图 2-50）。

图 2-50
过渡楼层外纵墙
上的水平裂缝

　　过渡楼层的震害还有一个特有现象：若底部框架—抗震墙部分过刚，抗震能力很强，而上部砌体部分由于纵横墙数量偏少或贯通性差、材料强度偏低等，加上施工质量较差等原因，导致该层刚度不足、抗震能力与底部不匹配，同时又因过渡楼层相应的加强措施不足，地震时将导致房屋在过渡楼层出现集中的破坏，严重时会因过渡楼层的破坏造成上部砌体结构整体坍塌，而底部则受损轻微。这种震害情况在汶川大地震中比较有代表性（图 2-51）。因此设计时应充分考虑上下部分的匹配性，同时对过渡楼层的增强措施是至关重要的。

a. 上部各层完全垮塌　　　　　　　　*b.* 二层完全垮塌，砌体部分纵横墙严重破坏

图 2-51
因过渡楼层破坏造成上部砌体部分的垮塌

c. 端部两开间一层以上完全垮塌　　　　*d.* 底层完好，上部砌体端部开间整体垮塌

（3）过渡楼层以上砌体结构部分

过渡楼层以上的各层砌体结构部分，其震害特点与普通多层砌体房屋基本相同。在质量分布、刚度分布和材料分布均匀的条件下，其破坏程度一般由下往上逐层减轻（图 2-52）。

图 2-52
过渡楼层以上砌体部分典型破坏状态

（4）楼梯间

汶川地震的震害调查中发现，房屋的楼梯间破坏比较严重而且破坏集中。

底部框架—抗震墙部分的楼梯间破坏主要有以下几种形式：（1）楼梯踏步板中部垂直于梯板方向开裂或中部断裂，破坏严重的梯板钢筋屈曲或断裂；（2）平台梁中部及其与框架梁交接节点破坏严重，混凝土酥碎，钢筋变形；（3）楼梯间四角的框架柱顶节点破坏；（4）框架填充墙破坏严重。上部砌体部分楼梯间楼梯踏步板、平台梁中部的破坏状态与底部楼梯间相同，楼梯间砌体抗震墙的破坏也相对严重（图 2-53）。

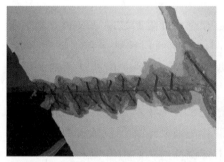
a. 踏步板典型破坏状况

b. 楼梯平台梁破坏状态

c. 楼梯间框架柱顶破坏

d. 楼梯间填充墙破坏状态

图 2-53
楼梯间的破坏状态

（5）突出屋面附属结构

对于底部两层框架—抗震墙砌体房屋而言，因其底部的侧向刚度相对多层砌体房屋要小，房屋底部层间位移相对增大，因此房屋突出屋面部分的附属结构的损伤要比普通多层砌体房屋更加严重。

2.3.3　防震关键点

底部框架—抗震墙砌体房屋，属于上刚下柔竖向不规则的结构，其抗震不利因素是十分明显的，其抗震性能是不理想的。在我国经济逐步发展的基础上，有条件地改造这种过渡性、先天不足的结构形式，而使我国建筑具有更可靠的抗震性能，是我们追求的目标。

对于这种先天抗震性能不理想的结构形式，应根据其震害特点和规律，结合试验研究、理论分析和工程实践总结，在此类房屋的设计中重点着眼于结构体系、易损部位、薄弱层和过渡层、抗震能力匹配性和增强房屋整体抗震能力等关键点，以确保此类结构的抗震安全性能。为了使这类房屋的抗震设计满足"小震"不坏、设防烈度可修和"大震"不倒的抗震设防目标，其抗震的关键点应集中考虑以下几方面：①房屋的层数和总高度、层高、高宽比；②结构布置；③抗震横墙间距；④侧向刚度比；⑤底部框架和钢筋混凝土墙的抗震等级；⑥托墙梁；⑦过渡楼层；⑧薄弱楼层的判别；⑨楼梯间；⑩防震缝。

1. 房屋层数和总高度、高宽比

（1）房屋层数和总高度、层高

底部框架—抗震墙砌体房屋的层数和总高度限制是应采取的主要抗震措施。对于这类结构，震害的规律表明，房屋的层数越多和总高度越高，其在地震中的破坏也越重，这是客观规律。因此，必须限制其建造的层数和总高度。

鉴于上刚下柔建筑在日本阪神大地震和台湾 9 • 21 大地震中成片严重破坏和倒塌，《抗震规范》特别规定了对于高烈度区（抗震设防烈度为 9 度时）不推荐采用底部框架—抗震墙上部砌体结构的房屋。

底部框架—抗震墙砌体房屋的底部框架—抗震墙部分，其层高是影响房屋整体抗震性能的一项重要指标，层高较大会导致底部层间侧向刚度偏小，底部震害偏重，因此应对其进行限制。

（2）房屋高宽比

底部框架—抗震墙砌体房屋和多层砌体房屋一样，存在着弯曲变形的影响，而随着房屋高宽比的增大，其弯曲影响程度增强，为了保证底部框架—抗震墙砌体房屋的整体稳定性，需对房屋高宽比加以限制。当建筑平面趋近正方形时，房屋纵向的弯曲变形对横向抗震性能的影响增大，此时房屋的高宽比宜适当减小。

目前，设计建造的多层砌体房屋和底部框架—抗震墙砌体房屋中的上部砌体房屋部分的纵向抗震能力较横向抗震能力差一些，这主要是由外纵墙开洞率大、内纵墙不贯通等造成的。为了有效地保证这类房屋的纵向抗震能力，除了限制纵墙开洞率和内纵墙贯通外，减少纵向的弯曲变形也是非常重要的，基于这方面的考虑，对房屋总高度与总长度的最大比值也宜适当加以限制。

2. 结构布置

（1）平、立面布置

合理的建筑形体和规则的构件平面、竖向布置，是房屋抗震中头等重要的原则。提倡平、立面规则对称，是基于震害经验总结和大量分析研究的成果。规则、对称的结构较容易正确估计其地震作用下的反应，可避免出现受力集中的部位，较容易采取加强措施和进行细部处理。历次震害调查说明，体形复杂或结构构件（墙体、柱网等）布置不合理，将加重房屋的震害。

底部框架—抗震墙砌体房屋本身已属于上下采用不同结构形式的竖向不规则结构，其整体抗震性能相对于多层钢筋混凝土房屋要差，因此，这类房屋平、立面布置的规则性要求应更严格一些，应尽可能减少不规则性。房屋体型宜简单、对称，其平立面布置最好为矩形，抗侧力构件在平面内布置宜均匀对称，上下应连续、不错位且横截面面积变化缓慢，这样可以减少水平地震作用下的扭转效应。对于结构平面突出部分、楼层沿竖向局部收进的水平向尺寸等均应有所控制。

砌体墙的抗震性能比混凝土墙弱，有关上部砌体房屋的楼板外轮廓、开大洞等不规则划分的界限应比混凝土结构有所加严。

错层结构受力复杂，底部框架—抗震墙砌体房屋结构竖向不规则，错层方面的规定应更严格。过渡楼层受力复杂不应错层，其他楼层不宜错层。当建筑设计确有需要时，允许局部错层，但对错层高度应严格加以限制。

（2）底部框架—抗震墙结构布置

在唐山大地震中，未经抗震设防的这类房屋破坏较为严重，其主要原因是底层没有设置框架—抗震墙体系。在震害较为严重的底层框架砌体房屋中，底层为单向框架体系（横向为框架，纵向采用连续梁）、底层为半框架体系（沿街一侧为框架，另一侧为砖墙承重）、底层大部分为框架体系而山墙与楼梯间墙处不设框架梁柱等占了较大的比例。日本阪神地震和台湾9•21集集地震中，底部未设置抗震墙的柔性底层框架遭到了严重的破坏和倒塌。

底部框架—抗震墙砌体房屋的底部受力比较复杂，而底部的严重破坏将危及整个房屋的安全，加上地震倾覆力矩对框架柱产生的附加轴力使得框架柱的变形能力有所降低等因素，对底部的抗震结构体系的要求应更高一些。

① 应保证底部框架—抗震墙体系的完整性

对于底部的山墙和商店分割内横墙，不应采用带构造柱、圈梁的砖墙而使底层的横向和纵向均形不成完整的框架—抗震墙体系。在地震作用下，带构造柱的砖墙因侧向刚度大而率先开裂，又因其承载能力和变形能力比钢筋混凝土框架差而破坏严重，并过早退出工作，产生塑性内力重分布，导致底部破坏严重，形成各个击破的破坏形式；同时，不应采用一个方向为框架、另一个方向为连续梁的体系。由于地震作用在水平上是两个方向的，一个方向为连续梁体系不能发挥框架的整体作用，则该方向的抗震能力要降低比较多。

② 底部抗震墙数量设置应适当

底部抗震墙数量设置不当分为两种情况：一种为底部抗震墙布置数量

过少，使得底部成为明显的薄弱楼层；另一种情况为底部抗震墙布置数量过多，地震作用下将造成上部砌体结构破坏严重。这两种情况均应避免。

③ 底部抗震墙平面布置应均匀

底部抗震墙平面布置中较为突出的问题多发生在纵向。纵向的沿街面则一般不布置抗震墙，有时甚至在上部内纵墙轴线对应的部位也不布置抗震墙，而背街面则常常布置多道抗震墙。这不仅使得纵向抗震墙数量过少，而且抗震墙位置偏于一侧，造成底部刚度中心和质量中心存在明显的偏差，在地震作用下会产生明显的扭转效应而加重房屋的破坏。

④ 避免底部抗震墙墙肢过长

当抗震墙墙肢的长度超过8m时，尤其是在底层框架—抗震墙中，易形成低矮抗震墙，造成墙肢受力过于集中，变形、耗能能力差，抗震性能差。

a. 底层框架—抗震墙砌体房屋

高宽比小于1.0的低矮钢筋混凝土墙是以受剪为主，由剪力引起的斜裂缝控制其受力性能，其破坏状态为剪切破坏。研究结果表明，放入砂浆板和钢筋混凝土板的带竖缝钢筋混凝土墙的抗震性能明显优于整体钢筋混凝土低矮抗震墙，这种开竖缝的抗震墙具有弹性刚度较大、后期刚度较稳定的特点，达到最大荷载后，其承载力没有明显降低，其变形能力和耗能能力有较大提高，达到了改善低矮墙抗震性能的目的。

底层框架—抗震墙砌体房屋中，底层宜采用带边框开竖缝的钢筋混凝土墙，用竖缝分割成若干由暗柱和边框梁柱组成的墙肢。

b. 底部两层框架—抗震墙砌体房屋

虽然这类房屋中底部两层钢筋混凝土墙一般已不再是高宽比小于1.0的低矮墙，但对于底部两层采用较大柱网布置的房屋，一些钢筋混凝土墙的长度为6.0～7.2m，使得这类钢筋混凝土墙的高宽比仍偏小。对于这些高宽比偏小的钢筋混凝土墙，宜采用开门窗洞口或开设竖缝等方式，使某单片墙对层间侧向刚度的贡献不致过大。

这里还要指出的是，在某些底部框架—抗震墙砌体房屋的实际工程中，出现了长度为10.0m左右的钢筋混凝土墙，不仅造成钢筋混凝土墙的高宽比小于1.0，而且使得这类墙体的侧向刚度和承载力的贡献特别大，一旦该墙体开裂和丧失承载能力，将对其他抗侧力构件产生很不利的影响。应尽量避免此种结构布置。

（3）对应布置底部、上部楼层的竖向构件

实际工程中，为了满足使用功能的需要，底部往往采用大柱网，造成柱网布置与上部砌体墙错位，部分上部砌体墙未落于底部框架梁或抗震墙上，而是落于底部次梁（甚至于是二级、三级次梁）上。落于次梁上的上部砌体墙数占总墙数的比例较高时，地震作用经过二次甚至三次转换，传力途径不清晰，受力状况复杂，不利于抗震。

　　另外，部分建筑为了保证底部使用面积的完整性，上部各层的楼梯间墙体不落地，改为从室外楼梯登上二层或三层平台，再进入住宅楼梯间。这样的设计同样不利于抗震。对于底部框架—抗震墙这种上下由两种不同结构体系组成的房屋，在楼梯间这种受力复杂的重要部位，应尽量保证上部墙体落地。

　　因此，上部的砌体抗震墙与底部的框架梁或抗震墙应对齐或基本对齐。应尽量使上层承重砌体结构的墙体落在下层框架梁或抗震墙上，若确有困难时，可以部分落在框架次梁上，但数量不能过多，以利于荷载传递。

　　（4）上部砌体房屋部分的纵、横墙布置及开洞率

　　上部砌体房屋不宜采用全部纵墙承重的结构布置方案，当采用纵墙承重体系时，因横向支承较少，纵墙易受弯曲破坏而导致倒塌。应避免采用砌体墙和混凝土墙混合承重的结构体系，因其受力情况复杂，易造成不同材料墙体的各个击破，对于上下部分已为不同结构体系的底部框架—抗震墙砌体房屋更应严格控制。

　　为了使各墙体的受力较为均匀，避免出现较弱的薄弱部位破坏，同时保证结构体系传力合理且传力路线不间断，上部砌体房屋的纵横墙分布宜均匀、对称，沿平面内宜对齐，沿竖向应上下连续。

　　为保证房屋两个主轴方向振动特性不相差过大，纵横向墙体数量不宜相差过大，在房屋宽度方向的中部（约 1/3 宽度范围）应设有足够数量的内纵墙。

　　控制上部砌体房屋部分墙体的开洞面积，对提高上部砌体房屋部分的整体抗震能力非常重要。开洞面积过大，部分墙段的高宽比大于 1.0，将减弱这些墙段的抗震能力。

　　上部砌体房屋的楼梯间墙体缺少各层楼板的双侧侧向支承，有时楼梯踏步还会削弱楼梯间的墙体。尤其是楼梯间顶层，墙体有一层半楼层的高度，地震中震害较重。因此，在建筑布置时楼梯间应尽量不设在房屋尽端或转角处，或对相应部位采取专门的加强措施。

　　对于改善建筑效果的转角窗，在砌体房屋中严重削弱纵横向墙体在角部的连接，局部破坏严重，应避免采用。

　　3. 抗震横墙间距

　　地震中，抗震横墙间距的大小对房屋的抗倒塌能力影响很大。底部框架—抗震墙砌体房屋的抗震横墙最大间距分为两部分，一是底部框架—抗震墙部分，二是上部砌体房屋部分。

　　底部框架—抗震墙部分，由于上部各层的地震作用要通过底层或第二层的楼盖传至抗震墙，楼盖产生的水平变形将比一般框架—抗震墙房屋分层传递地震作用的楼盖水平变形要大。因此，在相同变形限制条件下，底部框架—抗震墙砌体房屋的底层或底部两层抗震墙的间距比框架—抗震墙

房屋的间距要求要严格一些。

上部砌体部分各层的横墙间距要求应和多层砌体房屋的要求一样。

4. 侧向刚度比

侧向刚度比是底部框架—抗震墙砌体房屋的一项重要指标。底层框架—抗震墙砌体房屋中，侧向刚度比指过渡楼层第二层的层间侧向刚度与底层的层间侧向刚度的比值；底部两层框架—抗震墙砌体房屋中，侧向刚度比指过渡楼层第三层的层间侧向刚度与第二层的层间侧向刚度的比值。

结构刚度沿楼层高度分布是否均匀，集中反映出结构层间弹性位移反应的均匀性。对于各楼层均为同一种结构体系构成的结构，其层间刚度与构件的截面尺寸、层高和构件材料强度等级等有关。在钢筋混凝土结构中，在各层构件的纵筋不改变的条件下，其层间刚度与层间极限承载力的变化趋势相一致。由于底部框架—抗震墙砌体房屋的底部与上部砌体房屋之间构件承载能力和侧向刚度的差异等原因，这一结论已不再适用。

上部砌体房屋部分的承载能力和变形、耗能能力都比底部框架—抗震墙差，保持底部框架—抗震墙刚度略低于上部砌体结构（即侧向刚度比不应小于 1.0），可充分利用底部框架—抗震墙结构延性明显大于上部砌体结构的优点，将相对薄弱的楼层控制在底部、并控制薄弱层的变形，避免出现特别薄弱的楼层和避免薄弱楼层出现在上部砌体房屋部分，薄弱楼层在上部砌体房屋部分的底部框架—抗震墙砌体房屋的抗震能力是比较差的。这是底部框架—抗震墙砌体房屋中侧向刚度比控制的重要原则。

《抗震规范》对底部框架—抗震墙的侧向刚度提出了严格的要求，以保证底部框架—抗震墙和上部砌体结构在沿高度方向的侧向刚度变化是均匀的，无明显的突变。同时强调侧向刚度比不小于 1.0。底部两层框架—抗震墙时，底部一、二层的侧向刚度应相当。这是上述抗震概念设计的具体体现。

（1）底层框架—抗震墙砌体房屋

在地震作用下，底层框架—抗震墙砌体房屋的弹性层间位移反应均匀，可减少在强烈地震作用下的弹塑性变形集中，提高房屋的整体抗震能力。因此，底层框架—抗震墙砌体房屋第二层与底层侧向刚度比的合理取值和控制范围，既应保证弹性层间位移反应的均匀性，又应保证不至于出现突出的薄弱楼层。

文献[15]对这个问题从弹性反应和"大震"作用的弹塑性位移反应等方面进行了分析，其分析结论为：

① 底层框架—抗震墙砌体房屋的第二层与底层的侧向刚度比，不仅对地震作用下的层间弹性位移有影响（比值增大时，突出表现在底层弹性位移的增大），而且也对层间极限承载力的分布、薄弱楼层的位置和薄弱

楼层的弹塑性变形集中情况等有着重要的影响。

② 第二层与底层的侧向刚度比在 1.5 左右时，其层间极限承载力分布相对比较均匀，虽然第一层的弹塑性最大位移反应仍偏大一些，但是弹塑性变形集中的情况要轻，能够发挥底层框架—抗震墙变形和耗能能力好的抗震性能，而且上部砌体部分破坏不重，有利于结构的整体抗震能力。当第二层与底层的侧向刚度比小于 1.2，特别是小于 1.0 时，因底层钢筋混凝土墙设置得多而增强了底层的抗震能力，使底层抗震极限承载力比上部各层砌体部分大得多，在上部砌体部分层间极限承载力相对较小的楼层出现突出的薄弱楼层，易导致上部结构的脆性破坏。

③ 综合一系列的分析结果，底层框架—抗震墙砌体房屋的第二层与底层的侧向刚度比的较佳值宜控制在 1.2～2.0。

（2）底部两层框架—抗震墙砌体房屋

由于其底部两层的钢筋混凝土墙一般已不再是高宽比小于 1.0 的低矮墙，其底部两层具有协同工作的特征。因此，底部两层的钢筋混凝土墙的侧向刚度计算方法已不能沿用底层框架—抗震墙砌体房屋的方法。

文献[16]对这类房屋底部两层框架—抗震墙的侧向刚度进行了分析，探讨了这类房屋底部两层侧向刚度的简化计算方法。同时，探讨并给出了底部两层框架—抗震墙砌体房屋第三层与第二层侧向刚度比的较佳取值为 1.2～1.8。

底部两层框架—抗震墙砌体房屋的底部一、二层的侧向刚度应相当，保证侧向刚度在底部两层沿高度变化相对均匀。

5. 底部框架和抗震墙的抗震等级

钢筋混凝土房屋抗震等级的划分是依据地震作用的大小（地震烈度）、房屋的主要抗侧力构件性能、房屋的高度以及所处的场地状况等综合考虑的，在抗震设计中，不同抗震等级对应的内力调整和抗震构造措施有所不同。底部框架和钢筋混凝土墙的抗震等级和钢筋混凝土房屋的抗震等级要求一样，应从内力调整和抗震构造措施两个方面来体现不同抗震等级的要求。

底部钢筋混凝土结构部分的抗震等级大致与钢筋混凝土结构的框支层相当。底部框架的抗震等级比普通框架—抗震墙结构的要求要严格。考虑到底部框架—抗震墙砌体房屋的总高度较低，底部钢筋混凝土抗震墙一般应按低矮墙或开竖缝墙设计，其抗震等级可比钢筋混凝土抗震墙结构的框支层有所放宽。

6. 托墙梁

承托上层砌体墙的托墙梁所受的荷载比较大且受力情况复杂。在静力作用下，可以考虑墙梁的组合作用，使墙梁荷载由于内拱作用而有所分散。但是，在地震作用下，由于抗震设防原则允许墙体裂而不倒，上部墙体开裂后墙梁受力状况更为复杂，因此，对其墙梁作用的程度和承担竖向荷载的大小，在计算上应根据不同的情况加以区分，充分考虑地震作用时的不利情况。

7. 过渡楼层

要保证底部框架—抗震墙砌体房屋的整体抗震性能，就要求这类房屋的上部与底部的抗震能力大体相等或变化比较缓慢，其中既包括层间极限承载能力，又包括楼层的变形能力和耗能能力。

研究结果和震害表明，底部框架—抗震墙砌体房屋的过渡楼层与底部框架—抗震墙相连，受力比较复杂，与底部楼层相比刚度较大，与上部砌体部分的其他楼层相比变形又较大。当过渡层与其下层的侧向刚度比设计合理时，虽然底部的抗震墙先开裂，但是一旦过渡楼层的砌体墙开裂后，由于其变形能力差，其破坏状态要比底部重。因此，对过渡楼层采取专门的加强措施，才可保证其楼层抗震能力与其他楼层的匹配。

过渡楼层的加强措施可从增强承载力（应增强过渡楼层的抗剪承载能力，对于高宽比较大的房屋，尚应增强其抗弯承载能力）和增强抗震构造措施两方面入手。

过渡楼层墙体的材料强度应予以提高，墙体可适当配置水平钢筋。模型试验及实际震害中发现，过渡楼层外纵墙的窗台标高处出现了多条规则的水平裂缝，这表明过渡楼层纵向的抗弯能力应适当增强，除了控制房屋的高宽比、减少房屋弯曲变形的影响外，还应在过渡楼层外纵墙的窗台板下边设置钢筋混凝土带作为加强措施。

与多层砌体房屋相同，对墙体设置钢筋混凝土构造柱和圈梁，除了能够提高墙体的抗震承载力外，还可以大大提高墙体的变形能力和耗能能力。而对于受力复杂的过渡楼层，其构造柱和圈梁的设置、截面及配筋等要求均应比多层砌体房屋更为严格。该层构造柱的设置应考虑下层柱与构造柱的对应连接；圈梁设置应使过渡楼层墙体开裂后也能起到支承上部楼层的竖向荷载的作用，不至于使上部楼层的竖向荷载直接作用到底部的框架梁上。

过渡楼层的底板传递水平地震作用和地震倾覆力矩，为保证其有效传递这些地震作用，该楼板的水平刚度应予以加强，应采用现浇钢筋混凝土板，对其厚度、配筋和开洞情况应有更严格的要求。

8. 薄弱楼层的判别

结构抗震能力沿竖向分布的均匀性，有助于提高房屋的整体抗震能力。为使底部框架—抗震墙砌体房屋的抗震设计更为合理，做到既安全又经济，防止"大震"不倒，底部框架—抗震墙砌体房屋中薄弱楼层的判别是非常重要的。

底部框架—抗震墙砌体房屋是由两种承重和抗侧力体系构成的结构，具有与同一种抗侧力体系构成的房屋不同的受力、变形和薄弱楼层判别的特点。底部框架—抗震墙具有较好的承载能力、变形能力和耗能能力，上部砌体房屋具有一定的承载能力,但其变形和耗能能力比较差,这类房屋的抗震能力不仅取决于底部框架—抗震墙和上部砌体房屋各自的抗震能力,而且还取决于两者之间抗震能力的匹配程度,即不能有一部分太弱。这种类型的房屋对结构抗震能力沿竖向分布的均匀性要求更加严格,关键在于底部与上部结构抗震能力的匹配关系,必须避免出现特别薄弱的楼层。

对薄弱楼层的判别要求,是基于底部和上部之间抗震性能相匹配、不能有一部分过弱的前提而提出的。薄弱楼层系指在此前提下相对薄弱的楼层。由于底部框架—抗震墙部分具有较好的变形能力和耗能能力,在具有适当的极限承载力时不致发生集中的严重脆性破坏;而上部砌体部分的变形和耗能能力比较差,"大震"作用下若在极限承载力相对较小的楼层出现薄弱楼层,将产生集中的严重脆性破坏。实际震害表明,薄弱楼层出现在上部砌体部分时,房屋的整体抗震能力是比较差的。

9. 楼梯间

发生强烈地震时,楼梯间是重要的紧急逃生的竖向通道。楼梯的破坏会延误人员撤离及救援工作,从而造成严重伤亡。实际震害表明,楼梯间的破坏相对严重和集中。故提高楼梯间的抗震能力,形成应急疏散的"安全岛",是至关重要的。

对于底部框架—抗震墙部分,楼梯休息平台处的平台梁或踏步板边梁常规做法是直接支承于框架柱上,框架柱形成短柱(柱净高与柱截面高度之比不大于4的柱),在地震中易产生破坏。根据新的震害经验教训,建议这种习惯做法宜作适当调整。当出现这种结构布置时,支承楼梯的框架柱应充分考虑休息板的约束和可能引起的短柱效应,采取足够的加强措施。另外,底部框架—抗震墙部分宜采用现浇钢筋混凝土楼梯,同时楼梯间的框架填充墙与框架柱之间应加强拉结措施。

上部砌体部分的楼梯间情况与多层砌体结构相同,由于比较空旷常常破坏严重,必须采取一系列的有效措施予以加强。突出屋顶的楼梯间,由于"鞭梢效应",在地震中受到较大的地震作用,因此在构造措施上也应特别加强。

实际震害表明,单层配筋的板式楼梯在强震中破坏严重,踏步板中部断裂、钢筋拉断,板式楼梯的配筋予以加强。

10. 防震缝

大量的震害表明,由于地震作用的复杂性,体型不对称的结构的破坏比体型均匀对称的结构要重一些。但是,由于防震缝在不同程度上影响建筑立面的效果和增加工程造价等,应根据建筑的类型、结构体系和建筑状态以及不同的地震烈度等区别对待。防震缝设置的基本原则为:①当建筑形状复杂而又不设防震缝时,应选取符合实际的结构计算模型,进行精细抗震分析,估计局部应力和变形集中及扭转影响,判别易损部位并采用加强措施；②当设置防震缝时，应将建筑分成规则的结构单元。

对于底部框架—抗震墙砌体房屋，有关防震缝设置的原则基本同多层砌体房屋。该类房屋由于底部的侧向刚度相对多层砌体房屋要小，底部层间位移相对增大，使得房屋的整体水平位移相应增大，防震缝的宽度应比多层砌体房屋适当加大。

实际震害中发现，房屋伸缩缝、沉降缝等的缝宽未考虑防震缝的要求时，缝两侧房屋碰撞明显，故当房屋设置了伸缩缝、沉降缝时，其缝宽应同时满足防震缝宽的要求。

2.4　空旷房屋

空旷房屋系指剧院、电影院、展览馆、健身房、俱乐部和礼堂等之类高大而空旷的房屋，是我国城市、乡村规划中不可缺少的一类公共建筑。这类建筑是人们高度聚集的公共建筑，为确保人们能平安活动在影剧院里，应高度重视影剧院建筑的抗震防灾工作。

我国既有的影剧院建筑，其平面布置是由门厅（也称前厅）、观众厅（也称大厅）、舞台等主要部分组成，一般还包括后台、休息厅和其他部分。这类建筑物的平面形状凹进凸出，立面高低错落，整个房屋的体形比较复杂，毗邻的建筑部分之间通常不设沉降缝。其各部分的建筑结构具有以下基本特点：

门厅，大多为砖混结构，规模较大的影剧院采用钢筋混凝土框架结构。楼（屋）面多数为钢筋混凝土梁板结构，部分为木结构。大部分工程在屋盖檐口附近有一道现浇的钢筋混凝土圈梁。

观众厅，一般为单层空旷房屋。纵向多数为砖墙（垛）承重，墙厚度为370mm或490mm，有看台时，看台梁支承在纵墙中的钢筋混凝土柱上，也有采用钢筋混凝土框架填充墙结构的。跨度小于18m时一般采用钢木屋架或木屋架，跨度大于18m时一般采用钢屋架或钢筋混凝土屋架等。屋面大部分采用黏土陶瓦、水泥瓦、石棉瓦或铁皮屋面，少数为钢筋混凝土大型屋面板。屋盖的支撑布置较完善，在屋架支撑附近一般均有一道钢筋混凝土圈梁，有看台时增加一、二道圈梁。

舞台，电影院一般系观众厅部分建筑结构的延伸；影剧院主要承重体系垂直于观众厅的主要承重体系，其屋架的一端支承在舞台台口大梁上方的砖墙或钢筋混凝土柱上，另一端支承在砖墙（垛）上。屋架支座附近有一道钢筋混凝土圈梁，且沿房屋高度设置了可起圈梁作用的天桥。舞台台口通常采用钢筋混凝土门架结构，门架与砖墙之间有连结措施。

休息厅，大部分采用单层砖混结构，跨度和高度比较小。

后台（也称侧台），一般布置在舞台侧面或后面，采用砖混结构。

所以，空旷房屋的地震反应独特，地震造成的破坏部位和破坏状况，与一般结构不同。

2.4.1　单层空旷砖房

1. 结构特征

砖结构影剧院一般由门厅、观众厅、舞台三部分组成（图 2-54）。因各部分的使用功能不同，房屋的体形和结构均比较复杂，地震后的破坏状况与一般房屋相比较存在着较大差别。

既有空旷砖房与一般多层民用建筑和单层厂房相比较，在结构方面具有以下特点：

（1）观众厅的高度一般为 6～9m，纵墙的高厚比为 12～16；跨度为 18～25m，长 30～40m，屋盖的长

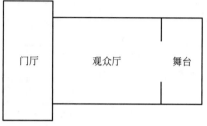

图 2-54
影剧院功能分区

宽比为 1.7～2.2。而单层砖柱厂房的屋盖长宽比通常在 4 以上。所以，空间作用比同类屋盖砖柱厂房要强。

（2）观众厅多采用机瓦、石棉瓦、瓦楞铁皮等轻屋面，少数采用钢筋混凝土重屋盖。屋架下弦处均设有满堂吊顶，增强了整个屋盖的纵向和横向水平刚度。

（3）观众厅部分为砖排架结构，门厅部分为多层砖混结构，舞台部分为砖墙承重结构。门厅、舞台的平面宽度有时比观众厅的跨度大，舞台有时还高于观众厅，因而舞台屋架的布置方向有时候垂直于观众厅，使舞台台口横墙成为重要承重墙体。

（4）一些剧院观众厅的后台半部设有挑台，某些影剧院在观众厅两侧设有较低矮的休息通廊，使观众厅排架变得较复杂。

（5）观众厅纵墙和舞台山墙的门窗洞口面积较小。

2. 震害程度

近几十年来我国发生的 10 多次大地震中，均有一些单层空旷砖房遭到程度不同的破坏。概括起来，各烈度区内未经抗震设计的空旷砖房的破坏程度大致是：7 度区，轻微破坏；8 度区，中等破坏；9 度区，严重破坏。

由于历次地震震源机制、场地条件、地基土质、建筑质量等条件均存在一定的差异，即使同一烈度区内房屋的破坏程度也不尽相同，有时差别还很大。1966 年 2 月云南东川 6.5 级地震中，位于 8 度区内的汤丹镇有一座电影院遭到严重破坏，门厅的多层砖结构严重龟裂，女儿墙倒塌，观众厅有一个开间纵墙局部倒塌。1975 年辽宁海城 7.3 级地震中，9 度区的大石桥有一座高大的俱乐部却破坏很轻。现将海城地震和唐山地震中各烈度区内空旷砖房震害程度分项统计数字分别列于表 2-1 和表 2-2。

海城地震空旷砖房的震害程度　　　　　　　　表 2-1

烈度区	调查栋数	破坏程度				
		完好	轻微	中等	严重	倒塌
7 度	3	67%	—	33%	—	—
8 度	10	40%	50%	10%	—	—
9 度	10	10%	50%	30%	10%	—

唐山地震空旷砖房的震害程度　　　　　　　　表 2-2

烈度区		调查栋数	破坏程度				
			完好	轻微	中等	严重	倒塌
天津地区	7 度	5	60%	40%	—	—	—
	8 度	37	21%	42%	32%	5%	—
	9 度	3	—	—	—	67%	33%
唐山地区	8 度	3	—	33%	67%	—	—
	9 度	13	—	10%	40%	40%	10%
	10 度	27	4%	8%	20%	28%	40%
	11 度	10	—	—	11%	22%	67%

3. 主要震害现象

单层空旷砖房通常由单层砖排架结构和多层砖墙承重结构两部分组成，遭遇地震后产生的破坏现象兼有这两类结构的震害特点。在历年来所发生的多次地震中，同一烈度区内的各幢空旷砖房的破坏程度和破坏现象不尽相同。下面罗列的震害现象并不全是在一幢房屋内发现的，而是该烈度区内各幢房屋震害现象的综合，其目的是说明未经抗震设防的空旷砖房在遭遇该烈度地震作用时有可能发生的震害。

（1）7 度区

少数房屋出现过下述震害：

① 观众厅舞台的后山墙发生轻度外闪，浮搁在山墙上的檩条由山墙内拔出数厘米。

② 后山墙与观众厅纵墙交接处局部出现细微裂缝。

③ 观众厅内紧靠舞台口的角部后砌弧形砖墙，出现细微裂缝。

④ 观众厅与门厅放映室相接处山墙的顶部砖块松动。

（2）8 度区

① 观众厅纵墙的下部或窗台口高度处出现水平通缝，呈现出平面外弯曲破坏的迹象（图 2-55）。

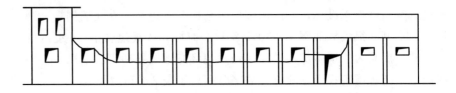

图 2-55
纵墙的水平裂缝

② 观众厅两侧休息通廊的纵墙
底部以及观众厅内独立砖柱的底部
出现水平裂缝。

③ 舞台口横墙及与之相连的角
部弧形砖墙,出现较宽的斜裂缝,
舞台口上面悬墙局部倒塌。

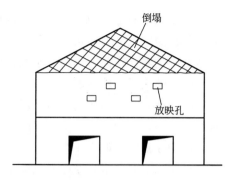

图 2-56
观众厅前山墙的
山尖局部倒塌

④ 与门厅放映室相接处的观众
厅前山墙外闪,山尖底部出现水平
裂缝或局部倒塌,图 2-56 为海城地震时营口市人民电影院观众厅前山墙
的山尖倒塌状况。

⑤ 舞台后山墙,山尖部分的底部出现水平裂缝或局部倒塌;山墙的
壁柱不到顶时,水平裂缝多出现在壁柱顶端。

⑥ 观众厅纵墙与加宽舞台的台口横墙交接处的丁字形连接,出现上
宽下窄的竖裂缝(图 2-57);发生这种震害的有天津市科学会堂、南开文
化馆、天津市友谊俱乐部和河北省廊坊地区影剧院。

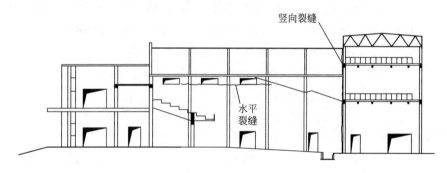

图 2-57
观众厅纵墙与舞
台相接处的竖向
裂缝

⑦ 门厅部分的砖墙出现斜裂缝,女儿墙部分倒塌。

⑧ 附墙砖烟囱上端倒塌。

⑨ 地面裂缝通过处的砖墙下部出现竖向裂缝;房屋内部或附近地面
发生喷水冒砂时,房屋产生不均匀沉陷,墙身出现斜向裂缝。

(3)9 度区

9 度区内砖结构影剧院出现震害的部位及破坏状况与前面对 8 度区房
屋的描述基本相同,但破坏程度更重一些。观众厅(与门厅相接处)的前
山墙、舞台的后山墙、舞台口的横墙和弧形墙以及观众厅的纵墙发生局部
倒塌的情况比较多。1966 年邢台地震时还发生过整幢房屋倒塌的震例。9
度时上述部位发生局部倒塌,进一步说明这些部位是抗震的薄弱环节,应
该特别予以加强。

4. 震害特点

砖结构影剧院的体形和结构布置不同于一般房屋,地震后的破坏情
况,与一般房屋相比也有较大差别,其震害特点如下:

(1)观众厅两侧纵墙为带壁柱砖墙,沿房屋横向的平面外抗弯强度低

于沿房屋纵向的平面内抗剪强度，因而纵墙常发生出平面弯曲破坏的水平裂缝，较少发生因剪切强度不足而引起的斜裂缝。高烈度区观众厅的倒塌也是由于纵墙在横向力作用下水平折断造成。

（2）观众厅纵墙下部的通长水平裂缝多出现在观众厅的中段，说明观众厅部分存在着空间作用。与单层砖柱厂房或食堂相比，纵墙的高厚比虽然更大一些，然而两道山墙之间的屋盖长宽比要小得多（影剧院为 2 左右，厂房或食堂一般在 4 以上），而且影剧院普遍设置吊平顶，空间作用要强得多，空旷砖房观众厅的纵墙出平面弯曲破坏程度要轻一些。

（3）以往建造的影剧院，观众厅纵墙的厚度一般不小于 370mm，多数为 490mm，比单层砖柱厂房或食堂要厚，而且门窗开洞面积较小。所以观众厅纵墙很少像砖柱厂房或食堂那样发生窗间墙的交叉斜裂缝。

（4）舞台口横墙的破坏程度比观众厅纵墙和舞台后山墙都重，7 度时出现斜裂缝，8 度时严重酥裂，甚至有倒塌的。这是因为它有一定宽度，横向刚度比纵墙壁柱大得多，其位置又比后山墙靠近观众厅，更多地分担了由于空间作用传来的横向地震作用。

（5）观众厅的前后山墙，由于墙体较厚、门窗洞口少，7、8 度时很少发生平面内的剪切破坏，9 度时的剪切破坏也不严重。山墙的震害主要发生在平面外，或水平折断，或向外倒塌。

（6）当砖结构影剧院观众厅内设置钢筋混凝土挑台时，由于重量增加，刚度突变，往往使观众厅和门厅的震害加重。

（7）门厅部分由于比较空旷，有效墙体面积少，而且要额外负担观众厅传来的地震作用，震害程度比一般多层砖房要重。

（8）由于房屋比较空旷，整体竖向刚度较小，因砂土液化或软土震陷引起的上部结构震害，比一般结构房屋更重一些。

5．典型震例

（1）营口市总工会礼堂

烈度：8 度　　抗震设防：未设防

场地：Ⅱ类　　震害程度：轻微

结构概况：采用天然地基，砖墙承重结构。观众厅高度为 7.6m，设有楼座和挑台，纵墙为 490mm 厚砖墙，无砖垛。东西休息廊的屋面位于观众厅上窗台高度处。房屋平面如图 2-58 所示。

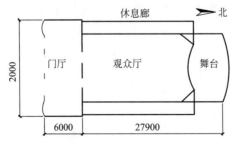

图 2-58
营口市总工会礼堂平面

震害现象：

① 建筑场地内有地裂缝通过；

② 南山墙、放映室、纵墙均有多道垂直裂缝；

③ 观众厅东、西纵墙在高窗的窗台处出现水平裂缝；

④ 西纵墙有外闪现象。

（2）营口市人民电影院

烈度：9 度　抗震设防：未设防

场地：Ⅱ类　震害程度：轻微

结构概况：采用天然地基，砖墙承重结构。观众厅跨度为 14.6m，高 6.2m，无挑台，纵墙为 490mm 厚砖墙，另加 500mm×500mm 壁柱，无圈梁。房屋平面如图 2-59 所示。

震害现象：

① 观众厅与门厅相接处的前山墙，山尖部分倒塌；

② 观众厅两侧纵墙均出现水平通缝。

（3）唐山市古冶区文化馆

烈度：9 度　抗震设防：未设防

场地：Ⅱ类　震害程度：严重破坏

结构概况：采用天然地基，地基为洼地杂填土。前厅为三层砖混结构，局部为五层，屋盖和第 3 层楼盖为现浇钢筋混凝土梁板结构。观众厅为瓦木屋盖，带壁柱砖墙承重，窗上口和窗台处各设置一道圈梁，并设置了基础梁。舞台口横墙采用现浇钢筋混凝土框架加强。房屋见图 2-60。

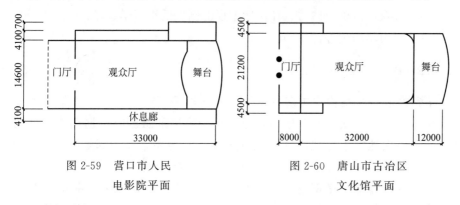

图 2-59　营口市人民电影院平面　　　图 2-60　唐山市古冶区文化馆平面

震害现象：

① 门厅的楼梯间局部倒塌，其他楼层中的预制板部分掉落；

② 山墙顶端局部倒塌并砸坏其他房间，使相邻的观众厅屋盖局部塌落；

③ 舞台口处的弧形砖墙倒塌，但台口框架的梁、柱无损；

④ 观众厅外纵墙中央的两根壁柱下段，砖垛酥碎、崩落。

（4）唐山市钢铁公司俱乐部

烈度：10 度　抗震设防：未设防

场地：Ⅱ类　震害程度：中等

结构概况：软土天然地基，局部采用木桩；砖墙承重，砂浆强度等级为 M2.5，观众厅两侧纵墙为组合砌体结构，圈梁 3 道，屋架与柱顶间用两根 $\phi20$ 的螺栓连接，舞台口的梁和柱为现浇钢筋混凝土框架。其平面和剖面如图 2-61 所示。

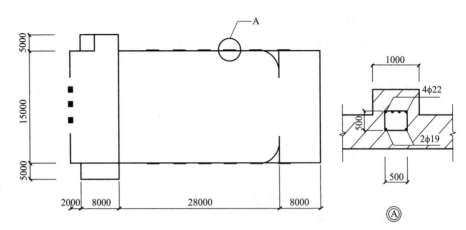

图 2-61
唐山市钢铁公司俱乐部平、剖面

震害现象：

① 观众厅北纵墙所有壁柱下段水平裂缝，其中以靠近门厅处的壁柱为最严重（此处基础明显下沉）；

② 南纵墙中间 3 根壁柱下段水平折断，其中一根壁柱在离地坪 3m 处砖块碎裂崩落；

③ 舞台口处的弧形砖墙出现斜裂缝，并与舞台口钢筋混凝土柱脱开，缝宽最大处为 100mm；

④ 观众厅东南角屋盖，被门厅屋顶上倒塌的小房子砸坏；

⑤ 后山墙山尖外倾错动。

2.4.2 钢筋混凝土空旷房屋

钢筋混凝土结构空旷房屋是指主体结构采用钢筋混凝土排架或框架的房屋，包括观众厅为单层而其他部分为多层的影剧院。据调查，近几十年来历次地震中各烈度区内的百余幢空旷房屋，几乎都是 20 世纪 50 年代和新中国成立之前建造的，绝大部分为砖结构，仅天津市中国大戏院等极少数建筑物是钢筋混凝土结构。就 7 度、8 度区内仅有的少数震例来看，钢筋混凝土结构空旷房屋的破坏程度较轻，一般只是天棚、围护墙、装饰物等非结构性部件发生较严重的破坏，主体结构的破坏仅限于局部，而且是个别现象。例如，天津市中国大戏院遭受 8 度地震后，仅门厅部分局部高出的 5 层排演厅破坏严重。1975 年海城地震中 8 度区内的营口市体育馆则是钢屋架下弦将支撑系杆顶弯。下面列出几个震例的破坏情况。

1. 营口市体育馆

结构情况（图 2-62）：营口市体育馆建于 1959 年。比赛厅的跨度为 36m，层高 9.6m。屋盖采用梯形钢屋架、钢檩条和木望板油毡屋面；钢筋混凝土纵向框架承重，柱截面为 400mm×400mm；房屋两端山墙为 370mm 厚承重砖墙；房屋两端第一榀和第二榀屋架间设置了上弦和下弦横向支撑，并于屋架两端第一节间下弦平面内设置通长纵向水平支撑。

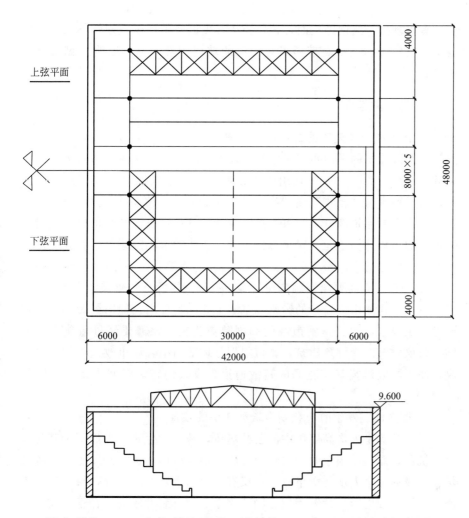

图 2-62
营口市体育馆比
赛厅

震害现象：1975 年海城地震时，该馆位于 8 度区。震后破坏如下：

① 屋脊处钢檩条顺屋面方向弯曲，两根并排的脊檩在跨中处相互离开约 40mm；

② 屋架下弦纵向水平系杆由西山墙内拔出约 20mm；

③ 靠近西山墙的第一榀和第二榀钢屋架下弦，被第一开间内与山墙相连的屋架下弦纵向水平系杆顶撞，发生水平弯曲；

④ 房屋中段承托钢屋架的纵向框架梁，在跨中部位梁底面混凝土局部破碎；

⑤ 比赛厅两侧边跨的 370mm 厚外纵墙在窗顶高度处出现通长水平裂缝。

2. 天津体育学院田径馆

结构情况：该馆于 1979 年建成，为单跨钢与钢筋混凝土组合结构，全长 96m，跨度 40m。屋盖部分采用无拉杆的三铰拱钢屋架，钢拱的跨度为 32m；拱脚坐落于钢筋混凝土厂形刚架柱的端头。整个组合结构刚架的全跨度为 40m；拱支座标高为 5m，拱顶标高为 10.4m；屋面采用瓦楞铁皮。该馆设计时曾考虑抗震设防。

震害现象：唐山地震时，该馆位于 8 度区。震后仅发现钢檩条与山墙连接处发生松动，屋面带形采光天窗的玻璃碎裂；主体结构未见有破坏迹象。

2.4.3　防震关键点

1. 合理地选择建筑的抗震设计方案

影剧院建筑的平面布置及空间布局都比较复杂，从我国历次大地震震害调查情况来看，尚未发现由于不设防震缝而造成明显的震害现象。因此，对于舞台为"箱式"或"半岛式"的影剧院建筑，其门厅、观众厅、舞台三个主要建筑部分之间可不设防震缝，且在抗震计算时可以简化为三个独立的结构计算单元。对于舞台为"岛式"的影剧院建筑，在我国尚缺少经验，应进行专门研究。

2. 城市规划时要给影剧院建筑等留有较宽畅的疏散通道

我国新建城市或新建的影剧院基本上能满足要求，但旧的影剧院多数不能满足要求，尤其是闹市区的影剧院更为突出，需要经过较狭窄的胡同。建议对旧的影剧院建筑，城市规划管理部门结合城市改造工作给予解决，使影剧院建筑有较宽畅的疏散通道，供人们在短时间内走向空旷的场地。

3. 加强地震发生时应急安全疏散知识的教育

影剧院等是人员高度集中的公共场所，地震发生时，人们不论其建筑是否抗震，总是希望短时间内走向空旷场地。所以，在观众厅里形成混乱场面，极易发生人员伤亡事故。建议有关部门进行专题研究，将研究成果制成幻灯片或电影短片，利用影剧院这个非常有利的场地，在正式演出或放映电影之前的时间开展宣传教育工作。

2.5　框架结构房屋

1. 什么是框架结构

框架结构，是指由梁和柱以刚接或者铰接相连接而构成承重体系的结构（详见图 2-63），即由梁和柱组成框架来共同抵抗使用过程中出现的水平荷载和竖向荷载。水平荷载一般指风荷载、地震荷载或者其他加在建筑物上的侧向荷载，竖向荷载一般指构件自重、装修层自重、使用活荷载等。

采用框架结构的房屋，其墙体不承重，仅起到围护、分隔、保温等作

图 2-63
框架结构示意图

用（对刚度也会有影响）。外墙一般用预制的加气混凝土、膨胀珍珠岩、空心砖或多孔砖、浮石、蛭石、陶粒等轻质板材砌筑或装配而成，内墙除了使用前述外墙材料外还用轻钢龙骨石膏板等材料。

楼板多数为钢筋混凝土（钢筋混凝土框架结构）、钢筋混凝土压型钢板组合楼板（钢框架或者钢与混凝土组合框架结构）、木楼板（木框架结构）等，楼板一般是直接承受竖向荷载的构件，并将荷载传递给梁和柱直至基础。

钢筋混凝土框架结构多用于层数不多的公共建筑、商场、学校等。

2. 框架结构的分类

框架结构由楼板、梁、柱等组成纵横连接的空间结构体系，沿房屋的长向和短向可分别视为纵向框架和横向框架。房屋的框架按跨数分有单跨（横向只有两根柱子）、多跨（横向有两根以上柱子），按层数分有单层、多层，按所用材料分有钢框架、钢筋混凝土框架、木结构框架或钢与钢筋混凝土混合框架等。其中最常用的是钢筋混凝土框架（现浇整体式、装配式、装配整体式，也可根据需要对梁或板施加预应力等）、钢框架。装配式、装配整体式混凝土框架和钢框架适合大规模工业化施工，效率较高，工程质量较好，但装配式框架由于整体性相对较差因而抗震性能也相对较差。

3. 框架结构的优缺点

首先，框架结构建筑由于填充墙体不承重，因而空间相对分隔灵活，自重轻，有利于抗震，节省材料；其次由于其具有可以较灵活地配合建筑平面布置的优点，利于安排需要较大空间的办公室、商场、会议室等；还有，框架结构的梁、柱构件易于标准化、定型化，便于采用装配整体式结构，以缩短施工工期；另外当采用现浇混凝土框架时，结构的整体性、刚度较好，设计处理好也能达到较好的抗震效果，而且可以把梁或柱浇筑成各种需要的截面形状，因而框架结构的应用非常广泛。

但框架结构体系也有缺点：首先是框架节点应力集中显著，因而该处容易在强烈地震作用下出现裂缝、钢筋屈服、混凝土压碎等现象；另外框架结构由于仅仅只有柱作为抗侧力构件故侧向刚度较小，结构较柔，在强烈地震作用下，结构所产生水平位移较大，易造成严重的非结构构件（如隔墙、幕墙等）破坏，这些非结构构件的破坏也会在地震中造成人民生命财产的损失；还有钢材和水泥用量较大，构件的总数量多，如果是装配式框架则吊装次数多，接头工作量大，工序多，浪费人力，施工受季节、环境影响较大；再次，框架结构不适宜建造高层建筑，由于框架是由梁柱构成的杆系结构，其承载力和刚度都相对较低，特别是水平方向的（即使可以考虑现浇楼面与梁共同工作以提高楼面水平刚度，但也是有限的），它的受力特点类似于竖向悬臂剪切梁（详见图 2-64），其总体水平位移上大下小，但相对于各楼层而言，层间变形上小下大，设计时如何提高框架的

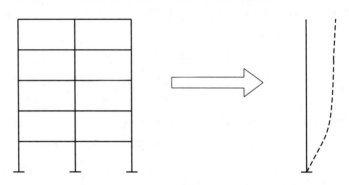

抗侧刚度及控制好结构侧移为重要因素。对于钢筋混凝土框架，当高度大、层数相当多时，结构底部各层不但柱的轴力很大，而且梁和柱由水平荷载所产生的弯矩和整体的侧移亦显著增加，从而导致截面尺寸和配筋增大，对建筑平面布置和空间处理，就可能带来困难，影响建筑空间的合理使用，在材料消耗和造价方面，也随着高度的增加趋于不合理，故一般适用于建造不超过 15 层的房屋，再高采用框架结构就非常不经济了。因此，我们所见到的框架结构基本属于多层或者小高层建筑。

图 2-64
框架水平力作用
下变形示意图

混凝土框架结构广泛用于住宅、学校、办公楼，也有根据需要对混凝土梁或板施加预应力，而以适用于较大的跨度；框架钢结构常用于大跨度的公共建筑、多层工业厂房和一些特殊用途的建筑物中，如剧场、商场、体育馆、火车站、展览厅、造船厂、飞机库、停车场、轻工业车间等。

2.5.1　受力特性

框架结构由楼板、梁、柱等组成纵横连接的空间结构体系，沿房屋的长向和短向可分别视为纵向框架和横向框架。纵、横向框架分别承受纵向和横向水平荷载，而竖向荷载传递路线则根据楼（屋）盖布置方式而不同：现浇板楼（屋）盖主要向距离较近的梁上传递，预制板楼盖传至支承板的梁上，梁上荷载向柱传递并最终传到基础。

框架结构承受的荷载包括竖向荷载和水平荷载。竖向荷载包括结构自重及楼（屋）面活荷载（包括家具和人活动的荷载），一般为分布荷载，有时有集中荷载。水平荷载主要为风荷载、地震荷载等。

在竖向荷载的作用下，梁和板主要承受弯矩和剪力作用，并将其传给柱，柱主要承受轴力，并随着层数增加轴力也增加，越到底层轴力越大，柱所需的承载力也越大，相应柱截面和配筋需求也增大，柱也承受一些弯矩和剪力。框架结构在竖向荷载下的弯矩示意图如图 2-65 所示；而在水平荷载的作用下，框架会产生一系列的内力和侧移，使得框架柱承担了更多的弯矩和剪力，而且水平荷载（如风和地震荷载）往往会有方向的变化，这样使框架在水平荷载的往复作用下各个方向均产生更多的内力和变形，故水平荷载往往成为框架结构的主要控制因素，即由水平荷载决定框架结构的截面大小和配筋，水平荷载越不利，所需的框架承载力越高，这也是我们看到的框架截面在地震区比非地震区（或者高烈度区比低烈度区）大的主要原因。框架结构在水平荷载下的弯矩示意图如图2-66。

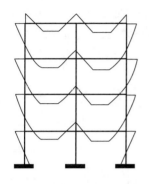

图 2-65　框架结构在竖向荷
载下的弯矩示意图

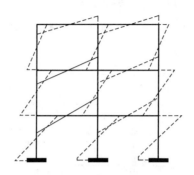

图 2-66　框架结构在水平荷载
下的弯矩示意图

2.5.2　变形特性

框架结构的变形主要分为两种：一种是竖向静力荷载下的弯曲变形，即梁和楼板的竖向挠度，柱的竖向压缩变形（图2-67）。这部分变形并不是框架结构的主要变形。

另外就是框架侧移（图2-68），也是框架结构中最关注的变形，其侧移由两部分组成。第一部分侧移由柱和梁的弯曲变形产生：作用于框架任一层间的水平集中剪力由该层柱子的抗剪能力抵抗。剪力使框架结构每层的柱产生反向弯曲，其反弯点大约在层高的中间部位。上、下柱引起的作用于节点处的弯矩由相邻左右梁承担，每根梁产生反向弯曲，其反弯点大约在梁跨的中间部位。该梁柱的变形引起框架的整体变形，使各层间产生水平位移。在水平力作用下结构的整体变形和剪力、弯矩图如图2-69所示。框架下部的梁、柱弯矩大，层间变形也大，愈到上部层间变形愈小，整个结构呈现下大上小的剪切型变形。

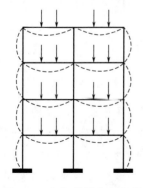

图 2-67　框架结构在竖向荷
载下的变形示意图

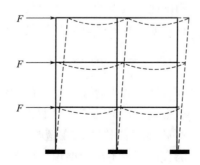

图 2-68　框架结构在水平荷
载下的变形示意图

另外一部分就是在水平力作用下，柱的拉伸和压缩使结构出现侧移：外部水平荷载产生的总弯矩由各层柱中的轴向拉、压力组成的力矩（图2-70）抵抗。柱子的伸缩引起结构的整体弯曲变形，并产生相应的水平位移。因为弯曲转角沿建筑高度累加，所以整体弯曲变形引起的层间位移随高度增加而增加，因此，在建筑最上部层间变形最大，最底部层间变形最小，即下小上大。

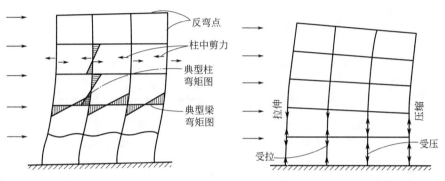

图 2-69　框架结构在水平力作用
下剪切型变形和内力

图 2-70　框架结构在水平荷载作用下
弯矩引起的弯曲变形和内力

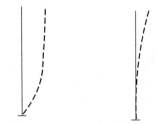

图 2-71
框架结构水平力作用下剪切变形和弯曲变形示意图

以上两种侧移变形不同：剪切变形引起的层间位移随高度增加而减小，弯曲变形引起的层间位移随高度增加而增大（图2-71）。在建筑的最顶部整体弯曲变形对层间位移的贡献会超过剪切变形对层间位移的贡献。但是，经分析研究表明，框架结构的特点是整体弯曲变形对总位移的贡献与剪切变形对总位移的贡献之比不会超过10%，除非在极高或细长的框架中。因此，多高层框架结构的变形合成以上两种变形以后仍然呈现剪切型（即下大上小）变形特征。

框架的侧移和外部荷载以及框架本身的抗侧刚度有关，而框架结构的抗侧刚度主要取决于梁、柱及节点的抗弯能力和柱子的轴向刚度以及框架梁柱的刚度比，具体到与框架的截面尺寸、层高、跨度等有关，需要专业结构工程师通过计算来确定。抗侧刚度越大，抵抗变形的能力就越强。

2.5.3　地震作用下的破坏过程

设计合理、施工合格、正常使用的框架结构在小震（比当地设防烈度约小一度半左右）下处于弹性状态，不应破坏；在中震（当地设防烈度）下有一些破坏但能修复；在遭遇大震（比当地设防烈度约大一度左右）时，可能会破坏但不至于倒塌。框架结构的破坏过程应该是先框架梁两端出现塑性铰（是指钢筋混凝土构件从钢筋屈服到混凝土被压碎后，截面不断绕着中和轴转动，这样类似于一个铰，由于此铰是在截面发生明显的塑性形变后形成的,故称其为塑性铰),然后随着地震荷载的加大,柱出现塑性铰,最终结构倒塌。而从历次震害来看,破坏过程往往与前述不同,这与结构体系、平面立面布局、刚度分布、非结构构件布置以及设计假定、施工质量等因素有着密切的关系。

我国海城、唐山、汶川地震的震害调查表明:框架结构在6、7度时,主体结构大多完好,仅空心砖填充墙和非结构部件有不同程度的损坏;8度时,现浇框架一般震害较轻;9度和9度以上时,中等和严重破坏占65%,倒塌占15%。日本1978年宫城县冲地震中,8度区的仙台市,193幢钢筋混凝土房屋,倒塌1.6%,严重破坏2.6%,中等破坏和轻微损坏占21.3%。可见8度时框架结构就有相当程度的破坏。

框架结构主要破坏形式在汶川地震中表现为整体倒塌或倾覆、薄弱层倒塌、底层破坏、顶层塔楼破坏、框架节点破坏、强梁弱柱破坏、填充墙与主体结构连接不牢倒塌、填充墙设置不合理使框架柱形成短柱而剪切破坏等,其中纯框架结构(无剪力墙)的震害比较严重,尤其对于单跨框架由于冗余度小引起整体倒塌,这使得对于纯框架结构的抗震设计更要注重概念设计。

1. 几种框架结构的地震下破坏过程

首先是单跨框架结构,所谓单跨框架结构就是横向仅有一跨框架(即两根框架柱一框架梁),单跨框架由于横向仅有两根柱,一根柱破坏了,整榀框架就倒了,结构冗余度小,因而在地震中很容易形成结构破坏继而倒塌。故单跨框架对于抗震具有明显的不利因素,我国现行的《建筑抗震设计规范》GB 50011—2010和《建筑抗震鉴定标准》GB 0023—2009中规定,重点设防类建筑以及高层建筑不应为单跨框架结构。

单跨框架结构在地震下的破坏过程往往是单跨柱倒了,该榀框架也随之倒塌,接着由于其他框架的负担加重,出现各榀单跨框架逐个倒塌,直至结构倒塌破坏。历次地震和2008年汶川地震中都有许多震害实例(图2-72、图2-73)。

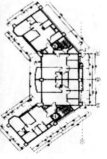

图 2-72 都江堰市某六
　　　　层单跨框架
　　　　(部分倒塌)

图 2-73 台湾省集集地震中彰化县林镇富贵
　　　　名门大楼倒塌(16层单跨框架)

其次是单向框架，其特点就是仅对横向框架进行平面结构分析，纵向连起来即可。目前禁止采用，但在 20 世纪 80 年代前的工程设计中，还有这样的结构形式。从震害来看，纵向框架的震害是严重的，纵向框架破坏了，横向框架即形成单榀的平面框架，失去空间工作性能，因而横向框架也随之破坏。

还一种叫填充墙框架结构，这种结构形式在 20 世纪 80 年代前应用，其特点是填充墙承担增大侧向刚度的作用，故不能随意拆砌或者更改。嵌砌于框架间的填充砖墙在地震时与钢筋混凝土框架共同承受地震水平作用，在一定程度上约束了填充墙框架的侧移，填充墙的破坏是最为普遍且较严重的震害现象，如在唐山地震时，位于 8 度区的天津友谊宾馆、人民大楼、天津医院等框架结构的填充墙都有明显的震害。采用填充墙框架结构的房屋，框架平面内嵌砌砖填充墙时，柱上端易发生剪切破坏。外墙框架柱在窗洞处因受窗下墙的约束而发生短柱型剪切破坏。

2. 竖向刚度不均匀产生的地震下破坏过程

（1）底部刚度小

多层和高层钢筋混凝土房屋常因底层布置商店、餐厅、门厅等大空间用房，把底层或底部几层做成无填充墙的框架，而上部住宅或客房采用有密集填充墙的框架或者框架抗震墙结构等。这种结构由于底层抗侧移刚度和屈服强度骤然减低，位移增大，引起底层严重破坏甚至倒塌。如 1977 年罗马尼亚地震，普鲁耶什一座框架体系房屋，底层为咖啡馆，无隔墙，上面几层为住宅，砖隔墙较多，地震时，底层因柱子折断而倒塌，上面几层整体坐落。布加勒斯特市有座 9 层框架体系大楼，上部为住宅，底层为商店，地震时，底层严重破坏，濒临倒塌。墨西哥城 1985 年地震，底层为餐厅、停车场或大门厅的多高层建筑，不少底层遭遇严重破坏，统计表明，因底层严重破坏造成楼房倒塌的占倒塌总数的 8%。汶川地震中，也有类似震害（图 2-74、图 2-75）。

图 2-74　都江堰市华夏广场某住宅楼 5 层框架结构，建于 2003 年，底部两层完全倒塌，5 层变成 3 层

图 2-75　彭州市小渔洞商店底层倾斜侧移。3 层框架结构，底层柱上下端破坏倾斜移侧

（2）中间柔弱层，多层和高层框架房屋的中间层，强地震时常出现异常的震害，这些层可能是结构刚度或承载力较弱的楼层，另外高层房屋的竖向地震作用也是破坏的原因，这些楼层也出现最大压应力或最大拉应力，在竖向刚度突变时，刚度小的楼层在水平和竖向地震的共同作用下，由于抗震承载力不足而毁坏倒塌。例如 1995 年日本阪神地震（竖向峰值加速度 $0.45g$），十多幢多层和高层建筑中段或底部柔弱楼层，整层坍塌、上层原位坐落；汶川地震中也有类似震害（图 2-76）。

（3）顶部柔弱层，因为通常利用顶层设置大会议室、多功能厅等，采用大跨度结构，有些中柱被取消，屋架与框架外柱变成铰接，抗侧移刚度顶层比下层减少很多，沿高度的楼层刚度突变，形成顶部的柔弱层而震害加重。

（4）中段刚强而上下段柔弱的结构常出现上段或下段的震害，或是上下段全部折断，如唐山地震中唐钢石灰石贮矿槽三层框架中段为贮矿槽，刚度强度很大，震时，一层和三层框架都折断，贮矿槽坐落于地面，三层柱子根部也折断倾斜。

3. 建筑体型布置不同的地震下破坏过程

（1）平面布置

① 平面刚度不均匀的多层框架破坏率明显增高。如唐山地震中，8 度区的天津有平面刚度不均匀的全框架厂房 11 栋，其中有 5 栋发生严重破坏或中等程度破坏，占总数的 45.5%。

② L 形等不对称平面的建筑，地震时出现扭转振动而使震害加重。如都江堰市中医院住院部大楼，7 层框架结构，平面 L 形，一翼完全倒塌（图 2-77）。

图 2-76　阪神地震中某医院中　　图 2-77　都江堰市中医院住院部大楼，7 层框
　　　　　间五层薄弱层倒塌　　　　　　　　架结构，平面 L 形，一翼完全倒塌

③ 开口房屋由于平面刚度极不均匀，破坏率显著增高。如唐山地震中天津 754 厂 11 号车间为框架结构，车间被伸缩缝分割为两个单元，一端为刚度较大的楼梯间，另一端为开口，刚度极不均匀，地震时开口端柱子严重损坏。

④ 电梯间作为竖筒结构，其抗侧移刚度较大，如在布置上存在较大

偏心，同样因发生扭转振动，甚至在矩形平面建筑中也将使震害加重。

⑤ 带有较长翼缘或凸出的 T 形、十字形、U 形、H 形、Y 形平面由于地震时差异侧移而使震害加重。

（2）立面布置

① 多层与高层框架房屋下部几层的周边设有裙房等大底盘建筑，若裙房与主楼相连而不设缝，体形的突变引起刚度突变，使主楼在接近裙房的楼层相对较为柔弱，地震时因塑性变形集中效应而产生过大层间侧移，导致严重破坏。

② 房屋高度与高宽比。房屋愈高，受到的地震作用和倾覆力矩愈大，破坏的可能性也愈大，但是，各类结构可以允许建造的高度和高宽比也不一样，如框架—抗震墙结构可比框架高，抗震墙结构更高，筒中筒则能适应更高层钢筋混凝土房屋的建造。

③突出屋顶的收进建筑破坏严重。这类屋顶塔楼的平面尺寸和抗侧移刚度均比主体房屋小得多，在地震时由于高振型引发的鞭鞘效应使得塔楼承载力不足出现破坏。汶川地震中都江堰基督教堂框架结构，出屋面塔楼严重破坏。都江堰市天地仁商务酒店，5 层框架结构，建于 2007 年，屋顶小塔楼倾倒（图 2-78、图 2-79）。

图 2-78　都江堰市基督教堂框架结 　　　　图 2-79　都江堰市天地仁商务酒店，
　　　　构，底部结构轻微破坏， 　　　　　　　　　层框架结构，建于 2007
　　　　出屋面塔楼严重破坏 　　　　　　　　　年，屋顶小塔楼倾倒

4. 各类结构构件破坏过程和破坏形态

（1）框架结构整体倒塌

汶川地震中出现框架结构整体倒塌的现象，如位于都江堰的某 5 层框架结构，整体叠压式倒塌，汶川县映秀镇漩口中学某框架结构，建筑整体退台式倒塌（图 2-80、图 2-81）。发生框架结构整体倒塌的原因是多方面的，一方面由于地震烈度远大于当地设防烈度，另一方面，纯框架结构本身没有多道抗震防线、冗余度小等造成框架结构整体坍塌。

（2）框架柱破坏特征

① 柱顶部破坏是现浇混凝土框架柱最多见的震害，有下列各种：

水平裂缝：较轻的一般在梁底面以下约 600mm 高度范围内出现一条或几条断续或环形水平裂缝，宽度一般不大于 2mm。重的形成水平裂断，断口表层混凝土碎裂并部分脱落，更重的柱端混凝土酥碎、散落、竖向钢筋压屈，造成梁端沉落主筋外露。产生这种震害的主要原因是，由于水平地震作用，柱顶大偏心受压，使受拉侧作用效应超过钢筋混凝土柱的弯曲抗拉强度。汶川地震中不少框架柱也是这种破坏形式（图2-82～图2-85）。

图 2-80 都江堰市某五层框架结构，整体叠压式倒塌

图 2-81 汶川县映秀镇漩口中学某框架结构，建筑整体退台式倒塌

图 2-82 都江堰市华夏广场商住楼，5层框架结构，底层柱上端破坏

图 2-83 绵竹市汉旺镇某商住楼框架结构，底层柱上端严重破坏

图 2-84 柱顶主筋沿水平截面呈灯笼状破坏，箍筋弯钩进开

图 2-85 都江堰市金叶宾馆六层框架结构严重破坏。底层柱上端混凝土压碎主筋压曲

斜裂缝：轻者从梁底面开始出现45°～60°的斜裂缝，进而表层混凝土碎裂剥落，钢筋外露或稍有弯折，柱头顺斜裂缝下滑错动，钢筋顺斜裂缝

方向弯曲，严重者混凝土全部崩落，上层梁板下塌，柱内纵筋压弯成灯笼状。这种震害多发生在加腋梁下，层高较低，柱截面较大且纵筋较多的柱子上。其主要原因是水平地震作用使柱顶受到压、弯、剪联合作用，在柱顶刚度变化处，由于主拉应力破坏而形成 45°斜裂缝，在地震反复作用下形成交叉裂缝，进而压崩斜裂缝端部混凝土，严重时全部崩落并使纵筋外露弯曲。

竖向裂缝：柱顶破坏尚有竖向裂缝，一般始于梁下的柱顶，或梁两侧与上柱顶相交处，在柱顶的单面或多面出现。分析认为主要是箍筋不足或梁柱相交处箍筋布置较差所致。

② 柱底柱根部的破坏率较柱顶为低，主要情况为：

水平裂缝：一般较轻的裂缝在距楼板面以上 1000mm 高度范围内分布，裂缝形状及宽窄与柱顶相似；较重时形成水平裂断，其位置通常在距楼板面以上 500mm 高度范围内；柱根部破坏严重者在靠近楼板面处表面混凝土剥落，主筋出露，柱倾斜错位，钢筋弯折。

斜裂缝：柱根部出现斜裂缝，在一个方向或两个方向交叉，严重者斜截面混凝土崩落，钢筋呈剪破坏。

竖向裂缝：也有在根部出现多条下粗上细的竖向裂缝，裂缝在柱单侧或双侧均有出现。柱底的破坏，除底层外，楼层柱下端的震害比较少见，而且破坏程度相对较轻，一般楼层间柱仅是钢筋外围混凝土保护层剥落。

③ 柱身中段的震害与柱顶和柱底对比相对较少，但同样存在严重震害，其主要原因是柱身配箍太小引起的柱身剪切破坏或者形成短柱的剪切破坏。

④ 框架角柱的震害常比边柱和中柱更为严重，其主要原因为：

在双向刚接框架中，角柱在纵横双向都是单边有梁，重力荷载双向偏心作用，角柱作为钢筋混凝土双向偏心受压构件，在地震的斜向作用下，地震作用的双向偏心与重力荷载的双向偏心叠加，使角柱的地震承载力更显不足（图 2-86、图 2-87）。

图 2-86　安县安昌镇血站综合楼 4 层框　　　图 2-87　绵竹市汉旺镇东汽小学教
　　　　　架结构，建于 2001 年，底层　　　　　　　　　学楼 4 层框架结构，角柱
　　　　　框架角柱节点剪切破坏　　　　　　　　　　　节点剪切破坏

其次，多层和高层建筑中，水平地震作用引起较大倾覆力矩，在框架整体斜向弯曲时，使角柱受到的附加轴力最大。

另外，结构体系或重力荷载分布不均匀时，各楼层的质心与刚心间偏心使在地震平动作用下出现扭转振动，同时地震动还存在扭转分量，它加剧了结构的扭转振动，角柱在扭转振动过程中比其他框架柱相对侧移大，承受的扭转作用也最多。

⑤ 短柱：柱净高与柱截面高度之比不大于 4 时，称为短柱，其震害特点为：

短柱破坏特点是剪切破坏，沿对角线出现斜裂缝（包括交叉裂缝），裂面上的箍筋随之屈服甚至拉断或弯钩进而破坏。汶川地震中不少钢筋混凝土外柱形成短柱的破坏，是即在窗台和窗顶高度处产生水平裂缝。这是因为嵌砌于框架内的填充窗裙墙对外柱的嵌固作用，使柱的实际长度减短，抗侧移刚度增大，分担了多的水平地震力，以致因受弯承载力不足而水平断裂。同样若柱的受剪承载力低于增大了的水平地震剪力时，就会产生剪切型的斜向裂缝和短柱交叉裂缝。

长短柱在同一层中同时存在时，短柱破坏严重，由于地震作用是按该层柱子的刚度分配的，同样截面的柱子由于净高小而承受地震作用较大所致。

框架柱由于墙的嵌固出现短柱而震害加重，如在填充墙框架中由于刚性墙嵌固于带形窗上下，使原来的长柱在带形窗区段形成短柱而剪切破坏；也有刚性矮墙不到顶，使上段框架柱形成短柱而破坏（图 2-88、图 2-89）。

图 2-88　绵竹中学实验学校教学楼严重　　　　图 2-89　都江堰市交通稽征
　　　　　破坏，建于 2002 年，4 层框架　　　　　　　所窗下墙处柱破坏
　　　　　结构。填充墙导致柱严重破坏

因此，我们在框架结构的使用中，不得随意拆砌填充墙，也不得随意拆矮或者变更填充墙，许多由于填充墙不适当拆改而致使框架柱变为短柱，从而在地震中首先破坏，倒塌，造成生命财产损失。

⑥ 楼梯柱：多层框架中的楼梯斜梁和踏步板构成类似竖向钢筋混凝土斜撑，作用于楼梯柱或支承中间平台梁板的框架柱，以致这些柱承受更

大的地震剪力，如唐山地震时，多层框架楼梯柱在休息平台处出现冲剪破坏。有时，楼梯平台柱上下与框架梁连接，实际形成短柱而加重了震害。

（3）框架梁

① 梁端

梁端斜裂缝一般发生在距梁的两端各为 1/3 跨度范围内，以正八字形最常见。

梁端竖裂缝多在离梁端 600mm 范围内；震害轻者在贴近梁端处有一条细微裂缝，宽度小于 1mm，高度仅及梁高的一半左右；稍重时裂缝延伸到梁顶，裂缝数量增加，再重时发展到局部混凝土剥落，主筋出露甚至稍有弯折；震害严重时，靠近梁端部的混凝土局部严重酥裂，主筋弯折，甚至有滑移现象。

梁端顶底面纵向钢筋的锚固对于地震时确保框架梁弯曲受拉至关重要，以往非抗震设计中底面纵筋按受压区锚固，顶面钢筋有的不按纵向框架而按连续梁计算，配筋及其锚固在地震作用下，容易破坏。

② 跨中

梁的跨中在中部 1/3 跨度范围内出现竖向裂缝，轻者裂缝极微细，宽度小于 1mm，长度仅及梁高一半左右，稍重时，裂缝长度发展到梁的全高，宽度可达 2mm，数量也增加；震害严重时，局部混凝土剥落，纵向主筋外露。有的梁出现均匀密条的竖向裂缝。

③ 短梁

有些净跨与梁高的比值小于 4 的短梁，其中间区段出现斜裂缝，且斜裂缝延伸很长，破坏性较大。

（4）梁柱节点震害特征

钢筋混凝土框架节点破坏的程度随着遭遇地震烈度的增加而加剧。对未进行抗震设防的多层框架调查表明，7 度时很少破坏；8 度时，部分节点特别是角柱节点发生一定程度的破坏；9 度和 9 度以上时，多数框架节点发生严重破坏（图 2-90、图 2-91）。

图 2-90　汶川县映秀镇漩口中学　　图 2-91　映秀镇漩口中学教学楼，4 层
　　　　教学楼严重破坏，角柱　　　　　　框架结构，严重破坏。底
　　　　节点弯剪破坏　　　　　　　　　层角柱节点弯剪破坏

梁柱节点在水平地震作用下，左、右梁顺时针绕节点的同方向弯矩和上、下柱逆时针绕节点的反方向弯矩的作用，在节点处引起的剪力比柱子的剪力大得多，并使节点域受到一个对角方向的压力和另一对角方向的拉力，当节点域的主拉应力超过混凝土抗拉强度时，即产生剪切型的斜向裂缝。地震作用反向时，将在另一方面产生斜裂缝，地震作用的往复作用，节点域可能产生多条交叉裂缝，混凝土剥落、酥裂，梁、柱纵筋在节点区的锚固失效。

（5）多层钢筋混凝土房屋中的砌体填充墙

砌体填充墙和围护墙的破坏是多高层钢筋混凝土建筑中最为普遍且较严重的现象：

① 砌体填充墙体局部或全部平面外倒塌，特别是砌体填充墙与框架柱间无构造钢筋拉结。这种现象在低烈度区也有出现，如海城地震时，7度区鞍钢二铸铁室多层框架顶部二层的无拉结填充墙平面外倒塌；汶川地震中绵竹市汉旺镇中国保险大厦，7 层框架结构，填充墙倒塌。都江堰市建设大厦 7 层框架结构，填充墙破坏（图 2-92～图 2-96）。

图 2-92　都江堰市小憩驿站酒店填充墙破坏，5 层框架结构，建于 2008 年

图 2-93　汉中锦绣华庭填充墙开裂，12 层现浇框架装配式楼盖结构，围护墙开裂，
三层楼梯间填充墙开裂

图 2-94　都江堰市地税局办　　　图 2-95　都江堰市公安局
公楼填充墙破坏　　　　　　　大楼填充墙破坏

图 2-96
都江堰市宁江集团学校教学楼填充墙，6 层框架结构，填充墙开裂倒塌

② 砌体填充墙的斜裂缝和交叉裂缝是常见的震害。唐山地震时，8 度区的天津友谊宾馆、天津医院、人民大楼等框架结构的填充墙都出现严重裂缝，横向框架的填充墙破坏形式基本是 X 形裂缝，尤其是以框架抗震承载力储备比较小的第四层和第七层的填充墙破坏最为严重；破坏较轻的也在墙面中间配筋带处出现水平通缝。而纵向框架的填充墙破坏较轻，外墙基本上在窗台位置出现水平裂缝；内墙基本上在门窗洞口出现四角裂缝。

填充墙虽然是非承重墙，但其破坏一样威胁生命财产安全，因此，填充墙本身的安全以及填充墙与主体框架的拉结可靠等至关重要，设计和施工中要注重填充墙的构造措施，使用中也不因其不承重而随意更改。

2.5.4 防震关键点

历次震害证明，无论什么样的结构形式，只要按照我国现行规范进行正规设计、正规施工并正常合理使用的建筑，是能满足"小震不坏、中震可修、大震不倒"的抗震设防目标的。框架结构也是如此，不过框架结构比起框架剪力墙结构来其抗抗侧移刚度较低，只有框架一道抗震防线，因而对框架本身的要求较高。

框架结构的防震关键点在于设计必须按照现行规范进行，对其薄弱环节进行合理分析并采取措施。另外需要强调的一点是，必须正常使用，不能随意增加荷载、改变建筑功能，不能随意拆砌填充墙，那种认为框架结构中填充墙不承重因而可以随意拆砌的做法是不正确的，在使用中若有以上改变的要求，必须经过具有设计资质的单位由专业结构设计人员进行结构抗震鉴定并处理后才可以改造使用。

2.6 框架—剪力墙及剪力墙结构房屋

对于低层、多层或高层建筑，其竖向和水平结构体系设计的基本原理都是相同的，但随着高度的增加，由于较大的竖向荷载需要有较大的柱、墙和井筒，侧向力（包括地震作用和风荷载）所产生的倾覆力矩和剪切变形要大得多，这些原因使得竖向结构体系成为设计的控制因素。高层建筑的竖向结构体系从上到下一层层地传递累计的重力荷载，往往要求较大的柱或墙截面来承受这些荷载。同时这些竖向结构体系还必须把风荷载或地震作用等侧向荷载传给基础。与竖向荷载相比，侧向荷载对建筑的效应不是线性的，而是随着建筑物的增高而迅速增大。在其他条件相同时，在风荷载作用下建筑基底的倾覆力矩近似与建筑高度的平方成正比，而建筑物顶部的侧向位移与其高度的四次方成正比，地震的效应更加显著。

在高层建筑中，主要问题是抗弯和抵抗变形，而不仅仅是抗剪，为了使高层建筑足以抵抗相当大的侧向荷载和侧移，常常不得不进行专门的结构布置，柱、梁、墙的截面尺寸总是要大一些。材料的用量随楼层的增多而增加，混凝土建筑固有的巨大质量使抗震设计更为严峻，在地震作用下，建筑上部增加的质量将使总侧向力更大。通过采取一些措施可以增大高层建筑抵抗侧向力和侧移的能力，而不需要加大成本，如在竖向结构体系中，合理布置墙体，使大部分竖向荷载直接由主要抗弯构件承受，可以有效抵抗每层楼的局部剪力，完全用抗弯的竖向构件来抵抗这些剪力是不经济的。

钢筋混凝土框架房屋具有建筑平面布置灵活的优点，但结构超过一定高度后，其侧向刚度将显著减小，在地震作用或风荷载下，其侧向位移较大，此时再采用框架结构，框架的梁、柱截面就会很大，导致造价增加、建筑使用面积减少。在这种情况下，通常采用钢筋混凝土框架—剪力墙结构（以下简称框—剪结构）。

框—剪结构是在框架纵横向的适当位置，在柱与柱之间分别设置几道钢筋混凝土剪力墙而成的，由于这种结构既可以满足使用功能对于大空间的要求，同时剪力墙平面内的侧向刚度比框架的侧向刚度大得多，在水平地震作用下产生的剪力主要由剪力墙承受，小部分剪力由框架承受，而框架主要承受重力荷载，框—剪结构充分发挥了剪力墙和框架各自的优点，因此在高层建筑中采用框—剪结构比框架结构更经济合理。

欧洲规范（EC8）（CEN1994）规定框—剪结构的剪力墙在房屋底部受剪承载力应大于底部总受剪承载力的35%。日本AIJ1995钢筋混凝土房屋设计指南认为框—剪结构的位移应由剪力墙的刚度控制。我国《建筑抗

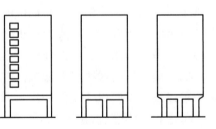

图 2-97
框支剪力墙结构

震设计规范》GB 50011规定：框—剪结构在规定的水平力（该水平力一般采用振型组合后的楼层地震剪力换算的水平作用力，并考虑偶然偏心）作用下，底层框架部分所承担的地震倾覆力矩不应大于结构总地震倾覆力矩的50%。

剪力墙结构是指一个完全由剪力墙抵抗水平荷载的结构，剪力墙构件可作为设备井的墙体，也可作为电梯井、楼梯间或房间的内隔墙。剪力墙通常贯通到基底并与基础刚性连接，形成竖向悬臂梁。剪力墙的平面内刚

度和强度都很大，同时又能承受重力荷载。其特点是整体性好，侧向刚度大，水平力作用下位移小，并且由于没有梁柱等外露与凸出，便于房间内部布置。缺点是不能提供大空间房屋，结构延性较差。

当建筑物底层需要大空间时，局部底层可以做成框架，底层由框架支撑的剪力墙称为框支剪力墙结构。在框—剪结构和剪力墙结构两种不同的结构之间必须设置转换层。

2.6.1　受力特性

剪力墙既抵抗侧向力又承受竖向荷载，剪力墙只能抵抗与墙在同一平面内的侧向力，因此必须在互相垂直的两个方向上设置剪力墙，或者至少在足够的方位上设置剪力墙以抵抗任何方向的侧向力，同时墙的布置应考虑到扭转效应。

剪力墙一般是实体墙，必要时开一些洞口，电梯间、楼梯间和设备竖井都可以形成筒，既可抵抗竖向荷载，又可抵抗水平荷载。

框架的刚度往往不如剪力墙结构，因此高层建筑中框架可能产生较大变形，但正因为框架比较柔，因而具有更大的延性，如果把这两种结构体系结合起来，通过合理的设计，一方面可以有较好的延性和变形能力，同时又有较大的刚度和承载力。

一般来说，结构的侧向变形来源于两部分，一部分是倾覆力矩（轴力）产生的，另一部分是水平和垂直剪力（局部弯曲力）产生的，对于高宽比小于 2 的矮墙，剪切变形起控制作用，可忽略弯曲变形，对于高墙，弯曲变形起控制作用，通常忽略剪切变形的影响。

墙的刚度是和截面惯性矩 I 成正比，矩形截面墙的刚度 $I = \dfrac{bh^3}{12}$，如果墙宽是 9m，厚度是 0.3m，则抵抗平面内和平面外的刚度比是 900∶1。由此可见，沿墙长度方向抵抗侧向力的能力是很大的，而沿墙的厚度方向则很弱。因此，墙的出平面抵抗能力通常忽略，而建筑中必须由两个或两个以上的墙布置成正交或接近正交，以抵抗各个方向的水平力。当有斜方向的水平力作用时，可以分解为相互正交的分力，每一个分力作用在某些墙的平面内，由这些墙来抵抗。首先是分配剪力，在 $H/h \leqslant 2 \sim 3$ 时，荷载可以按截面面积的比例分配，对于高一些的墙，即 $H/h \geqslant 4 \sim 5$ 时，需要考虑相对刚度值 $bh^3/12$。

然后考虑扭转，当采用剪力墙结构时，最好使正交抗剪中心接近建筑物表面力或质量产生的侧向荷载的作用中心，否则便会产生水平力矩设计问题。成对的剪力墙才能抗扭，因为扭矩是一个力矩，成对剪力墙才能提供抵抗力偶。封闭的剪力墙形成的筒体能很好地抵抗来自任何方向的水平力。

筒体常常有矩形、圆形等截面形式，用作竖向交通和设备通道，如果建筑中只有一个井筒，一般布置在建筑平面的中央。当有多个井筒时，可以分散布置在各处，但最好是成对布置。

对于高宽比小于 3 的比较矮而宽的井筒，主要是刚性抗剪墙体，一般情况下抗弯不会成为控制因素，高宽比较大（约 3～5）时，剪力将不起控制作用，而由抗弯要求决定其设计，高宽比大于 5 的细长井筒，由抗弯要求控制设计，如果高宽比在 7 以上，则结构过分柔软，可能需要用大型连系梁将二个以上的井筒连接起来，以便形成巨型结构或束筒结构。总的来说，井筒是空间结构，在各个方向都有很大的刚度和承载力，相应的，井筒的内力和应力的计算也比较复杂。

2.6.2　变形特性

框—剪结构是由两个变形性能不同的抗侧力单元共同工作、共同抵抗水平荷载的。框架在水平荷载作用下呈现剪切型变形，剪力墙在水平荷载作用下呈现弯曲型变形，在楼板水平刚度足够大时，使二者变形协调，整体结构呈现弯剪型变形；图 2-98 所示两者沿高度剪力分配和相互作用力的典型情况，正常的协同工作应当是：在底部，剪力墙分担的剪力大，框架分担的剪力小，上部框架承受的剪力逐渐增大，由于框架的作用，剪力墙变形出现反弯点，在上部，剪力墙可能出现负剪力。框架的层剪力分布一般在底部最小，向上逐步增大，然后再逐步减小。框—剪结构的变形曲线形状和内力分配比例与两者的相对刚度有关。

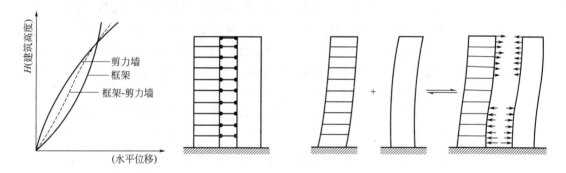

图 2-98　框架-剪力墙结构变形特性

由图可见，当框—剪结构的刚度特征值小于 1 时，即剪力墙刚度很大，而相对的框架刚度较小时，结构以剪力墙为主，整体变形曲线呈现弯曲型；当框—剪结构的刚度特征值大于 6，即剪力墙刚度相对很小，框架刚度相对较大时，以框架结构为主，整体变形曲线呈现剪切型。

以剪力墙为主的结构不仅不能改变剪力墙弯曲型变形的性能，而且内力分配也是以剪力墙为主，框架分配到的剪力很小（由下向上剪力绝对值增大，最大剪力接近顶层或在顶层），剪力墙可能不出现负剪力。也就是说当框架相对刚度较小时，协同工作的性能较差，可以认为，这样的框架—剪力墙结构接近剪力墙性能，不能算作双重抗侧力体系。

　　我国混凝土高规规定，对钢筋混凝土框—剪结构，框架承担的层剪力至少为基底剪力的20％，或框架的计算最大层剪力的1.5倍（取二者的较小值）。因为框架刚度很小，在弹性工作阶段，协同工作不足以改变剪力墙的变形曲线，结构整体仍然呈现弯曲型变形；中等地震作用下，结构进入弹塑性工作阶段，当剪力墙刚度减小后，塑性内力重分配将使框架内力增加，框架又不足以担负较多水平力，框架是不安全的，规程要求框架的承载力达到一定比例，以便承担起在大震作用下由于剪力墙刚度降低而转移过来的内力。当剪力墙承担的倾覆力矩小于总倾覆力矩的50％时，框架部分应当按照纯框架结构确定其设计抗震等级，目的是在剪力墙较少的框架—剪力墙结构中改善和提高框架的抗震性能，以保证结构的安全。

　　剪力墙承受的层剪力比例以及倾覆力矩比例与剪力墙的相对数量和布置方式有关。若只以剪力墙数量和刚度而言，剪力墙不宜过多，也不宜过少，经过比较，大约在刚度特征值为1～2.4范围内，能达到规程的上述要求。

2.6.3　地震下破坏过程

　　1963年南斯拉夫思考比地震、1967年加拉加斯地震、1971年圣费尔南多地震、1972年马那瓜地震以及1976年唐山地震和2008年汶川地震、2010年玉树地震均证明框—剪结构抗震性能有明显的优越性，即使墙体开裂，框架仍然完好。1964年美国阿拉斯加地震，有些十几层高的剪力墙结构遭受破坏，有洞口剪力墙的洞口梁均有破坏，凡是洞口梁破坏的，则墙身完好，首层墙身有斜向裂缝，施工缝处多有水平错动。底层和施工缝处是剪力墙的薄弱部位，而洞口梁的破坏对墙肢起保护作用。1968年日本十胜冲地震，许多2～4层的钢筋混凝土结构破坏，对剪力墙的设置数量提出了必要墙量的概念。1974年马那瓜地震，再一次证明了双肢剪力墙的洞口梁屈服，对墙肢起保护作用，提出了洞口梁抗弯不要太强，但要保证受剪承载力的设计方法，剪力墙的设置对减轻非结构构件及设备系统的震害起重要作用。为了控制地震对建筑的破坏，特别是减轻非结构构件的破坏，多年的震害经验证明，在框架结构中设置剪力墙是最好的解决办法，设有剪力墙的框架结构震害较轻微，和框架结构相比，有明显的优越性。框—剪结构的层间变形小，对延性要求较低，这是减小震害的主要原因。

　　实验研究表明剪力墙的破坏形态主要表现为斜拉破坏、剪切滑移、斜压破坏。为了提高抗震性能，设计措施是增加墙身横向筋，使弯曲破坏先于剪切破坏，设置竖向边缘构件以增强抗滑移能力，控制剪应力以防止斜压破坏。震害调查发现，造成震害的主要原因为概念设计错误、构造不当、施工质量不良。

　　美国R. W. CLOUGH曾对几种典型的框架结构和框—剪结构（10～

30 层）输入 1940 年 EI-CENTRO 地震记录，进行分析比较，研究梁柱进入非弹性阶段的情况。研究结果表明，采用框—剪结构可使梁柱的延性要求大为减小，减轻了顶部鞭梢效应，消除了上部楼层柱的屈服倾向，梁的延性要求随着剪力墙的增多而降低。

框—剪结构在地震作用下表现出多道防线的效果。在较小地震作用下，剪力墙起绝对主导作用，防止非承重结构的损坏。在中等地震作用下，框架将起到部分抗侧力作用，从而有了一定延性要求。在大地震作用下，首当其冲的是刚性较大的剪力墙，随着剪力墙刚度的降低，框架的作用更为明显，对保护结构稳定、防止倒塌，起到第二道防线的作用，为了达到这一目的，对框架的设计并不要求考虑过大的侧力，这是因为剪力墙虽然开裂破坏，但仍具有相当大的阻尼和能量吸收作用，其次是由于刚度降低，周期会变长，地震作用降低。此外，当框架起第二道防线作用时，最严重的冲击往往已经过去。

采用有连梁的双肢或多肢剪力墙，可提高剪力墙的延性，防止脆性破坏。连梁通过合理设计，可以充分吸收能量，对墙肢起保护作用，成为框—剪结构的又一道抗震防线。

同纯框架相比，框—剪结构对梁柱节点的要求也较低。实验研究说明在地震的反复作用下，框架结构的梁纵筋在节点核心区产生滑移，在荷载—位移滞回曲线中表现出捏缩现象，从而降低了框架结构的延性和刚度以及减小了能量耗散的能力。在框—剪结构中由于剪力墙起主导作用，滞回曲线的捏缩现象是不明显的，因此对于梁纵筋在节点区的锚固要求也不如框架结构那样严格。

在汶川地震受灾现场调查了都江堰市公安局大楼、都江堰管理局大楼、中国电信大楼、岷江国际酒店等框架—剪力墙结构，发现剪力墙作为框架—剪力墙结构的第一道抗震防线，在地震中吸收了较多的能量，率先发生破坏，破坏的形式包括底层剪力墙根部或墙肢斜向裂缝、剪力墙底层根部混凝土局部压溃、剪力墙洞口上部 "X" 形裂缝，破坏程度随着楼层的增加逐渐降低。

图 2-99　都江堰市中国电信大楼

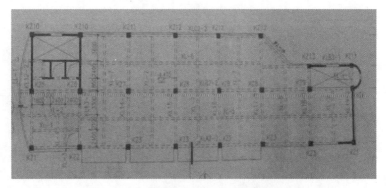

图 2-100　都江堰市中国电信大楼结构平面图

图 2-101   底层电梯井墙体压酥   图 2-102   底层楼梯间墙体斜裂缝

图 2-103   底层楼梯间窗角墙体破坏   图 2-104   都江堰市公安局大楼

图 2-105   剪力墙底部混凝土压溃主筋压屈   图 2-106   底层剪力墙连梁斜裂缝

图 2-107   中间层剪力墙连梁斜裂缝   图 2-108   中间层剪力墙连梁斜裂缝

图 2-109　上层剪力墙连梁斜裂缝

图 2-110　剪力墙斜裂缝

图 2-111　框架梁柱及节点完好

图 2-112　框架梁柱及节点完好

　　框架部分由于刚度较小，作为框架—剪力墙结构的第二道抗震防线，承担较小的地震作用，框架梁端、柱端和节点基本完好或轻微破坏，破坏程度明显低于纯框架结构的框架。

　　由于层间位移的影响，现浇楼梯起了"K"形支撑的作用。当层间位移发生时，一个梯板段受拉，另一梯板段受压，楼梯梁受剪，当反向层间位移发生时，一个梯板段受压，另一个梯板段受拉，楼梯梁受剪，这样反复作用使得框架—剪力墙结构的楼梯梁和板出现了不同程度的损坏。随着楼层的增高，楼梯的破坏程度逐渐减轻，总体来说，由于剪力墙的刚度较大，使得框架—剪力墙结构的层间位移比纯框架结构小，因而与纯框架结构楼梯（特别是底层）严重破坏甚至断裂相比，框剪结构楼梯梁板的破坏情况明显减轻。

图 2-113　楼梯梁柱破坏

图 2-114　楼梯梁端破坏

图 2-115　楼梯板破坏

为减轻重量，填充墙目前多用空心砖或空心砌块砌筑，少数采用多孔砖砌筑，砌筑质量以及与框架梁柱之间的拉结措施决定了填充墙的破坏程度。填充墙用空心砌块砌筑，由于砌块竖孔的影响，拉结筋无法设置在上下两层砌块之间的砂浆层内，施工单位在应当设置水平拉结筋的位置平砌了一层空心砖（砖孔水平），然后在空心砖上的砂浆层内设置拉结筋。地震作用下，填充墙参与抗震，空心砖被压碎，但拉结筋仍能较好起到连接作用。由于剪力墙刚度大、层间变形小，因此填充墙的破坏明显轻于纯框架结构的填充墙。

图 2-116   填充墙裂而不倒

图 2-117   填充墙砌筑良好，基本完好

2.6.4   防震关键点

框—剪结构的剪力墙是对框架柱的保护。由于地震作用下很难阻止延性钢筋混凝土框架的柱铰出现，更现实一些的方法是设置剪力墙，它相对于强柱弱梁对柱提供更可靠的保护，这是因为剪力墙可以控制层间位移，从而控制柱对延性曲率的需求，采用强柱弱梁方法较难避免柱铰，也难以控制层间位移。柱混凝土保护层脱落及纵筋压屈会造成竖向承载力损失，然而当加强水平箍筋约束，使柱核心的整体性得以保持，则不会引起严重影响。允许柱铰需要保持低轴力（低轴压比），加强约束、减小箍筋间距和肢距，避免纵筋压屈，此外对于有砌体填充墙的框架还应沿柱全高适当加强箍筋约束，分析研究表明梁铰机制的框架比柱铰机制的框架约能提高抗震能力的 1/3，因此建议允许柱铰时，可适当将柱承载力提高 30%，当框架柱属于双向框架时，考虑双向受弯，提高系数可适当加大。多层框—剪结构的框架采用柱铰机制要避免形成软弱层，从这一要求考虑，剪力墙宜接近弹性，剪力墙底部塑性铰范围的受弯及受剪承载力应适当提高，但应避免塑性铰向上转移。采用中间楼层柱铰机制时，框架梁应保持弹性。对塑性铰部位的构造应特殊考虑，一般情况梁塑性铰比柱塑性铰容易解决。根据能力设计原则，框—剪结构中的框架和剪力墙的承载力可以互相

补充。如多层框—剪结构各层的框架梁，由于重力荷载基本一致，可以采用统一设计，整体结构的抗震需求可以用剪力墙来弥补。

根据剪力墙的外形，墙段高宽比≤1.5 属于低剪力墙，高宽比≥4.5 属于高剪力墙，在两者之间属于中等高度剪力墙，高剪力墙的破坏形态为弯剪破坏，因此可以按延性剪力墙进行设计，低剪力墙的破坏形态为剪切破坏，因此要求有足够的受剪承载力，低剪力墙和中等高度剪力墙也可利用结构洞口成为高剪力墙的墙肢。

在多高层建筑中，为了提高剪力墙结构的变形能力，应结合洞口设置弱连梁将一道较长的剪力墙分成较均匀的若干墙段，使每个墙段的高宽比不小于 2，墙肢截面高度不宜大于 8m，在地震作用下当连梁的总约束弯矩不大于该墙段地震倾覆力矩的 20% 时，这些连梁称为弱连梁。根据具体情况，将各墙段分别设计为单独悬臂墙及联肢墙，此时要考虑结构布置的均匀堆成。联肢墙的墙肢尺寸不宜相差太大且应有足够截面的连梁，为了保证剪力墙结构的延性，不宜全部采用单独悬臂墙的做法。设计联肢墙宜使多数连梁的屈服发生在墙肢底部屈服之前，为了使连梁能耗散较多的地震能量，应使连梁能向墙肢传递较大的轴向力，但以不使墙肢受拉为限。剪力墙的刚度应尽量均匀，避免地震作用过分集中于某一墙段或墙肢，致使墙肢难以配筋，同时基础亦难以保证对剪力墙的嵌固作用。任何一片剪力墙所承担的地震作用，不宜超过总地震作用的 1/3。

连梁是剪力墙结构体系的耗能构件，设计时应考虑在地震作用下连梁达到弯曲屈服而不致引起剪切破坏。剪力墙结构应避免沿高度有较大的刚度和承载力突变，特别是底层承载力和刚度的突然减小。顶层、尽端墙、楼梯间、端开间纵墙都是由于温度应力和扭转等不利效应而应采取加强的部位，剪力墙底部是高剪力墙的预期塑性铰部位，也属于加强区。对于独立墙和弱连梁连接的墙肢，其加强区范围可取剪力墙高度的 1/8 或底部两层高度两者中的较大值，但不大于 15m。

1）有关框—剪结构的抗震设计的若干概念

抗震设计中，当结构抗震是依靠延性塑性铰耗散能量时，沿高度结构超强部位的存在会使结构的曲率延性要求集中于结构的较软弱部位，从而导致破坏。结构的较弱部位可能是由于该部位设计不足，或由于结构其他部位设计过强，因此在抗震设计中，承载力不足和超强构件的存在是危险的。在框—剪结构中应特别注意剪力墙沿高度的连续性，在进行承载力设计时要尽量保持截面设计承载力与地震反应相适应。

2）在地震作用下框架、剪力墙变形能力的相互关系

框—剪结构由框架和剪力墙两种构件组成，不仅具有不同的初始刚度，更重要的是具有不同的延性或变形能力，为了避免在地震作用下发生倒塌，应考虑以下两种情况：如果地震作用不能由框架单独承受时，则必须考虑在地震作用下产生的最大变形不超过剪力墙的变形能力 Δ2；如果

预期最大变形可能超过 Δ2，则设计框架时应考虑剪力墙破坏时带来的附加荷载。

美国伊利诺伊大学曾对框—剪结构进行单调递增侧力的静力计算，当墙、柱进入非弹性以后，墙和柱之间的基底剪力重分配情况。当墙根部出现屈服，剪力墙的作用明显减弱，就会卸载给框架柱，直到框架柱根部屈服。卸载的快慢随剪力墙的强弱而异。墙的强弱主要是由墙端受弯竖向钢筋的多少来区分的。较强的剪力墙，梁先屈服，剪力墙的作用比较突出，承载力持续阶段较长，但卸载较快，较弱的剪力墙，墙先屈服，剪力墙的作用退化较早，但卸载较慢。在倒塌机制形成之后继续增加侧力，结构并未失去抗力，主要由于钢筋应变硬化的作用。

3）框—剪结构的倒塌机制

多层框—剪结构在地震作用下可能出现的一种机制，剪力墙和框架柱都在首层破坏，形成首层柔性的不稳定结构，在设计中应采取措施尽量避免这种机制的出现，例如加强框架柱，使底层的墙和柱不致同时出现铰，采用双肢剪力墙提高剪力墙的延性可以推迟底层墙铰的出现。双肢剪力墙是一种延性很好的抗震结构。由于各层连梁形成大量塑性铰，可以有良好的吸能、耗能作用。双肢剪力墙在侧力作用下的倒塌机制是逐步形成的，全部过程如下：中部的部分梁产生塑性铰，其余梁仍按弹性工作；墙的一肢在基底产生塑性铰，此墙仍能参加协同工作，随着两个墙肢内的轴力增加，全部梁逐渐形成塑性铰；全部梁端形成塑性铰，基底有铰的墙肢退出工作，另一个墙肢起作用；两个墙肢均形成铰，发生倒塌。

延性双肢剪力墙的设计。经历大地震的双肢剪力墙，墙肢还没有达到极限承载力进入非弹性反应之前，全部或绝大部分的连梁均已破坏，大部分能量已被连梁所耗散，墙肢能避免遭受永久性的结构破坏，而连梁可以较易修复，这是设计较好的剪力墙破坏特征。也有可能连梁还没有形成塑性铰，墙的承载力便已耗尽，这是设计较差的情况。

设计优良的剪力墙应使受剪钢筋在任一荷载阶段均不致屈服。带有翼缘的剪力墙提高了剪力墙的抗弯能力，因此腹板受剪问题比矩形截面剪力墙更为突出。较柔的墙肢，较刚和低配筋率的连梁，可以提供较好延性的双肢剪力墙。

为了满足剪力墙的延性，关键在于提高连梁的延性，当剪力墙的位移延性系数为 4 时，则要求约束梁曲率延性系数为 12～17。随着连梁进入非弹性的程度，对连梁的要求也不同。

根据双肢墙特征值及约束梁极限剪力比值可求得连梁要求的曲率延性系数，按常规配筋的连梁只能满足 4，采用对角交叉特殊配筋的连梁可达到 12。

剪力较大的深连梁，其延性往往不能适应整体结构的延性要求，因此按通常方式配筋的连梁，对剪力墙的延性要求应有一定的限度，有时不得不提高剪力墙的承载力，以便在弹性阶段吸收掉大部分能量。

关于强柱弱梁设计准则的探讨。框架结构的非线性动力分析说明塑性铰出现在梁端比出现在柱端可以承受更大的地震作用，因此延性框架设计根据能力设计原理采用强柱弱梁准则，主要有以下考虑：发生柱铰会导致更高的曲率延性要求；发生柱铰会导致过大的层间位移及更大的二阶效应；发生柱铰会导致柱不能承受竖向重力荷载。

柱的能力设计有若干不确定因素：钢筋应变硬化增大梁的受弯承载力；与梁相连楼板的配筋增大梁的受弯承载力；由于地震引起轴力大于线性分析的结果，导致柱受弯承载力降低；非弹性反应中，柱反弯点的变化；柱的双轴受弯作用等。

由于现行规范不能保证以上所有不确定性，因此不能保证柱铰不在上部各层发生，1986 年 T. Paulay 曾建议柱设计需要考虑一个超强系数 2.5。为了避免或限制柱铰，规范都是针对框架结构提出的，不能保证这些方法对有填充墙框架同样适用。实际震害和实验结果都说明填充墙框架的塑性铰位置会受到影响。

2.7 钢结构房屋

2.7.1 钢结构的发展历史

1. 世界钢结构的发展历史

世界上钢铁工业在欧洲发展得最早，因而钢铁建筑在欧洲也应用最早。1720 年欧洲就开始大规模生产生铁，1784 年已生产熟铁，这一时期欧洲就开始用铁造桥，18 世纪末英国棉纺厂开始用铁柱、铁梁代替原来的木柱、木梁，以获得更大的生产开间和楼面承载力，世界上第一个铁柱建筑（1772 年）、第一个铁柱多高层建筑（1793 年）及第一个完整的铁框架结构建筑（1797 年）均建在英国。欧洲 1854 年开始大规模生产更便利用于建筑的工字形熟铁型材，1864 年开始生产性能更好的低碳钢，使得钢铁建筑得以更广泛的应用。1872 年建于巴黎附近 Menier 的巧克力厂（图 2-118）被认为是第一个欧洲大陆上的多层钢框架—支撑建筑[1]。该建筑纯粹由钢骨架承重，梁与柱刚接，利用支撑承受风载，这一结构体系在现代多高层钢结构建筑中仍普遍使用。

铁柱结构 19 世纪初引入美国，到 19 世纪末，随着美国都市化进程的加快，多高层钢铁建筑在美国得以迅速发展。例如，在 1883 年建造的 11 层的保险公司大楼就是采用生铁柱和熟铁梁所构成的框架来承担全部荷载，其外围砖墙仅是自承重墙，这一栋楼被认为是近代高楼的始祖；1889 年建造的 9 层 Second Rand Menally 大楼，则是世界上第一栋采用全钢框架承重的高楼。但当时主要的建筑材料仍然是砖、石和木材，因而当时建造的高楼仍摆脱不了古老的承重墙体系。例如，1891 年美国芝加哥市建造的一栋 16 层 Monadnook 大楼[2]，采用的仍然是砖承墙体系，底部几层砖墙的厚度竟达 1.8m。

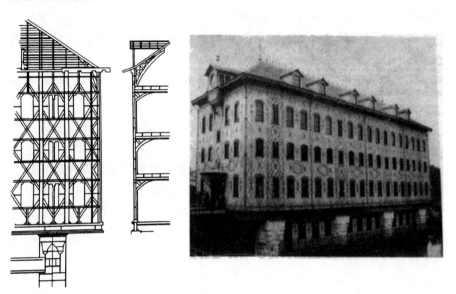

图 2-118
Menier 巧克力厂

20 世纪初，高层建筑得到了迅速地发展，钢结构设计技术成为该发展时期的技术主流。为增强结构的抗水平荷载能力即增加抗侧向刚度和强度，钢结构的抗侧力体系由纯框架结构体系进一步发展成框架—抗剪结构体系（框架＋支撑或框架＋剪力墙），与此相应，建筑在高度上也发展了一大步。当时在美国纽约，1905 年建造了 50 层的 Mettrop Lifann 大楼；1913 年建造了 60 层、高 234m 的 Woolworth 大楼；1929 年建造了 319m 的 Charysles 大楼；1931 年又建造了 102 层、高 381m 的帝国大厦（图 2-119）[1]。在这一时期，建筑技术的发展已远远快于设计计算理论的进步，当时的结构计算理论仍然停留在平面结构。这一计算模型的误差已妨碍了建筑物高度的进一步发展，并严重影响了建筑物的造价成本。例如，1931 年建造的帝国大厦，用钢量达 206kg/m²。

第二次世界大战结束之后，百业待兴，高层建筑像雨后春笋般迅猛发展。电子计算机的应用使结构分析的速度和精度得到了根本性的进步，结构计算理论也实现了由二维的平面结构理论向三维的空间结构理论的飞跃。这些进步使得高层建筑的结构体系呈现出先进、新型、高效和多样化的局面，同时带来了设计技术的革新，增加了高层建筑的适用性和使用功能，也降低了建筑的造价。例如 1974 年在芝加哥建造的西尔斯大厦，高达 442m，由于采用了属立体结构的束筒结构体系，用钢量为 161kg/m²，较帝国大厦的 206kg/m² 约减少了 20%[2]。

图 2-119　帝国大厦　　　　　　　　图 2-120　西尔斯大厦

　　除美国之外，日本也是高层钢结构建筑较多的国家，究其原因，除了发达的钢铁工业外，还有一个重要的原因是考虑抗震。由于日本是一个多地震国家，直到 1963 年日本建筑法才修订了建筑物不允许超过 31m 高的规定。在抗震、防火、抗风等一系列科学技术问题上取得重大研究突破后，日本于 1964 年公布新的建筑法令，取消对建筑高度的限制，1965 年建成了 22 层 78m 高的第一幢钢结构高层建筑东京新大谷饭店。此后，高层钢结构建筑在日本得到迅速发展，以 1968 年建成的 36 层 147m 高的钢结构霞关大厦为标志，日本真正进入高层钢结构发展时期。到 20 世纪 80年代，日本的钢结构高层建筑总栋数仅次于美国，且在高层钢结构的科学研究、钢材的发展、制作安装技术的改进等方面，都已取得了巨大成绩，积累了丰富经验，并在技术上形成了自己的特点。目前，日本 20 层以上的新建高层建筑绝大部分采用钢结构。

　　在西欧、北美，高层建筑钢结构的建造和发展只是近 40 年来的事情。1975 年在加拿大的多伦多建造了该国最高的建筑——72 层的 First Canadian Place。法国于 1973 年建成了高 72 层的曼蒙巴拉斯大厦，德国则于 1990 年和 1997 年在法兰克福相继建成了迈萨托大厦和商业银行大厦[2]。

　　近些年来亚洲的高层建筑发展十分迅猛，东南亚地区是世界经济发展的后起之秀。进入 20 世纪 90 年代以后，在这一地区高层建筑采用钢结构越来越普遍，超高层钢结构建筑逐年增多，如 1988 年在香港建造的 71 层369m 高的中国银行大楼（图 2-121）、1997 年在马来西亚吉隆坡建成的 88层 450m 高的双塔楼（图 2-122）、2003 年在台北建成的 101 层 508m 高的台北金融中心大楼（图 2-123）以及在 2010 年竣工的 160 层 828m 高的迪拜塔（图 2-124）都是有代表性的超高层钢结构建筑。

图 2-121　香港中银大厦

图 2-122　吉隆坡双塔

图 2-123　台北金融中心大楼

图 2-124　迪拜塔

2. 我国钢结构的发展历史

　　由于钢产量较低、钢材紧缺，多年来我国的建筑一直以砌体结构和钢筋混凝土结构为主。近二十几年来，这一状况有了根本性改变。1996 年我国钢产量已突破 6 亿吨，成为世界第一产钢大国。相应地，我国政府在建筑用钢政策上作了适应性调整，从 20 世纪 50～60 年代的限制采用钢结构，到 80 年代的合理采用钢结构，再到 90 年代中期的积极采用钢结构。这一政策变化，显示了我国经济的发展轨迹，也预示我国的建筑钢结构迎来了大力发展的春天。

　　由于上述特定的国情环境，我国建筑钢结构经历了以下几个发展阶段。第一特定阶段是钢结构厂房阶段。在新中国成立初期，为发展经济，在 20 世纪 50～60 年代建立了一批冶金、机械制造与加工等重型工业厂房，这些厂房高度高、跨度大，且有重型吊车，必须采用钢结构。因此，我国的建筑钢结构一开始主要是钢结构厂房，我国的钢结构设计规范及钢结构教材也长期主要针对钢结构厂房。第二阶段是空间网格结构阶段。我国从 20 世纪 60 年代开始，特别从 70 年代以后，针对跨度较大的礼堂、剧院、体育馆、厂房等的屋盖大量采用网架、网壳等空间网格结构，这种结构制造、安装较简单，用钢量较少，成本较低。最近十余年在会展中心，机场中较流行采用的空间桁架结构，仍是这一阶段发展的延续。第三阶段是轻型门式钢架房屋结构阶段。这种房屋结构于 20 世纪 80 年代从美国引进，由于完整的屋面、墙面等配套系统与产品，施工速度快，成本也较低，90 年代后在我国的厂房、仓库建筑中大量采用。第四阶段应是多高层及超高层建筑钢结构阶段。我国高层钢结构建筑从 20 世纪 80 年代开始兴建，近代开始快速发展。特别是近几年，超高层钢结构发展迅猛，目前，在北京、上海、深圳、广州、武汉等地均开工建设有高度超过 500m 的超高层钢结构建筑。如 1999 年在上海建成的金茂大厦（图 2-125）、2008 年在上海建成的上海环球金融中心（图 2-126）以及在建的两栋超过 600m 的上海中心（图 2-127）、深圳平安国际金融中心（图 2-128）都是有代表性的超高层钢结构建筑。

图 2-125　上海金茂大厦

图 2-126　上海环球金融中心

图 2-127　上海中心　　　　　　图 2-128　深圳平安国际金融中心

2.7.2　钢结构的优越性（经济、性能、环保）

与钢筋混凝土结构及其他结构形式相比，钢结构虽然造价较高，但也具有其他结构形式无法比拟的优势，尤其在超高层建筑及大跨空间建筑中更是无法替代的结构形式。

1）钢结构经济性能的优越性

与采用混凝土结构相比，高层建筑采用钢结构在经济性能方面具有下列优越性：

（1）钢结构自重轻。高层钢结构自重一般为高层混凝土结构自重的 1/3～3/5。结构自重的降低，可减小地震作用，进而减小结构设计内力。此外，结构自重的减轻，还可以使基础的造价降低，这个优势在南方软土地区更为明显。

（2）钢结构材料强度高。与混凝土结构相比，钢结构柱截面尺寸小，从而增加建筑有效使用面积。一般高层钢结构柱的截面面积占建筑面积的 3％左右，而高层混凝土结构柱的截面面积占建筑面积的 7％～9％。

（3）钢结构施工速度快。一般高层钢结构平均每 4 天完成一层。而高层混凝土结构平均每 6 天完成一层，即钢结构的施工速度约为混凝土结构施工速度的 1.5 倍。结构施工周期的缩短，可使整个建筑更早投入使用，缩短贷款建设的还贷时间，从而减少借贷利息。例如，前几年高档办公楼的投资回收期在 3 年左右，若采用钢结构比采用混凝土可提前半年投入使用，则近似相当于采用钢结构比采用混凝土结构节省投资 18％。

（4）高层建筑管道很多，如采用钢结构，可在梁上开孔用以穿越管道。但如采用混凝土结构，因梁不易开孔，管道一般从梁下通过，从而要侵占一定的空间。因此在楼层净高相同的情况下，钢结构的楼层高度可比混凝土结构的楼层高度小，从而可减少外围护墙面积，并节约室内空调所需能源，减少建筑维护、使用费。另在建筑总高度确定的条件下，采用钢结构可比采用混凝土结构多造几层，从而增加建筑面积。

2）钢结构结构性能的优越性

与混凝土结构相比，钢结构的结构性能具有下列优越性：

（1）在梁高相同的情况下，钢结构的开间可比混凝土结构的开间大50％，从而可使建筑布置更灵活。

（2）钢结构的延性比混凝土结构的延性好得多，从而钢结构的抗震性能比钢筋混凝土结构好。表 2-3 所列的 1985 年墨西哥大地震（8.1级）中钢框架结构和混凝土框架结构的破坏对比情况即能说明这一点。

1985 年墨西哥地震震害统计表　　　　　表 2-3

结构类型	破坏程度	建 造 年 代			
		1957 年前	1957～1976 年	1976 年以后	总计
钢结构	倒塌	7	3	0	10
	严重破坏	1	1	0	2
混凝土结构	倒塌	27	51	4	82
	严重破坏	16	23	6	45

（3）由于钢结构比混凝土结构重量轻，更易采用 TMD、TLD 等结构振动控制措施，提高结构的抗风、抗震能力。因 TMD 或 TLD 装置的减振效果和装置与结构的质量比直接相关。

（4）钢结构由于在工厂加工制作，精度高，质量有保证，与混凝土结构现场施工相比，更易符合结构设计要求。

（5）高层建筑在建造过程中，由于业主要求的变化，变更设计经常发生，采用钢结构则较易配合变更。

3）钢结构环保性能的优越性

（1）钢结构为干式施工，可避免混凝土湿式施工所造成的环境污染。另外钢结构材料可利用夜间交通流畅期间运送，不影响建在闹市区高层建筑周围地区的日间交通，而高层混凝土结构一般采用商品混凝土，夜间运输施工有噪声问题，而白天运输又可能受到日间交通拥挤的影响。

（2）混凝土结构建筑拆除后，混凝土不能再使用，只能当作废料处理而影响环境。然而钢结构建筑拆除后，钢构件或可以直接利用，或经冶炼后再使用，对环境没有影响，因此，钢材也称为绿色建材。

如果全面考虑上述优越性，很多情况下多高层建筑钢结构的综合经济性能会优于混凝土结构。

2.7.3   钢结构的主要结构形式及抗震性能

根据建筑物的平、立面布置不同及建筑功能的差别，钢结构主要分多高层钢结构、大跨空间钢结构及轻型门式刚架钢结构等几种结构形式，不同的结构形式其受力特点、抗震性能及应用范围也不一样。

1）多高层钢结构

（1）纯钢框架结构的抗震性能

纯钢框架结构体系早在 19 世纪末就已出现，它是高层建筑中最早出现的结构体系。这种结构在竖向平面内不布置斜杆，使建筑物可以形成较大空间，这为平面布置提供了灵活性；同时这种结构整体刚度均匀，构造也简单，制作安装方便；同时在大震作用下，结构具有较大的延性和一定的耗能能力——其耗能能力主要是通过梁端塑性弯曲铰的非弹性变形来实现的。

但是这种结构形式在弹性状况下的抗侧刚度较小，其主要取决于组成框架的柱和梁的抗弯刚度。在水平力作用下，当楼层较少时，结构的侧向变形主要是剪切变形，即由框架柱的弯曲变形（如图 2-129a 所示）和节点的转角（如图 2-129b 所示）所引起的；当层数较多时，结构的侧向变形则除了由框架柱的弯曲变形和节点转角造成外，框架柱的轴向变形所造成的结构整体弯曲而引起的侧移（如图 2-129c 所示）随着结构层数的增多也越来越大。由此可看出，纯框架结构的抗侧移能力主要决定于框架柱和梁的抗弯能力，当层数较多时要提高结构的抗侧移刚度只有加大梁和柱的截面。截面过大，就会使框架失去其经济合理性，故其主要适用于二十几层以下的钢结构房屋。

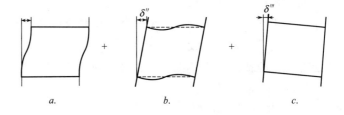

图 2-129
框架结构的侧移组成部分

（2）钢框架—支撑（抗震墙板）结构的抗震性能

由于纯框架结构是靠梁柱的抗弯刚度来抵抗水平地震力，因而不能有效地利用构件的强度，当层数较大时，就很不经济。因此当建筑物超过一定高度或纯框架结构在风或地震作用下的侧移不符合要求时，往往在纯框架结构中再加上抗侧移构件，即构成了钢框架—抗剪结构体系。根据抗侧移构件的不同，这种体系又可分为框架—支撑结构体系和框架—抗震墙板结构体系。

根据支撑构件的不同，框架支撑结构体系又可分为框架—中心支撑结构体系、框架—偏心支撑结构体系，如图 2-130 所示。

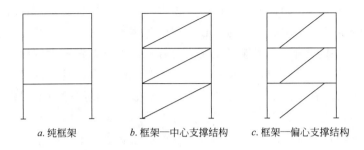

a. 纯框架　　　b. 框架—中心支撑结构　　　c. 框架—偏心支撑结构

图 2-130
几种不同的框架形式

① 框架—中心支撑结构体系

框架—支撑结构就是在框架的一跨或几跨沿竖向布置支撑而构成，其中支撑桁架部分起着类似于框架—剪力墙结构中剪力墙的作用。在水平力作用下，支撑桁架部分中的支撑构件只承受拉、压轴向力，这种结构形式无论是从提高抗侧刚度或提高承载力的角度看，都是十分有效的。与纯框架结构相比，这种结构形式大大提高了结构的抗侧移刚度。就钢支撑的布置而言，可分为中心支撑和偏心支撑两大类，如图 2-130 所示。中心支撑框架是指支撑的两端都直接连接在梁柱节点上，而偏心支撑就是支撑至少有一端偏离了梁柱节点，而是直接连在梁上，支撑与柱之间的一段梁即为消能梁段。中心支撑框架体系在大震作用下支撑易屈曲失稳，造成刚度及耗能能力急剧下降，直接影响结构的整体性能；但其在小震作用下抗侧移刚度很大，构造相对简单，实际工程应用较多，我国很多的实际钢结构工程都采用了这种结构形式。

在钢框架—中心支撑结构中，框架部分在水平地震力作用下是剪切型变形，底部层间位移大，上部层间位移小；支撑系统部分在水平地震力作用下是弯曲型变形，底部层间位移小，上部层间位移大。当两者处于同一体系，通过梁、楼板等而协同作用、共同抵抗水平荷载时，变形必须协调，则其上下各层层间变形趋于均匀并减少的顶层位移，变形曲线呈弯剪型。钢框架、中心支撑及钢框架—中心支撑结构的变形如图 2-131 所示。

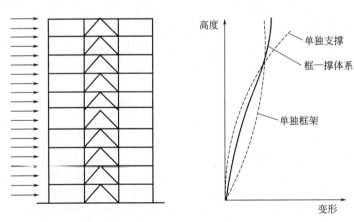

图 2-131
钢框架—中心支撑结构的水平侧移示意图

② 偏心支撑框架结构的主要形式、受力特点及适用范围

偏心支撑框架结构是一种新型的结构形式，它较好地结合了纯框架和

中心支撑框架两者的长处，与纯框架相比，它每层加有支撑，具有更大的抗侧移刚度及极限承载力。与中心支撑框架相比，它在支撑的一端有消能梁段，在大震作用下，消能梁段在巨大剪力作用下，先发生剪切屈服，从而保证支撑的稳定，使得结构的延性好，滞回环稳定，具有良好的耗能能力。近年来，在美国的高烈度地震区，已被数十栋高层建筑采用作为主要抗震结构，我国北京中国工商银行总行也采用了这种结构体系。

由于经过合理配置加劲肋的短梁在剪切屈服状态下具有很好的剪切变形能力，所以也叫消能梁段，它是钢框架—偏心支撑结构中最关键的构件，结构的性能在很大程度上取决于它。因此钢框架—偏心支撑结构就是在设计时故意将支撑的轴线偏离了梁柱节点，直接连在了梁上，则梁支撑节点与梁柱节点之间的梁段或梁支撑节点与另一梁支撑节点之间的梁段即为消能梁段。这种结构形式结合了钢框架结构和中心支撑钢框架结构的优点，它的工作原理是在小震作用下，各构件处于弹性状态，具有与中心支撑结构接近的抗侧刚度；在大震作用下，消能梁段在巨大的剪力作用下发生剪切屈服（两端有可能发生弯曲屈服），而其他构件如梁、柱支撑等除柱底部形成弯曲铰以外均保持弹性，避免了结构承载力的下降，同时由于消能梁段具有很好的剪切变形能力，所以在大震作用下结构还具有类似于钢框架结构的延性变形能力。根据以上工作原理，几种典型的钢框架—偏心支撑结构在大震作用下的变形机制如图 2-132 和图 2-133 所示。

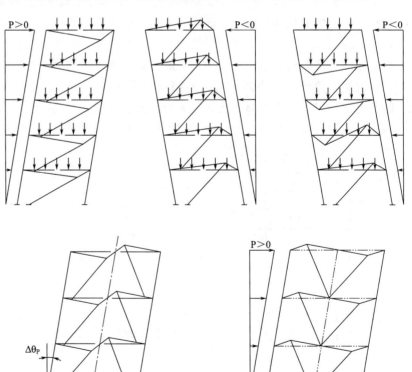

图 2-132
D 型偏心支撑钢框架在不同方向大震作用下变形机制

图 2-133
K、V 型偏心支撑钢框架在不同方向大震作用下变形机制

③ 框架—抗震墙板结构体系

这里的抗震墙板包括带竖缝墙板、内藏钢支撑混凝土墙板和钢抗震墙板等。带竖缝墙板最早是由日本在 20 世纪 60 年代研制的，并成功地应用到日本第一栋高层建筑钢结构—霞关大厦[3]。这种带竖缝墙板就是通过在钢筋混凝土墙板中按一定间距设置竖缝而形成，同时在竖缝中设置了两块重叠的石棉纤维作隔板，这样既不妨碍竖缝剪切变形，还能起到隔声等作用。它在小震作用下处于弹性，刚度较大；在大震作用下即进入塑性状态，能吸收大量的地震能量并保证其承载力。我国北京的京广中心大厦的结构体系采用的就是这种带竖缝墙板的钢框架—抗震墙板结构。内藏钢板支撑剪力墙构件就是一种以钢板为基本支撑、外包钢筋混凝土墙板的预制构件，它只在支撑节点处与钢框架相连，而且混凝土墙板与框架梁柱之间留有间隙，因此实际上仍然是一种支撑。钢抗震墙板就是一种用钢板或带有加劲肋的钢板制成的墙板，这种构件在我国应用很少。

（3）筒体结构的抗震性能

筒体结构是在超高层建筑中应用较多的一种结构体系，按筒体的位置、数量等分为框筒、筒中筒、带加强层的筒体和束筒等几种结构体系。

① 钢框架—钢核心筒结构的主要形式、受力特点及适用范围

钢框架—钢核心筒结构是指结构的外围是由梁柱构成的框架受力体系，而中间是由支撑系统部分围合而成的筒体结构（简称核心筒），外框架与核心筒之间通过现浇梁板体系或预应力板体系等共同组成抗侧力体系。核心筒的布置随建筑的面积和用途不同而有很大的变化，它可以是设于建筑物核心的单筒，也可以是几个独立的筒位于不同的位置上。钢框架—钢核心筒结构的受力特点类似于钢框架—支撑结构，但由于核心筒部分空间受力特征更加明显，因此这种结构形式的抗震性能更加优越。因此《抗规》规定的其适用的最大高度也高于钢框架—支撑结构[5]，具体如表2-4 所示。

钢结构房屋适用的最大高度（m） 表 2-4					
结构类型	6、7 度 (0.10g)	7 度 (0.15g)	8 度		9 度 (0.40g)
			(0.20g)	(0.30g)	
框架	110	90	90	70	50
框架—中心支撑	220	200	180	150	120
框架—偏心支撑（延性墙板）	240	220	200	180	160
筒体（框筒，筒中筒，桁架筒，束筒）和巨型框架	300	280	260	240	180

注：1. 房屋高度指室外地面到主要屋面板板顶的高度（不包括局部突出屋顶部分）；

2. 超过表内高度的房屋，应进行专门研究和论证，采取有效的加强措施；

3. 表内的筒体不包括混凝土筒。

② 带伸臂及带状桁架结构的钢框架—钢核心筒结构的主要形式、受力特点及适用范围

对于钢框架—核心筒结构，其外围柱与中间的核心筒仅通过跨度较大的连系梁连接。这时结构在水平地震作用下，外围框架柱不能与核心筒共同形成一个有效的抗侧力整体，从而使得核心筒几乎独自抗弯，外围柱的轴向刚度不能很好地利用，致使结构的抗侧移刚度有限，建筑物高度亦受到限制。带伸臂桁架结构的筒体结构体系就是通过在技术层（设备层、避难层）设置刚度较大的加强层，进一步加强核心筒与周边框架柱的联系，充分利用周边框架柱的轴向刚度而形成的反弯矩来减少内筒体的倾覆力矩，从而达到减少结构在水平荷载作用下的侧移。由于外围框架梁的竖向刚度有限，不足以让未与水平加强层直接相连的其他周边柱子参与结构的整体抗弯，一般在水平加强层的楼层沿结构周边外圈还要设置周边环带桁架。设置水平加强层后，抗侧移效果显著，顶点侧移可减少约 20％左右。这种结构形式的工作原理及水平侧移示意图如图 2-134 和图 2-135 所示。

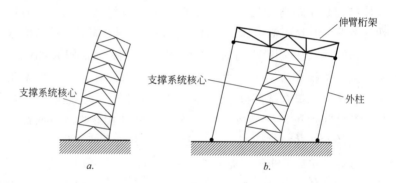

图 2-134
伸臂桁架结构的
工作原理

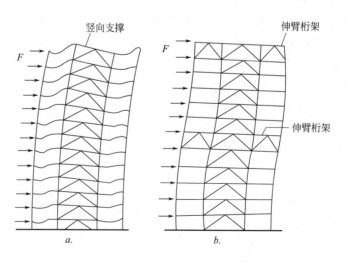

图 2-135
伸臂桁架结构的
水平侧移示意图

③ 筒中筒结构体系

筒中筒结构体系就是集外围框筒和核心筒为一体的结构形式，其外围

多为密柱深梁的钢框筒，核心为钢结构构成的筒体。内、外筒通过梁板或楼板而连接成一个整体，大大提高了结构的总体刚度，可以有效地抵抗水平外力。与钢框架—核心筒结构体系相比，由于外围框架筒的存在，整体刚度远大于它；与外框筒结构体系相比，由于核心内筒参与抵抗水平外力，不仅提高结构抗侧移刚度，还可使得框筒结构的剪力滞后现象得到改善。这种结构体系在工程中应用较多，我国建于 1989 年的 39 层高 155m 的北京国贸中心大厦就采用了全钢筒中筒结构体系。

　④ 束筒结构体系

　　束筒结构就是将多个单元框架筒体相连在一起而组成的组合筒体，是一种抗侧刚度很大的结构形式。这些单元筒体本身就有很高的强度，它们可以在平面和立面上组合成各种形状，并且各个筒体可终止于不同高度。既可使建筑物形成丰富的立面效果，而又不增加其结构的复杂性。曾经是世界最高的建筑——位于芝加哥的 110 层高 442m 的西尔斯大厦所采用的就是这种结构形式。

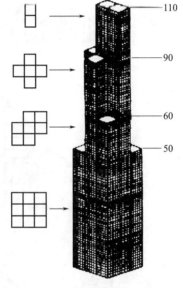

图 2-136
芝加哥西尔斯大厦

　（4）巨型框架结构的抗震性能

　　巨型结构体系是一种新型的超高层建筑结构体系，它提出起源 20 世纪 60 年代末，是由梁式转换楼层结构发展而形成的。巨型结构又称超级结构体系，是由不同于通常梁柱概念的大型构件——巨型梁和巨型柱组成的简单而巨型的主结构和由常规结构构件组成的次结构共同工作的一种结构体系。主结构中巨型构件的截面尺寸通常很大，其中巨型柱的尺寸常超过一个普通框架的柱间距，形式上可以是巨大的实腹钢骨混凝土柱、空间格构式桁架或筒体；巨型梁大多数采用的是高度在一层以上的平面或空间格构式桁架，一般隔若干层才设置一道。在主结构中，有时也设置跨越好几层的支撑或斜向布置剪力墙。

　　巨型钢结构的主结构通常为主要的抗侧力体系，承受全部的水平荷载和次结构传来的各种荷载；次结构承担竖向荷载，并负责将力传给主结构。巨型结构体系从结构角度看是一种超常规的具有巨大抗侧移刚度及整体工作性能的大型结构，可以很好地发挥材料的性能，是一种非常合理的超高层结构形式；从建筑角度出发，它的提出既可满足建筑师丰富建筑平立面的愿望，又可实现建筑师对大空间的需求。巨型结构按其主要受力体系可分为：巨型桁架（包括筒体）、巨型框架、巨型悬挂结构和巨型分离式筒体等四种基本类型。而且由上述四种基本类型和其他常规体系还可组合出许多种其他性能优越的巨型钢结构体系。由于这种新型的结构形式具有良好的建筑适应性和潜在的高效结构性能，正越来越引起国际建筑业的关注。近年来巨型结构在我国已取得了进展，其中比较典型的有 1990 建成的 70 层高 315m 的香港中国银行。

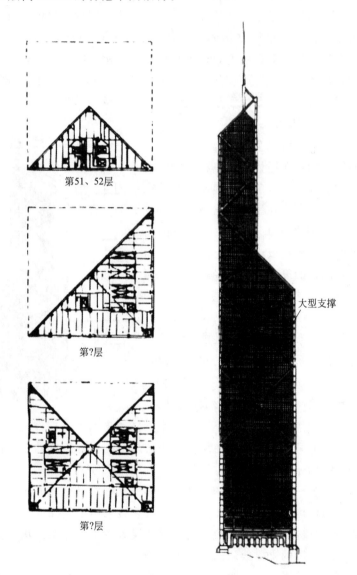

第51、52层

第?层

第?层

大型支撑

图 2-137
香港中国银行大厦

2）大跨空间钢结构

一般大跨屋盖结构可分为刚性体系和柔性体系两大类，在理论上的区别在于计算分析是否必须计入几何非线性效应。大跨屋盖结构中刚性体系的结构形式有很多种，但一般可归结为拱、平面桁架、立体桁架、网架、网壳、张弦梁和弦支穹顶七类基本形式[4]，如图 2-138 所示，一些复杂的屋盖结构也大多由这些基本形式组合而成；柔性屋盖体系主要包括悬索结构、膜结构、索杆张力结构等。此外还有一些"半刚性结构"，如存在拉索的预张拉屋盖结构，总体可分为三类：（1）预应力结构，如预应力桁架、网架或网壳等；（2）悬挂结构，如悬挂桁架、网架或网壳等；（3）张弦结构，主要指

张弦梁结构和弦支穹顶结构。由于拉索单元的存在，一般会将这些形式与柔
性结构相联系，故也有将这些结构体系称作为"半刚性结构"。但研究表明，
这些结构的受力性能完全满足小变形假定和线性叠加原则。

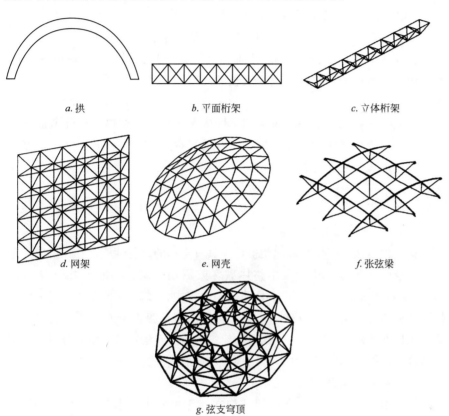

a. 拱　　　　　b. 平面桁架　　　　　c. 立体桁架

d. 网架　　　　　e. 网壳　　　　　f. 张弦梁

g. 弦支穹顶

图 2-138
拱、平面桁架、
立体桁架、网架、
网壳、张弦梁和
弦支穹顶七类基
本形式

3）轻型门式刚架钢结构

门式刚架轻型钢结构结构是目前我国单层厂房、仓库中应用最为广泛的
结构形式，其分为单跨（图 2-139a）、双跨（图 2-139b）、多跨（图 2-139c）
刚架以及带挑檐的（图 2-139d）和带毗屋的（图 2-139e）刚架等多种形式。
多跨刚架中间柱与斜梁的连接可采用铰接。多跨刚架宜采用双坡或单坡屋盖
（图 2-139f），必要时也可采用由多个双坡屋盖组成的多跨刚架形式。

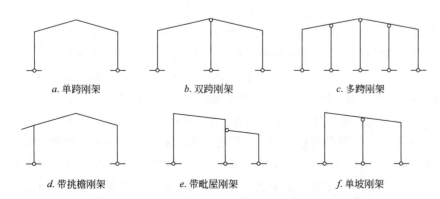

a. 单跨刚架　　　　b. 双跨刚架　　　　c. 多跨刚架

d. 带挑檐刚架　　　e. 带毗屋刚架　　　f. 单坡刚架

图 2-139

　　在门式刚架轻型房屋钢结构体系中，屋盖宜采用压型钢板屋面板和冷弯薄壁型钢檩条，主刚架可采用变截面实腹刚架，外墙宜采用压型钢板墙面板和冷弯薄壁型钢墙梁。主刚架斜梁下翼缘和刚架柱内翼缘出平面的稳定性，由与檩条或墙梁相连接的隅撑来保证。主刚架间的交叉支撑可采用张紧的圆钢。

　　根据跨度、高度和荷载不同，门式刚架的梁、柱可采用变截面或等截面实腹焊接工字形截面或轧制 H 形截面。设有桥式吊车时，柱宜采用等截面构件。变截面构件通常改变腹板的高度做成楔形；必要时也可改变腹板厚度。结构构件在安装单元内一般不改变翼缘截面，当必要时，可改变翼缘厚度；邻接的安装单元可采用不同的翼缘截面，两单元相邻截面高度宜相等。由于门式刚架轻型房屋钢结构的自重较小，当设防烈度为 7 度及以下时，地震作用不起控制作用。

2.7.4　钢结构的主要震害

　　1. 多高层钢结构的主要震害

　　钢结构自从其诞生之日起就被认为具有卓越的抗震性能，它在历次的地震中也经受了考验，很少发生整体破坏或坍塌现象。但是在 1994 年美国 Northridge 大地震和 1995 年日本阪神大地震中，多高层钢结构出现了大量的局部破坏（如梁柱节点破坏、柱子脆性断裂、腹板裂缝和翼缘屈曲等），甚至在日本阪神地震中发生了钢结构建筑整个中间楼层被震塌的现象。根据钢结构在地震中的破坏特征，将结构的破坏形式分为以下几类[2]：

　　（1）梁柱节点的破坏

　　梁柱节点破坏是多、高层钢结构在地震中发生最多的一种破坏形式，尤其是 1994 年美国北岭大地震和 1995 年日本阪神大地震中，钢框架梁—柱连接节点遭受广泛和严重破坏。这些地震中的梁柱节点脆性破坏，主要出现在梁柱节点的下翼缘，上翼缘的破坏相对少很多。图 2-140 列出了美国北岭地震中和 1995 年日本阪神大地震中的几种梁柱节点脆性破坏形式，其中图 2-140a 所示为一栋高层钢结构建筑中的节点破坏，下翼缘焊缝与柱翼缘完全脱离开来，这是这次地震中梁柱节点最多的破坏形式。图 2-140b 所示为另一种发生较多的梁柱节点破坏，即裂缝从下翼缘垫板与柱的交界处开始，然后向柱翼缘中扩展，甚至很多情况下撕下一部分柱翼缘母材。图 2-140c、d 所示为地震中出现的另两种节点破坏形式，在图 2-140c 中，裂缝穿过柱翼缘扩展到柱腹板中；在图 2-140d 中，裂缝从焊缝开始扩展到梁腹板中；在图 2-140e 中，裂缝从柱焊缝开始扩展到整个柱翼缘；在图 2-140f 中，为梁柱节点板上的高强螺栓破坏。在地震中另一种节点破坏就是柱底板的破裂以及其锚栓、钢筋混凝土墩的破坏，如图 2-141 所示。

　　文献[6]根据其在现场观察到的梁柱节点破坏，将节点的破坏模式分为 8 类，如图 2-142 所示，它基本包括了 1994 年北岭地震中的大多数破坏形式。图 2-142a、b 中所示的节点破坏形式为这次地震中梁柱节点破坏最多的形式，即裂缝在梁下翼缘中扩展，其至梁下翼缘焊缝与柱翼缘完全脱离开来；图 2-142c、d 为另两种发生较多的梁柱节点破坏模式，即裂缝从下翼缘垫板与柱交界处开始，然后向柱翼缘中扩展，甚至很多情况下撕下一部分柱翼缘母材。其实这些梁柱节点脆性破坏曾在试验室试验中多次出现，只是当时都没有引起人们的重视。

a. 节点焊缝与柱翼缘完全脱离　　　　　　　　　　　*b*. 裂缝扩展到柱翼缘中

c. 裂纹扩展至柱腹板　　　　　　　　　　　　　　*d*. 裂纹扩展至梁腹板

e. 梁柱节点柱焊缝裂缝　　　　　　　　　　　　　　*f*. 高强螺栓破坏

图 2-140　地震中的梁柱节点破坏形式

图 2-141
地震中柱脚锚栓
的破坏形式

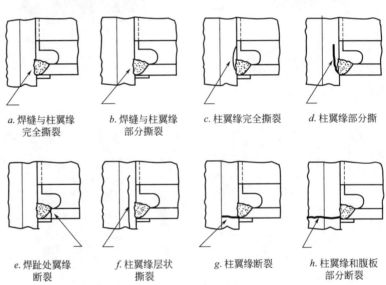

a. 焊缝与柱翼缘 完全撕裂	*b.* 焊缝与柱翼缘 部分撕裂	*c.* 柱翼缘完全撕裂	*d.* 柱翼缘部分撕

图 2-142
梁柱节点的主要破
坏模式

e. 焊趾处翼缘 断裂	*f.* 柱翼缘层状 撕裂	*g.* 柱翼缘断裂	*h.* 柱翼缘和腹板 部分断裂

（2）梁、柱、支撑等构件的破坏

在以往所有的地震中，梁、柱、支撑等主要受力构件的局部破坏也较多。图 2-143 列出了美国北岭地震中和 1995 年日本阪神大地震中的几种主要受力构件的破坏形式，其中图 2-143*a* 所列为柱间支撑连接处框架柱的破坏，柱腹板已完全剪断；图 2-143*b* 所列为一柱间支撑的破坏形式，柱间支撑在受压作用下已完全整体失稳；图 2-143*c* 所列为一框架柱的破坏，框架柱截面已完全拉断；图 2-143*d* 所列为一柱间支撑的破坏，其在节点处被完全拉断。

汇总以往地震中钢结构的震害特点[2]，柱、梁、支撑等主要受力构件的主要破坏形式有以下几种情况：对于框架柱来说，主要有翼缘的屈曲、拼接处的裂缝、节点焊缝处裂缝引起的柱翼缘层状撕裂甚至框架柱的脆性断裂，如图 2-144 所示；对于框架梁而言，主要有翼缘屈曲、腹板屈曲和

裂缝、截面扭转屈曲等破坏形式，如图 2-145 所示；支撑的破坏形式主要
就是轴向受压失稳及节点处断裂。

a. 支撑附近柱腹板断裂

b. 柱间支撑受压屈曲

c. 柱断裂

d. 柱间支撑拉断

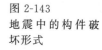

图 2-143
地震中的构件破
坏形式

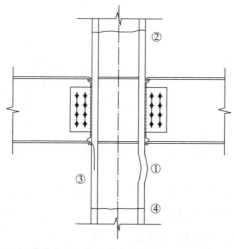

①翼缘屈曲　②拼接处的裂缝　③柱翼缘的层状撕裂　④柱的脆性断裂

图 2-144
框架柱的主要破
坏形式

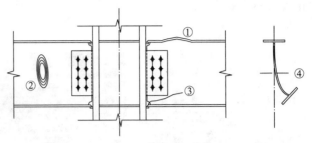

图 2-145
框架梁的主要破坏形式

①翼缘屈曲 ②腹板屈曲 ③腹板裂缝 ④截面扭转屈曲

（3）节点域的破坏

节点域的破坏形式比较复杂，主要有加劲板的屈曲和开裂、加劲板焊缝出现裂缝、腹板的屈曲和裂缝，如图 2-146 所示。

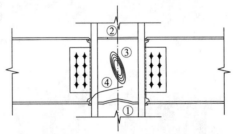

图 2-146
节点域的主要破坏形式

①加劲板屈曲 ②加劲板开裂 ③腹板屈曲 ④腹板开裂

（4）多层钢结构底层或中间某层整层的坍塌

在以往的地震中，钢结构建筑很少发生整层坍塌的破坏现象。而在 1995 年阪神特大地震中，不仅部分多层钢结构在首层发生了整体破坏，还有不少多层钢结构在中间层发生了整体破坏。究其原因，主要是楼层屈服强度系数沿高度分布不均匀，造成了结构薄弱层的形成。

2. 大跨屋盖建筑的震害

常规的空间网架、网壳结构具有自重轻、结构整体性好等特点，具有较好的抗震性能，在 5.12 汶川大地震中也得到了检验。这次地震中，体育场馆等大跨屋盖结构（如网架、网壳等）基本没有受损[4]，成为灾民的紧急避难场所，如图 2-147 所示；仅有都江堰市金叶宾馆的水疗中心等少数空间网架结构受到轻微损坏，其支座处内斜撑杆压屈、外斜撑杆拉断，如图 2-148 所示。

由于常规的大跨屋盖结构（如网架、网壳等）一般具有较好的抗震性能，这也使得设计单位对此类结构的抗震设计普遍重视不够。但近些年的震害情况表明，大跨屋盖结构发生破坏甚至倒塌的情况并不少见，主要的原因集中在结构布置不合理、抗震计算和抗震措施薄弱甚至缺乏等方面。

图 2-147 地震中，体育场馆成为灾民的紧急避难场所

图 2-148 都江堰市金叶宾馆的水疗中心，其支座处内斜撑杆压屈，外斜撑杆拉断

3. 轻型门式刚架钢结构的震害

轻型门式刚架钢结构目前在我国的应用非常广泛，其采用轻型屋面，重量轻、体形低矮，结构具有良好的抗震性能，在 5·12 汶川大地震中也得到了检验。这次地震中，单层钢筋混凝土结构厂房破坏严重，而轻型门式刚架钢结构的震害非常小，如图 2-149 所示；仅有少量结构的节点域、拉杆的花篮螺丝以及围护结构等出现破坏，如图 2-150 所示。

图 2-149 轻钢结构主体结构震害小

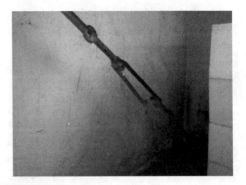

图 2-150　轻钢结构的局部震害

2.8　木结构房屋

　　木材作为建筑材料的使用有很长的历史，在中国大约 3500 年以前就基本形成了榫卯、斗栱等形式为主的中国传统木结构体系。木材资源容易再生，保温隔热效果好，属于绿色环保的建筑形式之一。我国现存有建造历史悠久的古代木结构，如建于辽代清宁二年（1056 年）的应县木塔、建于唐朝建中三年（782 年）的南禅寺等。而重建于辽代同和二年（984年）的天津蓟县独乐寺观音阁，经历了很多次历史上的大地震而保存完好，其中最大的为 1679 年平谷三河的 8 级地震和 1976 年的唐山大地震。

　　我国古代著名的《营造法式》一书，是北宋官方颁布的一部建筑设计、施工的规范书，编于北宋熙宁年间（1068～1077 年），成书于北宋元符三年（1100 年），刊行于北宋崇宁二年（1103 年），是李诫在两浙工匠喻皓的《木经》的基础上编成的。这是我国古代最完整的建筑技术书籍，标志着中国古代木结构建筑已经发展到了较高阶段。

　　木材作为建筑材料，具有重量比较轻、外形美观、加工建造方便及抗震性能较好的特点，在注意防腐蚀和防火等问题后，木结构是一种不错的结构形式。在我国木结构的结构形式主要为传统的梁柱结构体系，一般用于传统的古代建筑和一些民居中。随着木材资源的匮乏，近代出现了与其

他砖、石、土坯或混凝土等建筑材料混合使用的混合体系房屋，木材主要
用作屋盖或楼板。

图 2-151
故宫

图 2-152
颐和园

2.8.1　木结构抗震性能好的主要原因

1. 材料的特性

木材本身具有一定的弹性和自我恢复能力，其在外力作用下容易变
形，但在一定程度内当外力消失后有一定的恢复变形能力。这一特点保证
木材在地震作用下不易损坏。

2. 木柱的根部连接

木柱与柱脚石之间采用石销键或石榫的方式连接，防止了地震时木柱的晃动引起柱脚滑移和大震时木柱从柱脚的滑落引起木构件的倒塌，同时又减少了传递给房屋的地震作用。

3. 榫卯连接

木柱与梁之间的榫卯连接，既保证了结构可以承受较大的荷载，又保证了结构可以产生一定的变形作用，还能消耗一定的地震能量。

4. 斗栱的作用

我国传统木结构中在立柱和横梁交接处，从柱顶上加的一层层探出成弓形的承重结构叫栱，栱与栱之间垫的方形木块叫斗，合称斗栱，也称作枓栱。斗栱起到支撑梁的作用，是传统木结构中的重要构件。斗栱的特点决定了它除美观外，还具有一定的变形能力，地震时可以起到像弹簧一样的"减震"作用。

5. 木构件之间的连接

木结构的主要构件如大梁和柱子之间，往往还有许多连接的构件，如檩、椽、穿枋和木望板等，这些部件之间的连接加强了结构的整体性能，对抗震非常有利。

2.8.2　木结构房屋震害的主要问题

虽然木结构体系本身具有一定的抗震能力，但在历次地震灾害中，有一些木结构房屋受到严重破坏甚至倒塌。主要表现为承重木骨架的破坏和木屋架的破坏，具体情况如下：

1. 构件强度不足造成破坏　房屋的一些木构件的截面尺寸过小，或者长度不够，接长时所做的连接不好，地震中断裂而造成的破坏。

2. 节点处连接薄弱　主要表现在地震中一些榫头被拉出、折榫而造成房屋的损坏。

3. 结构体系失去稳定而破坏　地震中屋架等主要受力杆件虽然没有破坏，但房屋却因整体歪斜、倾倒或支撑屋架的墙体外闪而破坏。

4. 屋顶过重造成破坏　木屋架上本应是轻质屋盖，但有时却使用较重的材料做屋面，或者木屋架下悬挂比较重的吊顶，在地震中因屋顶所使用的材料过重，造成房屋头重脚轻而歪倒。

5. 围护墙挤压木柱造成损坏　当房屋的外部和室内墙体采用砖墙或土坯墙时，地震中墙体倒塌挤压木柱，使房屋整体破坏。

6. 连接的破坏造成房屋损坏　围护墙与木柱之间连接不好，二者刚度相差很大，地震中晃动不一致，造成二者脱离，使房屋遭到破坏。

7. 维修保养不当的缺陷　如果日常维修保养不当，主要受力的木构件受到糟朽、虫害的影响而损伤，在地震中就极易受到破坏而造成房屋的破坏。

8. 柱脚的破坏影响　木柱的柱脚部位，如果连接不好或榫头糟朽失效，地震中会产生滑移，对整个房屋造成不利影响。

9. 基础的破坏　如果房屋建造时选择场地不当，地震中因地形、地貌或地基的破坏，会直接造成房屋的损坏。

10. 建造层数太多的原因　房屋建造的层数及高度超过了一定范围，造成地震中地震作用增大引起房屋破坏。

11. 附属部件破坏　有时候，房屋主体结构没有破坏，但地震时发生附属构件掉落、溜瓦坠落的砸坏财物及伤人问题。

图 2-153
云南普洱地震中木结构房屋的破坏

图 2-154
地震中木结构柱脚石处移位

图 2-155
我国北方正在建
设中的一栋木结
构房屋

参 考 文 献

［1］　中国建筑科学研究院主编．建筑抗震设计规范 GB 50011—2001（2008 版）．中国建筑工业出版社，2008.

［2］　周炳章．砌体房屋抗震设计．地震出版社，1990.

［3］　刘大海．房屋抗震设计．陕西科学技术出版社，1985.

［4］　高小旺等．建筑抗震设计规范理解与应用．中国建筑工业出版社，2002.

［5］　J R Benjamin and H A Williams. The Behaviour of Onestory Reinforced Concrete Shear Walls. Peoc. ASCE，Journal of the Structure Division. Voi. 83，ST. 3，May1957.

［6］　Felix Barda，John M Hanson，and W Gene Corliy. Shear Strength of Low-Rise Walls with Boundary Elements. Reinforced Concrete Structures in Seismic Zones，ACL Publication sp-53，1974.

［7］　M Yamada H Kawamura，K Katagihara. Reinforced Concrete Shear Walls without Openings. Test and Analysis，Shear in Reinforced Concrete，ACI，sp-42，Vol. 2，1974.

［8］　邵武，钱国芳，童岳生．钢筋混凝土低矮抗震墙试验研究．西安冶金建筑学院学报，1989（3）.

［9］　R Park，T Paulay. Reinforced Concrete Structures. John Wiley and Sons New York，1975.

［10］　武藤清著，滕家禄等译．结构物的动力设计．中国建筑工业出版社，1984.

［11］　夏晓东．有边框带竖缝槽抗震墙的试验研究及延性设计．东南大学博士学位论文，1989.6.

［12］　高小旺，薄庭辉，宗志恒．带边框开竖缝钢筋混凝土低矮墙的试验研究．建筑科学，1995（4）

[13] 高小旺，孟俊义等．七层底层框架—抗震墙砖房1/2比例模型抗震试验研究．建筑科学，1995（4）．

[14] 钟益村．钢筋混凝土框架房屋层间屈服剪力的实用计算方法．工程抗震，1986．

[15] 童岳生等．填充墙框架房屋实用计算方法．建筑结构学报，1987．

[16] 夏敬谦．我国砖墙体抗震基本性能的几个问题．中国抗震防灾论文集，1986．

[17] 高小旺等．八层底部两层框架—抗震墙砖房1/3比例模型抗震试验研究．建筑科学，1994．

[18] 梁兴文，王庆霖，梁羽凤．底部框架—抗震墙砖房1/2比例模型拟静力试验研究．土木工程学报，1999（2）．

[19] 高小旺等．底层框架—抗震墙砖房第二层与底层侧移刚度比的合理取值．工程抗震，1998（3）．

[20] 高小旺等．底部两层框架—抗震墙砖房侧移刚度分析和第三层与第二层侧移刚度比的合理取值．建筑结构，1999（11）．

[21] 高小旺等．底层框架—抗震墙砖房抗震能力的分析方法．建筑科学，1995（4）．

[22] 高小旺等．底部两层框架—抗震墙砖房的抗震性能．建筑结构，1999（11）．

[23] 周炳章．砌体房屋抗震设计．地震出版社，1991．

[24] 高小旺等．底层框架—抗震墙砖房抗震设计计算若干问题的研究．建筑科学，1995．

[25] 王菁等．底部两层框架—抗震墙砖房第三层与第二层侧移刚度比的合理取值．工程力学增刊，1996．

[26] 高小旺等．底层框架—抗震墙砖房的抗震性能．建筑结构，1997（2）．

[27] 高小旺，龚思礼等．建筑抗震设计规范理解与应用．中国建筑工业出版社，2002．

[28] 王亚勇，戴国莹．建筑抗震设计规范疑问解答．中国建筑工业出版社，2006．

[29] 建筑抗震设计规范50011—2010．中国建筑工业出版社，2010．

[30] 刘大海，杨翠如，钟锡根．空旷房屋抗震设计．地震出版社，1989（12）．

[31] 陈寿梁，魏琏．抗震防灾对策．河南科学技术出版社，1988（4）．

[32] 《建筑抗震鉴定标准》GB 50023—2009．

[33] 史铁花．《建筑抗震鉴定标准》（GB 50023—2009）与《建筑抗震加固技术规程》（JGJ 116—2009）疑问解答．中国建筑工业出版社，2011.6．

[34] 程绍革，史铁花，戴国莹．现有建筑抗震鉴定的基本规定．建筑结构，2010.5．

[35] 《建筑抗震鉴定标准》与《建筑抗震加固技术规程》编制组．全国中小学校舍抗震鉴定与加固示例．中国建筑工业出版社，2010.3．

[36] 王亚勇，黄卫．汶川地震建筑震害启示录．地震出版社，2009.5．

[37] 黄世敏，杨沈等编著．建筑震害与设计对策．中国计划出版社，2009.9．

[38] 高层及多层钢筋混凝土建筑抗震设计手册编写组．抗震设计手册．中国建筑科学研究院抗震研究所，1985．

[39] 唐曹明，戴国莹．建筑结构抗震分析模型的一些比较．工程抗震，1996（3）．

[40] 胡聿贤．地震工程学．地震出版社，1988．

[41] 朱伯龙等．工程结构抗震设计原理．上海科学技术出版社，1982．

[42] 王亚勇．建筑抗震设计规范疑问解答．中国建筑工业出版社，2012.1．

［43］ 中国建筑科学研究院编.2008 年汶川地震建筑震害图片集.2008.7.

［44］ 周锡元.抗震性能设计与三水准设防.土木水利（台湾），2003.5.

［45］ 高立人，方鄂华，钱稼茹.高层建筑结构概念设计.中国计划出版社.

［46］ 胡庆昌，孙金墀等.建筑结构抗震减震与连续倒塌控制.中国建筑工业出版社.

［47］ 李国强.多高层建筑钢结构设计.北京：中国建筑工业出版社，2004.4.

［48］ 易方民.高层建筑偏心支撑钢框架结构抗震性能和设计参数研究.中国建筑科学研究院博士学位论文，2000.5.

［49］ 易方民，高小旺，苏经宇.建筑抗震设计规范理解与应用.北京：中国建筑工业出版社，2011.2.

［50］ 中华人民共和国国家标准.建筑抗震设计规范 GB 50011—2010.北京：中国建筑工业出版社，2010.

［51］ Tide，R H R. Fracture of Beam-to-Column Connections Under Seismic load of Northridge. California Earthquake.

［52］ 高小旺，张维嶽，易方民等.高层建筑钢结构梁柱节点试验研究报告.中国建筑科学研究院试验报告，2000.

［53］ 黄南翼，张锡云.日本阪神地震中的钢结构震害.钢结构，1995.2.

第三章　建筑的抗震设计

3.1　新型抗震技术：建筑隔震和消能减震

3.1.1　建筑隔震

1. 基本原理

隔震，即隔离地震，就是在建筑物基础、底部或下部与上部结构之间设置由隔震器、阻尼装置等组成的隔震层，隔离地震能量向上部结构传递，减少输入到上部结构的地震能量，降低上部结构的地震反应，达到预期的防震要求。其中基础隔震就是在建筑物的基础和上部结构之间设置隔震装置（或系统），形成隔震层，把房屋结构与基础隔离开来，如图 3-1 所示。地震发生时，地震波由地面传至基础，在向上部建筑物传递时，首先要通过隔震层，这时隔震层中连接建筑物和基础的隔震装置就可以发挥隔离作用，地震波只有一小部分通过隔震层传到上部建筑中。如果隔震层中还安装消能装置，那么，隔震层还将耗散掉一部分地震能量，进一步减少地震能量向上部建筑的传输，减少建筑物的地震反应，保护建筑物在地震作用下的安全。

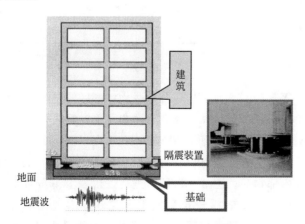

图 3-1
隔震原理示意图

2. 隔震建筑的地震表现

（1）1994 年 1 月 17 日，美国洛杉矶地震，震级 6.7，死亡 56 人，伤 7300 人，损失很大。南加州大学医院（图 3-2）采用了橡胶支座隔震系统

（68 个铅芯橡胶隔震垫＋81 个叠层橡胶隔震器），基础加速度为 $0.49g$，而顶层加速度只有 $0.21g$（图 3-3），约为基础加速度的 0.43，地震反应被大大降低。在这次地震及其后的余震中，花瓶等没有一个掉下来，建筑物内的各种机器等均未损坏，医院功能得到维持，成为防灾中心，在抗震救灾中起到十分重要的作用。

（2）1995 年日本兵库县南部发生 7.2 级地震，距震中 35km 的隔震建筑 WEST 大厦（图 3-4）是当时日本规模最大的隔震建筑（SRC 柱，钢梁，6 层），布置在基础、一层和六层的地震记录仪测得最大加速度如表 3-1 所示，一层水平方向的最大加速度值只有基础的 1/3 左右，隔震效果十分明显。

图 3-2　南加州大学医院（隔震结构）

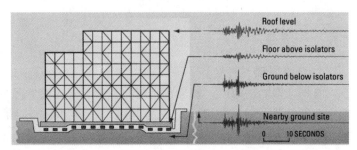

图 3-3　南加州大学医院地震记录

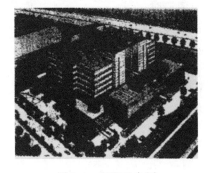

图 3-4　WEST 大厦

WEST 大厦记录的最大加速度（单位：cm/s²）表 3-1

地震观测位置	方向		
	东西	南北	竖向
6 层	103	75	377
1 层	106	57	193
基础	300	263	213

（3）2008 年 5.12 汶川地震中，甘肃陇南武都区的一幢居民住宅，6 层砖混结构，基础采用橡胶隔震垫，在 8 度地震作用下，建筑基本完好，仅在管线连接部位轻微破坏（图 3-5），而周边的砖混建筑则出现程度不同的破坏。

（4）隔震建筑一方面能够保护建筑物免遭地震破坏，另一方面还可较好地保护建筑内部物品。图 3-6 为日本进行的隔震和非隔震建筑内部家具在地震下的试验情况。隔震建筑虽然也有晃动，表现在吊灯的有剧烈晃动，但室内家具没有翻倒的情况发生，家具内的物品也没掉落地面。不隔震的建筑情况则大不相同，虽然吊灯的晃动程度与隔震建筑的差不多，但室内家具翻倒，家具内的物品散落一地。

图 3-5 甘肃陇南隔震的居民住宅建筑

a.隔震建筑室内家具完好　　　　　　　　　　　b.非隔震建筑室内家具翻倒

图 3-6 隔震（免震）与非隔震（非免震）结构地震反应对比

3. 隔震技术应用范围和适用条件

一般来说，隔震技术对自振周期较短的刚性建筑效果比较明显，因此，基础隔震技术主要适用于地震区各类中、低层一般工业与民用建筑（包括砌体结构、底层框架、内框架、框架等各种结构）。

对一些使用功能有特殊要求的建筑，如地震时不能中断使用的指挥机关、公安消防部门，地震时不能损坏信息系统和重要设备的银行、通信部门，不能发生次生灾害的存放有毒、爆炸物品的建筑、高危试验室，地震时要求有更大生命安全保障的幼儿园、中小学、医院等建筑，可以优先考虑采用隔震技术。

4. 隔震设计基本要求

（1）隔震建筑的体型应基本规则，上部建筑重心尽可能与隔震层的刚度中心接近，保证隔震结构地震时不致因太大的扭转而发生意外的破坏。

（2）合理设置隔震结构的基本周期，避开场地周期和上部结构的周期，有效发挥隔震技术的效用。

（3）隔震设计应根据预期的目标要求，选择适当的隔震支座和阻尼器（消能器）。如果需要，还要设置抵抗风荷载的部件（如抗风拉杆或抗风销键）。

（4）隔震支座应进行竖向承载力的验算和罕遇地震下水平位移的验算。

（5）隔震层以上结构的水平地震作用应根据水平向减震系数确定；其竖向地震作用标准值，8度（0.20g）、8度（0.30g）和9度时分别不应小于隔震层以上结构总重力荷载代表值的20%、30%和40%。

（6）隔震层以下结构（包括地下室）的抗震验算应采用罕遇地震下隔震支座底部的竖向力、水平力和弯矩进行设计。

（7）隔震建筑地基基础的抗震验算仍应按本地区抗震设防烈度进行。

（8）穿过隔震层的设备配管、配线，应采用柔性连接或其他有效措施适应隔震层的罕遇地震水平位移。

5. 隔震层位置

隔震层可以根据需要设置在不同位置。建筑无地下室时，将隔震层设置在基础和上部结构之间（图3-7a）；建筑有地下室时，可以有三种设置方法。方法一，将隔震层设置在基础和地下室之间（图3-7b），这样处理，隔震沟较深；方法二，将隔震层设置在地下室内（图3-7c），这样做隔震沟较浅，隔震层可以少做一层楼板，节省空间，但四周的围护做法要求较高；方法三，将隔震层设置在地下室和上部结构之间（图3-7d），优点是隔震沟较浅，地下室使用完整；当建筑有较大范围的裙房时，隔震层可以设置在裙房与上部结构之间。在一些特殊情况下，隔震层也可设置在上部结构之间，称中间层隔震（图3-7f）。

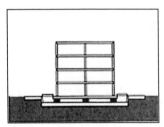

a. 隔震层在基础顶(无地下室)

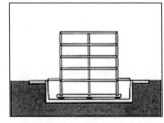

b. 隔震层在基础和地下室之间

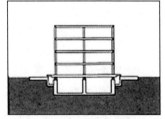

c. 隔震层设置在地下室内

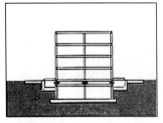

d. 隔震层在地下室与上部结构之间

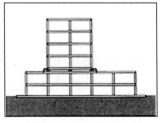

e. 隔震层群房与上部结构之间

f. 中间层隔震

图3-7　隔震层位置

　　隔震层置于基础顶是最基本的隔震构造型式，可最大限度地隔离地震能量。从建筑功能看，为了方便安装和维修隔震装置，可将安装及维修层直接做成地下或半地下室，而隔震层就设置在地下室的柱顶或墙顶。从受力看，为了减小隔震支座大变形产生的 P—Δ 效应，可将隔震支座放置在柱中。将隔震层设置在上部结构中（中间层隔震）主要是针对一些特殊情况所采取的措施，如建筑底部周围没有可供位移的空间。中间层隔震在日本和我国已有实例，但由于这种情况的动力特性比较复杂，设计时应格外慎重。

　　6. 常用隔震支座

　　隔震层一般由隔震支座和消能器组成。隔震支座一方面要支撑建筑物的竖向重量，另一方面在水平方向提供一个较小的水平刚度，并且具有自复位的功能。目前建筑常用的隔震支座主要有叠层橡胶支座和滑动隔震支座。消能器又称阻尼器，主要用来吸收或耗散地震能量，抑制隔震层产生较大的位移。常用的阻尼器有金属变形阻尼器、黏弹性阻尼器、黏滞阻尼器、摩擦阻尼器等。铅芯叠层橡胶支座则是将叠层橡胶支座与铅阻尼器完美结合在一起，发挥隔震作用的同时，又能起消能的作用。

　　（1）橡胶隔震支座　橡胶隔震支座是由多层橡胶和多层钢板或其他材料交替叠置结合而成的隔震装置，又称叠层橡胶隔震支座，目前常用的橡胶隔震支座有两种：普通橡胶支座和铅芯橡胶支座。

　　普通橡胶支座采用天然橡胶或氯丁二烯橡胶制造。该种支座的做法是先在每层钢板上涂满胶粘剂，再把橡胶片与钢板交替叠放在一起，然后置于高温高压下硫化成型，即得到橡胶片与钢板叠合在一起的多层橡胶支座（图 3-8）。普通橡胶支座具有弹性性质，本身没有明显的阻尼性能，所以通常它需要和阻尼器一起使用。

　　普通橡胶支座中部挖孔，灌入铅棒就构成了铅芯橡胶支座（图 3-9）。利用铅棒的塑性变形做功，吸收能量，增加支座的耗能能力，使得支座具

图 3-8　普通叠层橡胶支座　　　　　　　图 3-9　铅芯叠层橡胶支座

有一定的阻尼作用。同时铅棒还可以增加支座的早期刚度，控制结构的风振反应和抵抗地基的微振动。铅芯橡胶支座由于既起到隔震的作用，又起到阻尼的作用，所以它可以单独地在隔震结构中使用，无须另设阻尼器，使隔震系统的阻尼变得简单。

（2）滑动隔震支座　目前常用的滑动隔震支座主要有平板式摩擦滑移隔震支座和摩擦摆隔震支座。由于使用较少，在建筑行业还没有统一的设计规范和行业标准，设计人员若要采用这类支座，需参考支座生产厂家给出的产品性能参数。

平板式摩擦滑移隔震支座由不锈钢摩擦板、聚四氟乙烯（PTFE）滑移层和叠层橡胶垫组成（图 3-10、图 3-11）。不锈钢摩擦板的表面需经过专门的抛光处理，并在其上涂一层热硬化的树脂以提高其耐磨性。

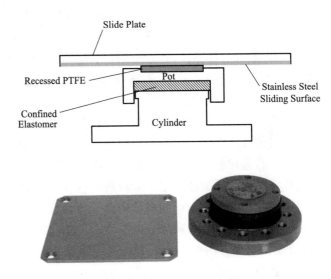

图 3-10
平板式摩擦滑移
隔震支座构造图

图 3-11
平板式摩擦滑移
隔震支座实物照片

摩擦摆隔震支座是将结构物本身与地面隔离（图 3-12、图 3-13），利用滑动面的设计周期来延长结构物的振动周期，以大幅度减少结构物因受地震作用而引起的放大效应。此外，还可利用滑动面与滑块之间的摩擦来达到大量消耗地震能量，减少地震力输入的目的。

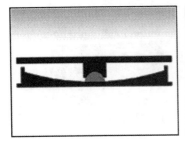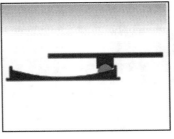

图 3-12　摩擦摆滑移隔震支座简图及工作原理　　图 3-13　摩擦摆滑移隔震支座照片

3.1.2　消能减震技术

消能减震技术是指把建筑结构中某些非承重构件（如支撑、剪力墙等）设计成消能杆件，或在结构物的某些部位（支撑或节点）装设阻尼器，以增加结构阻尼。在风荷载或小震时，这些消能杆件或阻尼器仍处于弹性状态，结构物仍具有足够的侧向刚度以满足正常使用要求；在强震作用下，这些消能杆件或阻尼器率先进入非弹性状态，通过消能装置产生摩擦、弯曲（或剪切）弹塑性（或黏弹性）滞回变形来消散或吸收地震输入结构中的能量，以减小主体结构的地震反应，从而避免主体结构产生破坏或倒塌，达到减震抗震的目的。

1. 基本原理

地震发生时，地震地面运动引起结构物的震动反应（图 3-14a），地面震动能量向结构物输入，结构物接收了大量的地震能量，必然要进行能量转换或消耗才能最后终止震动反应。

从能量守恒的角度，消能减震的基本原理（图 3-14）可阐述如下，即结构在地震中任意时刻的能量方程为：

传统抗震结构：
$$E_{in} = E_R + E_D + E_S \tag{3.1-1}$$

消能减震结构：
$$E_{in} = E_R + E_D + E_S + E_A \tag{3.1-2}$$

式中：E_{in}——地震过程中输入结构体系的地震能量；

　　　E_R——结构体系地震反应的能量，即结构体系震动的动能和势能；

　　　E_D——结构体系自身阻尼消耗的能量（一般不超过 5%）；

　　　E_S——主体结构或承重构件的非弹性变形（或损坏）所消耗的能量；

　　　E_A——消能（阻尼）装置或耗能元件耗散或吸收的能量

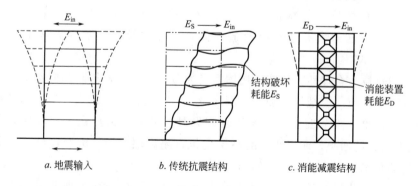

$a.$ 地震输入　　　$b.$ 传统抗震结构　　　$c.$ 消能减震结构

图 3-14
消能减震结构的基本原理简图

对于传统的抗震结构，由于 E_D 只占总能量的很小一部分，一般不超过 5%，可以忽略，为了最后终止结构的地震反应，即使 $E_R \rightarrow 0$，必然导致主体结构及承重构件的损坏、严重破坏或倒塌（$E_S \rightarrow E_{in}$），以消耗输入结构的地震能量（图 3-14b）。

对于消能减震结构，E_D 忽略不计，消能构件或装置率先进入弹塑性工作状态，充分发挥消能作用，大量消耗输入结构的地震能量（$E_A \rightarrow E_{in}$）。这样，既保护主体结构及承重构件免遭破坏（$E_S \rightarrow 0$），又可迅速衰减结构的地震反应（$E_R \rightarrow 0$），确保结构在地震中的安全（图 3-14c）。

　　2. 技术特点及应用范围

　　采用消能减振技术的减振结构体系与传统抗震结构体系相比，具有下述优越性：

　　（1）安全性：传统抗震结构体系实质上是把结构本身及主要承重构件（柱、梁、节点等）作为"消能"构件，并且容许结构本身及构件在地震中出现不同程度的损坏。由于地震烈度的随机性和结构实际抗震能力设计计算的误差，结构在地震中的损坏程度难以控制，特别是出现超设防烈度地震时，结构难以确保安全。

　　消能减震结构体系由于特别设置非承重的消能构件（消能支撑、消能剪力墙等）或消能装置，它们具有极大的消能能力，在强地震中能率先消耗结构的地震能量，迅速衰减结构的地震反应，并保护主体结构和构件，确保结构在强地震中的安全。

　　根据国内外对消能减震结构的振动台试验可知，消能减震结构与传统抗震结构相对比，其地震反应可减小 40%～60%。且耗能构件（或装置）对结构的承载能力和安全性不构成任何影响或威胁，因此，消能减震结构体系是一种非常安全可靠的结构减震体系。

　　（2）经济性：传统抗震结构通过加强结构、加大构件截面、加多配筋等途径来提高抗震性能，因此，抗震结构的造价大大提高。

　　消能减震结构是通过"柔性消能"的途径来减小结构的地震反应，因而，可以减少剪力墙的设置，减小构件截面，减少配筋，而其耐震安全度反而提高。据国内外工程应用总结资料，采用消能减震结构体系比采用传统抗震结构体系，可节约结构造价 5%～10%。采用消能减震加固方法对旧有建筑物改造加固，可比传统抗震加固方法节省造价 10%～60%。

　　（3）技术合理性：传统结构体系是通过加强结构，提高侧向刚度以满足抗震要求的。但结构越加强，刚度越大，地震作用也越大，导致恶性循环，其结果，除了安全性、经济性问题外，还对于采用高强、轻质材料（强度高、截面小、刚度小）的高层建筑、超高层建筑、大跨度结构及桥梁等的技术发展，造成严重的制约。

　　消能减震结构则是通过消能构件或装置，使结构在出现变形时大量迅速消耗地震能量，保证主体结构在强地震中的安全。结构越高、越柔，跨度越大，消能减震效果越显著。因而，消能减震技术必将成为采用高强轻质材料的高柔结构（超高层建筑、大跨度结构及桥梁等）的合理新途径。

　　由于消能减震结构体系有上述优越性，已被广泛、成功地应用于"柔性"工程结构物的减震（或抗风）。一般而言，层数越多、高度越高、跨度越大、变形越大，消能减震效果越明显。所以多被应用于下述结构：高层建筑，超高层建筑；高柔结构，高耸塔架；大跨度桥梁；柔性管道、管线（生命线工程）；旧有高柔建筑或结构物的抗震（或抗风）性能的改善提高。

　　3. 消能减震结构体系的分类

　　结构消能减振体系由主体结构和消能部件（消能装置和连接件）组成，可以按照消能部件的不同"构件型式"分为以下类型：

　　（1）消能支撑：可以代替一般的结构支撑，在抗震和抗风中发挥支撑的水平刚度和消能减振作用，消能装置可以做成方框支撑、圆框支撑、交叉支撑、斜杆支撑、K 形支撑和双 K 形支撑等（图 3-15）。

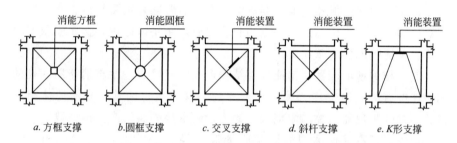

| a. 方框支撑 | b. 圆框支撑 | c. 交叉支撑 | d. 斜杆支撑 | e. K形支撑 |

图 3-15
消能支撑型式

　　（2）消能剪力墙：可以代替一般结构的剪力墙，在抗震和抗风中发挥支撑的水平刚度和消能减振作用，消能剪力墙可以做成竖缝剪力墙、斜缝剪力墙、横缝剪力墙、周边缝剪力墙、整体剪力墙和分离式剪力墙等（图 3-16）。

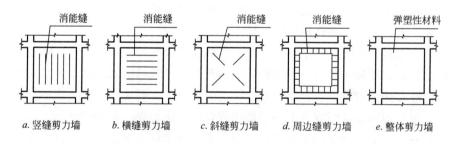

| a. 竖缝剪力墙 | b. 横缝剪力墙 | c. 斜缝剪力墙 | d. 周边缝剪力墙 | e. 整体剪力墙 |

图 3-16
消能剪力墙型式

　　（3）消能支承或悬吊构件：对于某些线结构（如管道、线路，桥梁的斜拉索等），设置各种支承或者悬吊消能装置，当线结构发生振（震）动时，支承或者悬吊构件即发生消能减震作用。

　　（4）消能节点：在结构的梁柱节点或梁节点处安装消能装置。当结构产生侧向位移、在节点处产生角度变化或者转动式错动时，消能装置即可以发挥消能减振作用（图 3-17）。

　　（5）消能连接：在结构的缝隙处或结构构件之间的连接处设置消能装置。当结构在缝隙或连接处产生相对变形时，消能装置即可以发挥消能减振作用（图 3-18）。

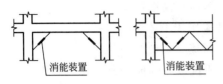

图 3-17　梁柱消能节点

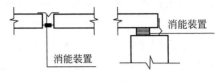

图 3-18　消能连接

4. 消能器的分类

消能部件中安装有消能器（又称阻尼器）等消能减振装置，消能器的功能是，当结构构件（或节点）发生相对位移（或转动）时，产生较大阻尼，从而发挥消能减振作用。消能器主要分为位移相关型、速度相关型及其他类型。

位移相关型消能器，消能器对结构产生的阻尼力主要与消能器两端的相对位移有关，当位移达到一定的起动限值才能发挥作用，金属屈服型阻尼器、摩擦阻尼器属于此类。

速度相关型消能器，消能器对结构产生的阻尼力主要与消能器两端的相对速度有关，与位移无关或与位移的关系为次要因素。黏滞流体阻尼器、黏弹性阻尼器、黏滞阻尼墙、黏弹性阻尼墙等属于速度相关型。

此外，还有其他类型如调频质量阻尼器（TMD）、调频液体阻尼器（TLD）等。

5. 设计与施工要点

（1）设计方案和部件布置

应根据建筑抗震设防类别、抗震设防烈度、场地条件、结构方案、建筑使用要求与方案设计进行技术和经济性的对比和分析后确定。在消能减震设计中，关键是在耗能器的选择。

消能器可以安装在单斜支撑、人字形支撑或 X 形支撑上，形成消能支撑。消能支撑的布置应考虑结构的工作性能、建筑功能和经济等要求，综合比较选择相对较好的方案。对于给定的结构，在消能器数量一定的情况下，可根据可控度的概念，采用最优放置的顺序逼进法来确定消能支撑的最优布置方案，将层间变形的均方值定义为最优位置指数，首先计算出纯框架结构各层的最优位置指数，指数值最大的一层即为第一个消能支撑的最优位置，应该在该层附加一个消能支撑。寻找第二个消能支撑的最优位置时，由于结构中已增加了一个消能支撑而使结构体系的刚度和等效黏性阻尼增大，因此在计算位置指数时，应考虑由于附加第一个消能支撑而增大的刚度和阻尼系数。第二个消能支撑的位置根据新一轮计算的指数确定。重复以上步骤，直到确定最后一个消能支撑的位置。消能部件也可沿结构的两个主轴方向分别设置，设置在层间变形较大的位置，且应合理地确定数量和分布情况，以形成合理的受力体系和提高结构的整体消能能力。

（2）消能部件的性能要求

① 消能器应具有足够的吸收和耗散地震能量的能力和恰当的阻尼。消能部件附加给结构的有效阻尼比宜大于 5％，超过 25％时，宜按 25％计算。

② 速度相关型消能器应由试验提供设计容许位移、极限位移，以及设计容许位移幅值和不同环境温度条件下、加载频率为 0.1～4Hz 的滞回模型。

③ 位移相关型消能器应由往复静力加载确定设计容许位移、极限位移和恢复力模型参数。

④ 在最大应允许位移幅值下，按应允许的往复周期循环 30 圈后，消能器的主要性能衰减量不应超过 15％，且不应有明显的低周疲劳现象。

（3）构造要求

① 消能器应具有优良的耐久性能，且应构造简单、施工方便、容易维护。

② 消能器与结构构件的连接应符合抗震结构的构造要求：

a. 消能器与斜撑、梁、填充墙或节点等连接组成消能部件时，应符合钢构件或钢与钢筋混凝土构件连接的构造要求，并能承担消能器施加给连接点的最大作用力。

b. 与消能部件相连的结构构件，应计入消能部件传递的附加内力，并将其传递到基础。

3.2 砌体房屋设计要点

3.2.1 抗震设计的一般要求

砖砌体为脆性材料，抗拉、抗剪强度较低，抗压强度较高，从结构布置上应当使砌体构件尽量受压而不受弯曲或拉力，因此，多层砌体房屋的结构布置，除应遵守抗震设计的总原则外，尚有其自身的特殊性。

1. 平、立面布置要规则

大量的震害表明，多层砌体房屋结构平面布置简单规则的各部位受力比较均匀，薄弱环节比较少，震害程度要轻一些。因此，房屋的平面布置应尽量避免凹进凸出的墙体，若是 L 形、Ⅱ 形等平面时，应使转角或交叉部分的墙体拉通，使水平地震力能够通过贯通的墙体传到相连的另一侧，如侧翼伸出长度超过房屋的宽度，应以防震缝将结构分割成独立的单元，以免在转角处因应力集中而破坏。

复杂的立面和屋面局部突出造成的附加震害比平面不规则更为严重。因此，结构在立面体型上应避免局部突出物，如必须设置时，应采取措施在变截面处加强连接，或采用刚度较小的结构和减轻突出部分的结构自重。

2.房屋高度要限制、高宽比要控制

历次地震的宏观调查资料说明：二、三层砖房在不同烈度区的震害，比四、五层的震害轻得多，六层及六层以上的砖房在地震时震害明显加重。从历次地震中已经总结出砌体结构房屋的层数和高度与地震震害成正比的结论，国外的地震也都得到同样的结论。因此，在多层砌体房屋抗震设计中，将房屋的层数和高度作为强制性条文加以限制，这是十分必要的，不强调控制多层砌体房屋的层数和高度，就难以保证多层砌体房屋在地震时特别是在较强地震时的安全。

作为多层砌体房屋的设计，层数和高度问题也是业主和设计人员最关注的问题。在有限的土地上，建造较多层数的房屋以发挥经济效益是可以理解的。但是，砌体结构的脆性性质又决定了这类材料不可能建造较多层数的房屋。从现有条件看，在设置一定数量的构造柱或芯柱后，我国规定的多层砌体结构的高度和层数，已经是世界各多地震国家之最，决不可盲目再提高多层砌体房屋的建造层数和高度。规范对多层砌体房屋采用总高度与层数双控，一般情况下不应超过表3-2的规定。

多层砌体房屋总高度（m）和层数限值　　　　　表 3-2

砌体类别	最小抗震墙厚度(mm)	烈度和设计基本地震加速度											
		6		7				8				9	
		0.05g		0.10g		0.15g		0.20g		0.30g		0.4g	
		高度	层数	高度	层数	高度	层数	高度	层数	高度	层数	高度	层数
普通砖	240	21	7	21	7	21	7	18	6	15	5	12	4
多孔砖	240	21	7	21	7	18	6	18	6	15	5	9	3
多孔砖	190	21	7	18	6	15	5	15	5	12	4	—	—
小砌块	190	21	7	21	7	18	6	18	6	15	5	9	3

注：1.房屋的总高度指室外地面到檐口或屋面坡顶的高度，半地下室可从地下室内地面算起，全地下室和嵌固条件好的半地下室可从室外地面算起；带阁楼的坡屋面时应算到山尖墙的1/2高度处。

2.室内外高差大于0.6m时，房屋总高度应允许比表中数据适当增加，但不应多于1m。

3.乙类的多层砌体房屋应允许按本地区设防烈度查表，但层数应减少一层且总高度应降低3m。

对于医院、教学楼等及横墙较少的多层砌体房屋，总高度应比表3-2的规定降低3m，总层数应减少1层。这里的横墙是指抗震横墙，即符合最小墙厚要求可作为抗侧力抗震墙的横向墙体。对楼层而言，横墙较少是指同一楼层内开间大于4.2m的房间面积占该层总面积的40%以上，对房屋整体而言，"横墙较少"是指全部楼层均符合横墙较少的条件，当仅个别楼层符合横墙较少的条件，可根据大开间房屋的数量、位置、开间大小等采取相应的加强措施，而不要求降低层数和高度。

对抗震设防类别为乙类的多层砌体房屋应允许按本地区设防烈度查

表，但层数应减少 1 层且总高度应降低 3m。

对抗震设防类别为乙类的医院、教学楼等多层砌体房屋应允许按本地区设防烈度查表，但层数应减少 2 层且总高度应降低 6m。

横墙很少是指同一楼层内开间不大于 4.2m 的房间占该层总面积不到 20%，且开间大于 4.8m 的房间占该层总面积的 50% 以上，总层数应比表 3-2 的规定减少 2 层。

抗震横墙较少的多层砌体房屋，抗震能力减弱，房屋的总层数和高度一般要有所减少，若不降低，在满足抗震承载力要求的同时，应按规范 7.3.14 条规定采取加强措施。这些措施是根据砖砌体住宅楼的模型试验研究提出的，因此仅适用于 6、7 度时横墙较少的丙类多层砖砌体房屋。而医院、教学楼等公共建筑因人流较为密集，地震安全性要求较高，规范 7.1.2 第 3 条中按 7.3.14 条采取加强措施而不降低层数和高度的规定不能套用。

在计算房屋总高度和层数时，应注意以下问题：

(1) 关于地下室

规范表 7.1.2 的注 1 说明，房屋的总高度指室外地面到主要屋面板板顶或檐口的高度，半地下室从地下室室内地面算起，全地下室和嵌固条件好的半地下室应允许从室外地面算起。这里的半地下室是指单层的地下结构，其室外地面介于室内地面和顶板之间。

对多层砌体房屋，嵌固条件好一般指下面两种情况：

① 半地下室顶板（宜为现浇混凝土板）高出室外地面小于 1.5m，地面以下开窗洞处均设窗井墙，且窗井墙又为半地下室室内横墙的延伸，如此形成加大的半地下室底盘，有利于结构的总体稳定，半地下室在土体中具有较好的嵌固作用。

② 半地下室室内地面至室外地面的高度大于地下室净高的 1/2（埋深较深），无窗井，且地下室的纵横墙较密，具有较好的嵌固作用。

在上述两种情况下，带半地下室的多层砌体房屋的总高度允许从室外地面算起。若半地下室层高较大，顶板距室外地面较高，或有大的窗洞而无窗井墙或窗井墙不与纵横墙连接，构不成扩大基础底盘的作用，周围土体不能对半地下室起约束作用，则此时半地下室应按一层考虑，并计入房屋总高度。

(2) 关于室外地面和坡地多层砌体房屋的层数和总高度

室外地面为竣工后的设计室外坪面。

对于建造在坡地上的多层砌体房屋，其总高度自室外地坪计算到主要屋面板板顶标高或至檐口标高，室外地坪应从低处计算；其层数也应从低处算起。例如，坡地上某多层砌体结构房屋，低处有 6 层，高处有 5 层，则总层数应按 6 层算。

(3) 关于檐口

住宅的坡屋顶如不利用时，檐口标高处不一定设置楼板。当檐口标高处不设水平楼板时，檐口是指结构外墙和屋面结构板交接处的屋面结构板顶；当檐口标高附近有水平楼板，且坡屋顶不是轻型装饰屋顶时，上面三角形部分为阁楼，对带阁楼的坡屋面总高度应算至山尖墙的1/2高度处。

（4）关于阁楼

阁楼层是否当作一层计算，应根据实际情况区别对待：

有的阁楼层高度不高，且不住人，只是作为屋架内的一个空间，此时阁楼层可不作为一层考虑。但有的阁楼层空间较高，设计作为居室的一部分，这样的阁楼层应当作为一层考虑，高度应算至山尖墙的1/2。

有的阁楼在顶层屋面上，只占一部分面积，即只有部分阁楼作为居住或活动场所。此时，阁楼层是否应作为一层考虑，应具体分析，如阁楼层占总的顶层面积的百分比、阁楼层的结构形式、阁楼层高度等。

（5）关于总高度的控制

一般认为，房屋层数的多少涉及抗震安全因素较大。在同样高度下，层数越多，抗震计算的质点数越多，地震作用增大十分明显；而同样层数的房屋，总高度引起的地震作用增大相对较少。因此，在总高度的控制上，依据国家规范编制时对数字表达遵守"有效数字"的基本要求（国家标准 GB 8170），规范对总高度控制采用 m 为单位，以便执行时略有放松。

规范中总高度控制的有效数字为个位，即小数点后不给出有效数字0，表示 m 以下的第一位小数四舍五入后满足要求即可，意味着允许有0.4m 左右的净增加。

某些地区要求室内外有较大的高差，主要为防潮或其他用途，此时在总高度计算时有可能超过规定，但层数上不超。对此规范明确规定，当室内外高差大于 0.6m 时，房屋总高度允许适当增加，但不应多于 1m。这里已将总高度值适当增加了，故此时不应再四舍五入使增加值多于 1m，这意味着净增加量仍为 0.4m。

3. 房屋的层高

规范在 2008 局部修订时，考虑教学楼等室内净空 3.4m 的要求，作为例外，进行了补充，增加"注：当使用功能确有需要时，采用约束砌体等加强措施的普通砖房屋，层高不应超过 3.9m"。

4. 房屋的最大高宽比

建筑抗震设计规范对多层砌体房屋不要求作整体弯曲的强度验算，因为若考虑整体弯曲验算，目前的方法即使在 7 度时，砌体房屋超过 3 层就不满足要求，与大量的地震宏观调查结果不符。为了保证房屋有足够的稳定性和整体抗弯能力，对房屋的高宽比应满足：6、7 度时不大于 2.5，8度时不大于 2.0，9 度时不大于 1.5。对于点式、墩式等平面接近正方形的建筑，高宽比宜适当减小。

在计算房屋高宽比时，房屋宽度可不考虑局部突出或凹进尺寸，外走廊和单面走廊的房屋总宽度不包括走廊宽度。

第三章 建筑的抗震设计 131

5. 房屋抗震横墙的间距

多层砌体房屋的横向地震力主要由横墙承担，需要横墙有足够的承载力，且楼盖必须具有传递地震力给横墙的水平刚度。若横墙间距较大，房屋的相当一部分地震作用通过纵墙传至横墙，纵向砖墙就会产生出平面的弯曲破坏。因此，多层砖房应按所在地区的地震烈度与房屋楼（屋）盖的类型来限制横墙的最大间距，以满足楼盖传递水平地震力所需的刚度要求，具体规定见表 3-3。纵墙承重的房屋，横墙间距同样应满足该规定。

抗震横墙最大间距（m）   表 3-3

房 屋 类 别		烈　　度			
		6 度	7 度	8 度	9 度
多层砌体	现浇和装配整体式钢筋混凝土楼、屋盖	15	15	11	7
	装配整体式钢筋混凝土楼、屋盖	11	11	9	4
	木屋盖	9	9	4	—

注：多层砌体房屋的顶层，最大横墙间距应允许适当放宽。

规范给出的房屋抗震横墙最大间距的要求是为了尽量减少纵墙的出平面破坏，但并不是说满足上述横墙最大间距的限值就能满足横向承载力验算的要求。

根据表中规定、地震作用沿竖向传递的规律，以及竖向荷载传递的合理性，大房间宜设置在房屋顶层。

6. 局部尺寸要控制

多层砌体房屋局部尺寸的限制，在于防止因这些局部的破坏，影响房屋的整体抗震能力，以及可能造成的整栋房屋的破坏甚至倒塌。

（1）承重窗间墙的最小宽度

窗间墙在平面内的破坏可分为三种情况：窗洞高与窗间墙宽度之比小于 1.0 的宽窗间墙为较小的交叉裂缝；高宽比大于 1.0 的较宽的窗间墙，虽然也为交叉裂缝，但裂缝的坡度较陡，重者裂缝两侧的砖砌体破裂甚至崩落；很窄的窗间墙为弯曲破坏，重者四角压碎崩落（图 3-19）。

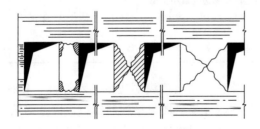

图 3-19
不同宽度窗间墙
的破坏形态

承重窗间墙的宽度应首先满足静力设计要求，为了提高该道墙的抗震能力，应均匀布置为窗间墙的宽度大体相等。窗间墙承担的地震作用是按各墙段的侧移刚度大小分配的，窄窗间墙比宽窗间墙的侧移刚度小得多，承受了较大地震作用的墙段首先出现交叉裂缝，其刚度迅速降低，产生内力重分布，从而造成窗间墙的各个击破，降低了该道墙和整个结构的抗震能力。

（2）承重外墙尽端至门窗洞边的最小距离

大量的震害表明，房屋尽端是震害较为集中的部位，这是由于沿房屋纵横两个方向地面运动应力集中的结果，为了防止房屋在尽端首先破坏甚至局部墙体坍塌，规范给出了具体规定。

（3）非承重外墙尽端至门窗洞边的最小距离

考虑到非承重外墙与承重外墙在承担竖向荷载方面的差异，对非承重外墙尽端至门窗洞边的最小距离较承重外墙的要求有所放宽，但一般墙垛宽度不宜小于 1.0m。

（4）内墙阳角至门窗洞边的最小距离

由于门厅或楼梯间处的纵墙或横墙中断，需要设置开间梁或进深梁，从而造成梁支承在室内拐角墙上的这些阳角部位的应力集中，梁端支承处的荷载又比较大，为了避免在这个部位发生严重破坏，除在构造上加强整体连接外，规范对内墙阳角至门窗洞边的最小距离给予了规定。

（5）其他局部尺寸限制

大量的震害表明，阳台、挑檐、雨篷等小跨度的水平悬挑构件的震害相对较小，一般情况下这些悬挑构件的跨度又都不会过大，因此，规范对这类挑出构件没有做出限值，但仍应通过计算和构造来保证锚固和连接的可靠性。

作为竖向悬挑构件的女儿墙位于房屋顶部，是比较普遍和容易破坏的构件，特别是无锚固的女儿墙更是如此。因此，规范对女儿墙的高度给予了限制（表 3-4）。

房屋的局部尺寸限值（m）　　　　　　　　　　表 3-4

部　　位	烈　　度			
	6	7	8	9
承重窗间墙最小宽度	1.0	1.0	1.2	1.5
承重外墙尽端至门窗洞边的最小距离	1.0	1.0	1.2	1.5
非承重外墙尽端至门窗洞边的最小距离	1.0	1.0	1.0	1.0
内墙阳角至门窗洞边的最小距离	1.0	1.0	1.5	2.0
无锚固女儿墙（非出入口处）的最大高度	0.5	0.5	0.5	0.0

实际设计中，外墙尽端至门窗洞边的最小距离，往往不能满足要求，此时可采用加强的构造柱或增加水平配筋措施，以适当放宽限制。但并非有局部尺寸要求处就可以用构造柱来代替，若采用加大的构造柱来代替必要的墙段，就会使砌体结构改变其结构体系，这对房屋抗震是不利的。

关于在纵横墙交接处附近开洞的问题，在规范 6.1.8 条 5 款规定了框架—抗震墙结构中抗震墙上开洞的洞边距端柱不宜小于 300mm，而砖墙的抗震性能不如钢筋混凝土抗震墙，其要求应严于抗震墙，在纵横墙交接处附近开洞，洞口边缘距交接处墙边的最小距离应大于 300mm，以保证交接处的整体性。

7. 房屋结构体系要合理

多层砌体房屋的合理抗震结构体系，对于提高其整体抗震能力是非常重要的，是抗震设计应考虑的关键问题，规范 7.1.7 条是对规范第三章关于建筑结构规则布置的补充。

（1）应优先采用横墙承重或纵横墙共同承重的结构体系

纵墙承重的砌体结构，由于楼板的侧边一般不嵌入横墙内而横向支撑少，横向地震作用有很少部分通过板的侧边直接传至横墙，而大部要通过纵墙经由纵横墙交接面传至横墙。因而，地震时外纵墙因板与墙体的拉结不良易受弯曲破坏而向外倒塌，楼板也随之坠落。横墙由于为非承重墙，受剪承载能力降低，其破坏程度也比较重。

地震震害经验表明，由于横墙开洞少，又有纵墙作为侧向支承，所以横墙承重的多层砌体结构具有较好的传递地震作用的能力。

纵横墙共同承重的多层砌体房屋可分为两种，一种是采用现浇板，另一种为采用预制短向板的大房间。纵横墙共同承重的房屋既能比较直接地传递横向地震作用，也能直接或通过纵横墙的联结传递纵向地震作用。

因此，从合理的地震作用传递途径来看，应优先采用横墙承重或纵横墙共同承重的结构体系。

（2）纵横墙的布置宜均匀对称，沿平面内宜对齐，沿竖向应上下连续，同一轴线上的窗间墙宽度宜均匀

前面已经指出，多层砌体房屋的平、立面布置应规则对称，最好为矩形，这样可避免水平地震作用下的扭转影响。然而对于避免水平地震作用下的扭转仅房屋平面布置规则还是不够的，还应做到纵横墙的布置均匀对称。纵横墙布置均匀对称，可使各墙垛受力基本相同，避免薄弱部分的破坏。从房屋纵横墙的对称要求来看，大房间宜布置在房屋的中部，而不宜布置在端头。

砖墙沿平面内对齐、贯通，能减少砖墙、楼板等受力构件的中间传力环节，使震害部位减少，震害程度减轻；同时，由于地震作用传力路线简单，中间不间断，构件受力明确，其简化模型的地震作用分析能较好地符合地震作用的实际。

房屋的纵横墙沿竖向上下连续贯通，可使地震作用的传递路线更为直接合理。如果因使用功能不能满足上述要求时，应将大房间布置在顶层。若大房间布置在下层，则相邻上面横墙承担的地震剪力，只有通过大梁、楼板传递至下层两旁的横墙，这就要求楼板有较大的水平刚度。

房屋纵向地震作用分至各纵轴后，其外纵墙的地震作用还要按各窗间的侧移刚度再分配。由于宽的窗间墙的刚度比窄窗间墙的刚度大得多，必然承受较多的地震作用而破坏，而高宽比大于 4 的墙垛因其承载能力更差

而率先破坏，则对于宽窄差异较大的外纵墙，就会造成窗间墙的各个击破，降低外纵墙和房屋纵向的抗震能力。因此，同一轴线的窗间墙宽度宜均匀，尽量做到等宽度。对于一些建筑阳台门和窗之间留一个 240mm 宽的墙垛等做法不利于抗震，宜采取门连窗的做法。

（3）防震缝的设置

大量的震害表明，由于地震作用的复杂性，体型不对称的结构的破坏较体型均匀对称的结构要重一些。但是，由于防震缝在不同程度上影响建筑立面的效果和增加工程造价等，应根据建筑的类型、结构体系和建筑状态以及不同的地震烈度等区别对待。规范的原则规定为：当建筑形状复杂而又不设防震缝时，应选取符合实际的结构计算模型，进行精细抗震分析，估计局部应力和变形集中及扭转影响，判别易损部位并采用加强措施；当设置防震缝时，应将建筑分成规则的结构单元。

规范规定对于多层砌体房屋，具有下列情况之一时宜设置防震缝，缝两侧均应设置墙体：（1）房屋立面高差在 6m 以上；（2）房屋有错层，且楼板高差较大；（3）各部分结构刚度、质量截然不同。实际上，因考虑到防震缝在不同程度上影响建筑的立面效果和增加工程造价等因素，规范对平面布置不甚规则的多层砌体房屋在设置防震缝问题上有所放松，可尽量不设缝，但应对各部分之间加强连接处理。

对于设置抗震缝的多层砌体房屋，缝宽需满足中震情况下各单元不碰撞的要求。当房屋设置永久性缝时，应同时满足伸缩缝、沉降缝和防震缝的最大值要求。

（4）楼梯间不宜设置在房屋的尽端和转角处

楼梯间墙体缺少与各层楼板的侧向支撑，有时还因为楼梯踏步削弱楼梯间的砌体，特别是楼梯间顶层砌体的无支承高度为一层半，在地震中的破坏比较严重，楼梯间设置在房屋尽端或房屋转角部位时，其震害更为加剧。因此，建筑布置时尽量不要将楼梯间设置在尽端和转角处，或对尽端开间采取特殊措施。

（5）烟道、风道、垃圾道等不应削弱墙体

在墙体内设置烟道、风道、垃圾道等洞口，多因开洞减薄了墙体厚度，仅剩 120mm，由于墙体刚度的变化和应力集中，遭遇地震则首先破坏。因此，规范规定烟道、风道、垃圾道等不应削弱墙体；当墙体被削弱时，应对墙体采取水平配筋等加强措施。对附墙烟囱及出屋面烟囱采用竖向配筋。

（6）教学楼、医院等房屋的楼屋盖体系要求

对教学楼、医院等横墙较少砌体房屋、跨度较大的房屋，其楼、屋盖体系宜采用现浇钢筋混凝土楼、屋盖，以加强该类房屋的楼、屋盖的整体性。

（7）钢筋混凝土预制挑檐应加强锚固

由于挑檐为一悬臂构件，在地震中较容易发生破坏。若采用现浇混凝

土和楼面板现浇为一体，其抗震性能较好；对于预制钢筋混凝土挑檐则应加强与圈梁的锚固。

3.2.2　抗震计算要点

1. 水平地震作用的计算

多层砌体房屋水平地震作用的计算可根据房屋的平、立面布置等情况选择采用下列方法：对于平、立面布置规则和结构抗侧力构件在平、立面布置均匀的，可采用底部剪力法；对于立面布置不规则的宜采用振型分解反应谱法，对于平面布置不规则的宜采用考虑水平地震作用扭转影响的振型分解反应谱法。大多数多层砌体房屋水平地震作用的计算采用底部剪力法，下面简要说明其计算应用。

（1）总水平地震作用的标准值

多层砌体房屋的水平地震作用计算可采用底部剪力法，各楼层可仅取一个自由度，水平地震作用影响系数取最大值 $\alpha_{\max}$，总水平地震作用的标准值 F_{Ek} 为：

$$F_{\mathrm{Ek}} = \alpha_{\max} G_{\mathrm{eq}} \tag{3.2-1}$$

$$G_{\mathrm{eq}} = 0.85 \sum G_i \tag{3.2-2}$$

式中：G_{eq}——结构等效总重力荷载；

$\quad\quad G_i$——集中于 i 质点的重力荷载代表值。

（2）水平地震作用沿高度的分布

多层砖房水平地震作用沿高度的分布不考虑顶部附加水平地震作用，对于突出屋面的屋顶间、女儿墙、烟囱等的地震作用效应，宜乘以增大系数 3，此增大部分不往下传递，但与该突出部分相连的构件应予计入。

沿横向或纵向第 i 层的水平地震作用 F_i 为：

$$F_i = \frac{G_i H_i}{\sum\limits_{j=1}^{n} G_j H_j} F_{\mathrm{EK}} \tag{3.2-3}$$

式中：G_i、G_j——集中于质点 i、j 的重力荷载代表值；

$\quad\quad H_i$、H_j——质点 i、j 的计算高度。

各层的水平地震剪力的标准值 $V_{i\mathrm{K}}$ 为：

$$V_{i\mathrm{K}} = \sum_{i=i}^{n} F_i = \left(\sum_{i=i}^{n} G_i H_i \bigg/ \sum_{j=1}^{n} G_j H_j \right) F_{\mathrm{EK}} \tag{3.2-4}$$

2. 楼层地震剪力设计值在各墙段的分配

楼层 i 地震剪力设计值 V_i 为：

$$V_i = \gamma_{\mathrm{Eh}} V_{i\mathrm{K}} = 1.3 V_{i\mathrm{K}} \tag{3.2-5}$$

式中：γ_{Eh}——水平地震作用分项系数。

（1）水平地震剪力在楼层平面内的分配

根据多层砖房楼、屋盖的状况分为三种情况：

① 现浇和装配整体式钢筋混凝土楼、屋盖，按抗震墙的侧移刚度的

比例分配，第 i 层第 j 片抗震墙的地震剪力设计值 V_{ij} 为：

$$V_{ij} = V_i \frac{K_{ij}}{K_i} \qquad (3.2\text{-}6)$$

式中：K_{ij}——第 i 层第 j 片抗震墙的侧移刚度；

K_i——第 i 层抗震墙的侧移刚度。

② 木楼、屋盖的多层砖房，按抗震墙从属面积上重力代表值的比例分配，第 i 层第 j 片抗震墙的地震剪力设计值 V_{ij} 为：

$$V_{ij} = V_i \frac{G_{ij}}{G_i} \qquad (3.2\text{-}7)$$

式中：G_{ij}——第 i 层第 j 片抗震墙从属面积上的重力代表值；

G_i——第 i 层的重力代表值。

需注意的是所谓从属面积乃指对有关抗侧力墙体产生地震剪力的负载面积。

③ 预制钢筋混凝土楼、屋盖按抗震墙侧移刚度比和从属面积上重力代表值的比的平均值来分配，第 i 层第 j 片抗震墙的地震剪力设计值 V_{ij}：

$$V_{ij} = \frac{1}{2}\left(\frac{K_{ij}}{K_i} + \frac{G_{ij}}{G_i}\right)V_i \qquad (3.2\text{-}8)$$

当房屋平面的纵向尺寸较长时，在进行纵向地震剪力设计值的分配时，对于预制钢筋混凝土楼（屋）盖可按刚性楼盖考虑，并可按式（3.2-6）分配地震剪力。

（2）抗震墙的侧移刚度

砌体抗震墙的刚度，按墙段的净高宽比 ρ（$\rho = h/b$，h 为层高，b 为墙长）的大小（对于门窗洞边的小墙段指洞净高与洞侧墙宽之比），分为三种情况：

① $\rho < 1$，只考虑墙体的剪切变形，墙体 j 的抗侧力刚度 K_j 为：

$$K_j = \frac{1}{\dfrac{\xi H}{GA}} = \frac{GA}{1.2H} \qquad (3.2\text{-}9)$$

式中：G——砌体的剪切模量；

H、A——分别为层高和墙体截面面积。

② $1 \leqslant \rho \leqslant 4$ 同时考虑墙体的剪切和弯曲变形，墙体 j 的抗侧力刚度 K_j 为：

$$K_j = \frac{1}{\dfrac{1.2H}{GA} + \dfrac{H^3}{12EI}} \qquad (3.2\text{-}10)$$

取 $G = 0.4E$，则上式为

$$K_j = \frac{GA}{1.2H(1 + H^2/3b^2)} \qquad (3.2\text{-}11)$$

或

$$K_j = \frac{EA}{H(3+H^2/b^2)} \tag{3.2-12}$$

式中：E——砌体的弹性模量。

③ $\rho > 4$，不考虑该墙体的抗侧力刚度。

3. 截面抗震验算

砌体结构截面抗震承载力验算可仅验算横向和纵向墙体中的最不利墙段。所谓最不利墙段，就是因从属面积较大而承担的地震剪力设计值较大或竖向压应力较小的墙段。其验算公式分别为：

(1) 各类砌体沿阶梯形截面破坏的抗剪强度设计值 f_{VE}

$$f_{VE} = \xi_N f_V \tag{3.2-13}$$

式中：f_V——非抗震设计的砌体抗剪强度设计值，应按国家标准《砌体结构设计规范》GB 50003 采用；

ξ_N——砌体强度的正应力系数，按表 3-5 采用。

砌体强度的正应力系数　　　　　　　表 3-5

砌体类别	σ_0/f_V							
	0.0	1.0	3.0	5.0	7.0	10.0	12.0	≥16.0
普通砖、多孔砖	0.80	0.99	1.25	1.47	1.65	1.90	2.05	—
小砌块	—	1.23	1.69	2.15	2.57	3.02	3.32	3.92

注：σ_0为对应于重力荷载代表值的砌体截面平均压应力。

这里需要指出的是，砌体结构受剪承载力的计算，有两种半理论半经验的方法——主拉和剪摩。抗震规范采用砌体强度正应力影响系数的统一表达形式。对于砖砌体，此系数沿用 78 抗震规范的方法，采用在震害统计基础上的主拉应力公式得到，以保持规范的延续性，其正应力影响系数为：

$$\xi_N = \frac{1}{1.2}\sqrt{1+0.45\sigma_0/f_V} \tag{3.2-14}$$

对于混凝土小砌块砌体，采用剪摩公式，根据试验资料，正应力影响系数为：

$$\xi_N = \begin{cases} 1+0.25\sigma_0/f_V & (\sigma_0/f_V \leqslant 5) \\ 2.25+0.17(\sigma_0/f_V-5) & (\sigma_0/f_V > 5) \end{cases}$$

(2) 普通砖和多孔砖墙体的截面抗震受剪承载力验算

其验算公式采用式 (3.2-15)。

$$V \leqslant f_{VE}A/\gamma_{RE} \tag{3.2-15}$$

式中：V——墙体剪力设计值；

A——墙体横截面面积；

γ_{RE}——承载力抗震调整系数，对于两端均有构造柱、芯柱的抗震墙为 0.9，其他抗震墙为 1.0；自承重墙按 0.75 采用。

当按式（3.2-15）验算不满足要求时，可计入设置于墙段中部、截面不小于 240mm×240mm 且间距不大于 4m 的构造柱对受剪承载力的提高作用，按下列简化方法验算：

$$V \leqslant [\eta_c f_{VE}(A-A_c)+\zeta f_t A_c+0.08 f_y A_s]/\gamma_{RE} \qquad (3.2\text{-}16)$$

式中：A_c——中部构造柱的横截面总面积（对于横墙和内纵墙 $A_c>0.15A$ 时，取 $0.15A$；对于外纵墙，$A_c>0.25A$ 时，取 $0.25A$）；

$\quad\quad f_t$——中部构造柱的混凝土轴心抗拉强度设计值；

$\quad\quad A_s$——中部构造柱的纵向钢筋截面总面积（配筋率不小于 0.6%，大于 1.4% 时取 1.4%）；

$\quad\quad f_y$——钢筋抗拉强度设计值；

$\quad\quad \zeta$——中部构造柱参与工作系数，居中设一根时取 0.5，多于一根时取 0.4；

$\quad\quad \eta_c$——墙体约束修正系数，一般情况取 1.0，构造柱间距不大于 2.8m 时取 1.1。

（3）水平配筋普通砖、多孔砖墙体的截面抗震受剪承载力验算

水平配筋普通砖、多孔砖墙体的截面抗震受剪承载力，应按下式验算：

$$V \leqslant \frac{1}{\gamma_{RE}}(f_{VE}A+\zeta_s f_y A_s) \qquad (3.2\text{-}17)$$

式中：A——墙体横截面面积，多空砖取毛截面面积；

$\quad\quad f_V$——钢筋抗拉强度设计值；

$\quad\quad f_y$——层间墙体竖向截面的钢筋总截面面积，其配筋率应不小于 0.07% 且不大于 0.17%；

$\quad\quad A_s$——钢筋参与工作系数，可按表 3-6 采用。

钢筋参与工作系数　　　　　　　　表 3-6

墙体高宽比	0.4	0.6	0.8	1.0	1.2
ξ_s	0.10	0.12	0.14	0.15	0.12

注意：

历次大地震的经验说明，厚度为 0.12m 或 0.18m 的砌体墙，其自身的稳定性、受压能力和受剪能力很差，不能作为抗侧力的抗震墙看待。在规范表 7.1.2 中专门列出了"最小厚度"一栏，小于此厚度的墙体，无论是否有基础，均只能算做非抗震隔墙，计入荷载而不承担地震作用。

在砌体结构中，将抗震承载力验算不满足要求的墙段由砖砌体改为现浇钢筋混凝土墙的做法属于超规范、规程设计。增设现浇钢筋混凝土墙后，结构体系可能改变为不同材料混合承重的结构，混凝土墙和砖墙协同工作的程度受到许多因素的制约，此时需根据结构楼板的刚度、砖墙与混

凝土墙体的连接等情况，确定钢筋混凝土墙参与工作的系数，考虑结构体系改变后地震作用的传递及各墙段的分配情况，进行结构的计算和分析。若无配套的行业或地方标准，应按《建筑工程勘察设计管理条例》中第二十九条的规定要求进行设计审定。

3.2.3 抗震构造要求

多层砌体房屋的抗震构造措施，对于提高房屋的整体抗震性能，做到"大震不倒"有着重要的意义。

1) 钢筋混凝土构造柱的设置

（1）钢筋混凝土构造柱的功能

国内外的模型试验和大量的设置钢筋混凝土构造柱的砖墙墙片试验表明，钢筋混凝土构造柱虽然对于提高砖墙的受剪承载力作用有限，大体提高 10%～30%，但是对墙体的约束和防止墙体开裂后砖的散落能起非常显著的作用。而这种约束作用需要钢筋混凝土构造柱与各层圈梁一起形成，即通过钢筋混凝土构造柱与圈梁把墙体分片包围，能限制开裂后砌体裂缝的延伸和砌体的错位，使砖墙有较大的变形能力和延性，能维持竖向承载能力，并能继续吸收地震的能量，避免墙体倒塌。

（2）钢筋混凝土构造柱的设置部位

钢筋混凝土构造柱的设置部位、截面尺寸和配筋，依烈度、高度和结构类型的不同而异。

① 从钢筋混凝土构造柱设置的部位看，可分为三种：

a. 容易损坏的部位，如在楼、电梯间的四角，楼梯段上下端对应的墙体处、房屋外墙四角以及不规则平面的外墙对应转角（凸角）处、错层部位的横墙与外纵墙交接处、较大洞口的两侧和大房间内外墙交接处，每隔 12m（大致是单元式住宅楼的分隔墙与外墙交接处）或单元横墙与外墙交接处，楼梯间对应的另一侧内横墙与外纵墙交接处。6 度区 4、5 层以下，7 度区 3、4 层以下，8 度区 2、3 层就要按此要求设置钢筋混凝土构造柱。

b. 隔开间设置，这是根据烈度和层数不同区别对待设置钢筋混凝土构造柱的要求。如 6 度 6 层，7 度 5 层，8 度 4 层，9 度 2 层，其钢筋混凝土构造柱的设置除满足①所述必须设置部位外，还要在房屋隔开间的横墙（轴线）与外墙交接处，山墙与内纵墙的交接处设置钢筋混凝土构造柱。

c. 每开间设置，当房屋层数较多时，钢筋混凝土构造柱设置应适当增加，如 6 度 7 层，7 度大于等于 6 层，8 度大于等于 5 层，9 度大于等于 3 层的内墙（轴线）与外墙交接处，内墙局部较小墙垛处，内纵墙与横墙（轴线）交接处均应设置，具体列表 3-7。

砖房构造柱设置要求　　　　　　　　　　　　表 3-7

房　屋　层　数				设置部位	
6 度	7 度	8 度	9 度		
4、5	3、4	2、3		楼、电梯间的四角，楼梯斜梯段上下端对应的墙体处； 外墙四角和对应转角；	每隔 12m 或单元横墙与外纵墙交接处； 楼梯间对应的另一侧内横墙与外纵墙交接处
6	5	4	2	错层部位横墙与外纵墙交接处；	隔开间横墙（轴线）与外墙交接处； 山墙与内纵墙交接处
7	≥6	≥5	≥3	大房间内外墙交接处； 较大洞口两侧	内墙（轴线）与外墙交接处； 内墙的局部较小墙垛处； 内纵墙与横墙（轴线）交接处

一般来说，内墙的较大洞口，是指不小于 2.1m 的洞口，如内横墙在内廊的两侧，内纵墙在楼梯间的两侧。外纵墙的较大洞口，则由设计人员根据开间和门窗尺寸的具体情况确定，避免在一个不大的窗间墙段内设置三根构造柱。

墙垛一般指宽度大于 3 倍厚度的短墙段，规范所说的较小墙垛指宽度在 800mm 左右且高宽比小于 4 的墙肢。对局部小墙垛增设构造柱是为了防止在地震时过早破坏，不能与其他墙体共同工作，从而降低结构的整体抗震能力。

规范 2008 修订增加了楼梯段上下端对应墙体处以及不规则平面的外墙对应转角（凸角）处设置构造柱的要求。楼梯段上下端对应墙体处增加四根构造柱，与在楼梯间四角设置的构造柱合计有 8 根构造柱，再与7.3.8 条规定楼层半高的钢筋混凝土带等可构成应急疏散安全岛。

② 对于外廊式、单面走廊式的多层砖房，应根据房屋增加一层的层数，按表 3-7 的要求设置钢筋混凝土构造柱，且单面走廊两侧的纵墙均要按外墙的要求设置构造柱。

③ 对于教学楼、医院等横墙较少的多层砖房，应根据房屋增加一层后的层数，按表 3-7 的要求设置钢筋混凝土构造柱；当教学楼、医院等横墙较少的房屋为外廊式或单面走廊式时，应按上一条要求设置构造柱，但6 度不超过 4 层、7 度不超过 3 层和 8 度不超过 2 层时，应按增加 2 层后的层数考虑。

④ 带阁楼的多层砌体房屋设置构造柱时，按阁楼的屋面剖面形式确定。当剖面形式为三角形即檐口处无砖墙时，可根据房屋实际层数按表 3-7 的要求设置构造柱并适当加强；剖面形式为屋形即檐口处有砖墙时，按房屋实际层数增加一层后的层数对待。还应注意，不论是三角形还是屋形，坡屋顶山尖墙部位均需沿山尖墙顶设置卧梁。屋盖处设置圈梁和在山脊处设置构造柱。

（3）钢筋混凝土构造柱应符合的要求

① 多层砖房构造柱的截面与配筋

多层砖房的钢筋混凝土构造柱主要起约束墙体的作用，不依靠其增加墙体的受剪承载力，其截面不必过大、配筋也不必过多，但须与各层纵横墙的圈梁或现浇楼板连接，才能发挥约束作用。规范对钢筋混凝土构造柱截面的最小要求为 240mm×180mm，纵向钢筋宜采用 4Φ12，箍筋间距不宜大于 250mm，且在柱上下端部宜适当加密；6、7 度时超过 6 层，8 度时超过 5 层和 9 度时，构造柱纵向钢筋宜采用 4Φ14，箍筋间距不应大于 200mm；房屋四角的构造柱可适当加大截面及配筋。钢筋的强度等级均应遵守规范 3.9.3 条的要求，宜选用 HRB335 级热轧钢筋。

② 构造柱与墙体的连接

钢筋混凝土构造柱要与砖墙形成整体。构造柱与墙体的连接处应砌成马牙槎，并应沿墙高每隔 500mm 设 2Φ6 拉结钢筋，构造柱间距不大时（4m 左右）宜将构造柱间拉结筋拉通。为保证钢筋混凝土构造柱的施工质量，构造柱须有外露面。一般利用马牙槎外露即可。至于采用大马牙槎好还是小马牙槎好，规范未作规定，主要是两种马牙槎各有利弊。

③ 构造柱与圈梁的连接

钢筋混凝土构造柱应与圈梁连接，构造柱的纵筋应穿过圈梁，保证构造柱纵筋上下贯通。

④ 构造柱的基础

规范规定，构造柱可不单独设基础（但承重独立柱不包括在内），但应伸入室外地面下 500mm，或锚入浅于 500mm 的基础圈梁内，此两条满足其中一条即可。对于有个别地区基础圈梁与防潮层相结合，其圈梁标高已位于 ±0.00 或高出地面，在这种情况下构造柱应符合伸入地面下 500mm 的要求。构造柱的纵筋伸入基础圈梁时应满足锚固长度的要求。

构造柱的一般做法如图 3-20 所示。

2）钢筋混凝土圈梁

（1）钢筋混凝土圈梁的功能

钢筋混凝土圈梁是多层砖房有效的抗震措施之一，钢筋混凝土圈梁有如下功能：

① 增强房屋的整体性，提高房屋的抗震能力。由于圈梁的约束，预制板散开以及砖墙出平面倒塌的危险性大大减小了，使纵、横墙能够保持一个整体的箱形结构，充分地发挥各片砖墙在平面内的抗剪承载力。

② 作为楼盖的边缘构件，提高了楼盖的水平刚度，使局部地震作用能够分配给较多的砖墙来承担，也减轻了大房间纵、横墙平面外破坏的危险性。

③ 圈梁还能限制墙体斜裂缝的开展和延伸，使砖墙裂缝仅在两道圈梁之间的墙段内发生，斜裂缝的水平夹角减小，砖墙抗剪承载力得以充分

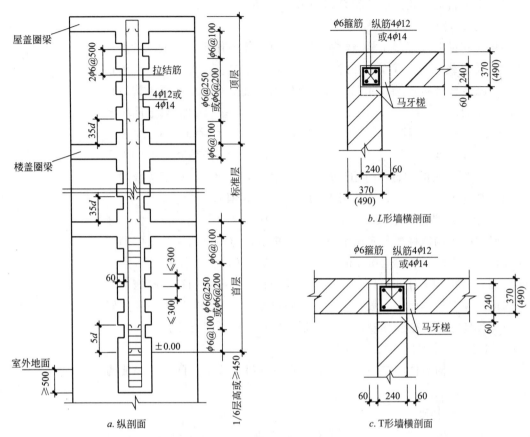

图 3-20　构造柱的一般做法

地发挥和提高。从一座 3 层办公楼的震害中，可以清楚地看出对比状况。该楼采用预制板楼盖，隔层设置圈梁。遭遇 7 度地震后，因为三层楼板处无圈梁，三层砖墙的斜裂缝通过三层楼板与二层砖墙的斜裂缝连通，形成一道贯通二、三层砖墙的 X 形裂缝。裂缝的竖缝宽度达 30mm。底层砖墙的斜裂缝，因为二层楼板处有圈梁，被限制在底层，裂缝的走向比较平缓（图 3-21）。

④ 可以减轻地震时地基不均匀沉陷对房屋的影响。各层圈梁，特别是屋盖处和基础处的圈梁，能提高房屋的竖向刚度和抗御不均匀沉降的能力。

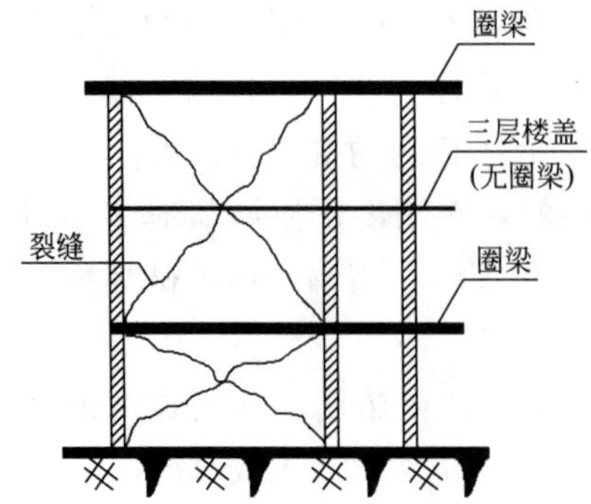

（2）钢筋混凝土圈梁的设置要求

对于装配式钢筋混凝土楼、屋盖或木屋盖的砖房，为了较好地发挥钢筋混凝土圈梁与钢筋混凝土构造柱一起约束脆性墙体的作用，现行规范较以前各版规范的要求要高一些，即 6、

图 3-21
圈梁对横墙上裂缝开展和走向的影响

7 度区要求每层均设置钢筋混凝土圈梁。其具体要求为：横墙承重的多层砖房中的外墙和内纵墙的屋盖及每层楼盖处均布置，对于屋盖处的内横墙的圈梁间距不应大于 4.5m，而在 8、9 度时要在所有横墙均设置圈梁，且 8 度时其间距不应大于 4.5m，9 度时不应大于 4.0m（结合抗震横墙间距要求）；楼盖处内横墙的圈梁间距，在 6、7 度时不应大于 7.2m，8、9 度时与屋盖处要求相同；对于内横墙圈梁的设计还特别强调设置在钢筋混凝土构造柱对应部位。表 3-8 列出了砖房现浇钢筋混凝土圈梁的设计要求。纵墙承重的多层砖房中圈梁沿抗震横墙上的间距应比横墙承重多层砖房中的圈梁间距适当加密。

现浇或装配整体式钢筋混凝土楼、屋盖与墙体可靠连接的房屋可不另设圈梁，但楼板沿墙体周边应加强配筋并应与相应构造柱钢筋可靠连接，楼板内须有足够的钢筋（沿墙体周边加强配筋）伸入构造柱内并满足锚固要求。

砖房现浇钢筋混凝土圈梁的设置要求　　　　　　表 3-8

墙　类	烈　　　　度		
	6、7	8	9
外墙和内纵墙	屋盖处及每层楼盖处	屋盖处及每层楼盖处	屋盖处及每层楼盖处
内横墙	同上； 屋盖处间距不应大于 4.5m； 楼盖处间距不应大于 7.2m； 构造柱对应部位	同上； 各层所有横墙，且间距不应大于 4.5m； 构造柱对应部位	同上； 各层所有横墙

（3）钢筋混凝土圈梁构造要求

① 钢筋混凝土圈梁应闭合，遇有洞口应上下搭接。圈梁宜与预制板设在同一标高处或紧靠板底。

② 圈梁在按规范 7.3.3 条要求的间距内无内横墙时，应利用梁或板缝中配筋替代圈梁。

③ 圈梁的截面高度不应小于 120mm，箍筋可采用 Φ6，纵筋的数量和直径和箍筋的间距要求见表 3-9。当在要求间距无横墙时，应利用梁或板缝中配筋替代圈梁。

当多层砌体房屋的地基为软弱黏性土、液化土、新近填土或严重不均匀，且基础圈梁作为减少地基不均匀沉降影响的措施时，基础圈梁的高度不应小于 180mm，配筋不应小于 4Φ12。

圈梁配筋要求　　　　　　表 3-9

配　　筋	烈　　　　度		
	6、7	8	9
最小纵筋	4Φ10	4Φ12	4Φ14
最大箍筋间距（mm）	250	200	150

④ 钢筋混凝土圈梁与预制板的相对位置

圈梁宜与预制板设在同一标高处或紧靠板底，按其预制板的相对位置又可分为板侧圈梁、板底圈梁和混合圈梁三种。三种圈梁各有利弊，也各有适用范围，应视预制板的端头构造，砖墙的厚度和施工程序而定。在施工中，现较多采用硬架支模的工艺，可以减少圈梁施工误差引起板底座浆找平等问题，同时连接可靠，加强了结构的整体性。

a. 板侧圈梁　一般来说，圈梁设在板的侧边（图 3-22），整体性更强一些，抗震作用会更好一些，且方便施工，可以缩短工期。但要求搁置预制板的外墙厚度不小于 370mm，板端最好伸出钢筋，在接头中相互搭接。由于先搁板，后浇圈梁，对于短向板房屋，外纵墙上圈梁与板的侧边结合较好。

b. 板底圈梁　是传统做法。圈梁设在板底（图 3-23），适用于各种墙厚和各种预制板构造。

c. 混合圈梁　是板底圈梁的一种改进做法。内墙上，圈梁设在板底；外墙上，圈梁设在板的侧边（图 3-24）。

a. 板端结点　　b. 中间结点　　c. 板侧结点

图 3-22　板侧圈梁

图 3-23　板底圈梁

a. 370墙体板端结点　　b. 240墙体板端结点　　c. 中间结点

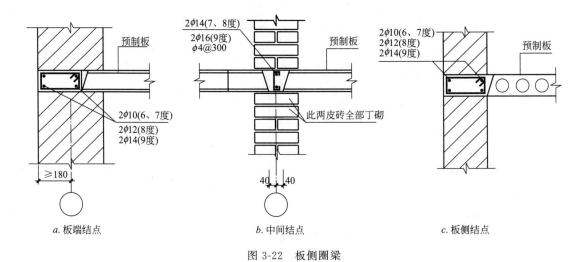

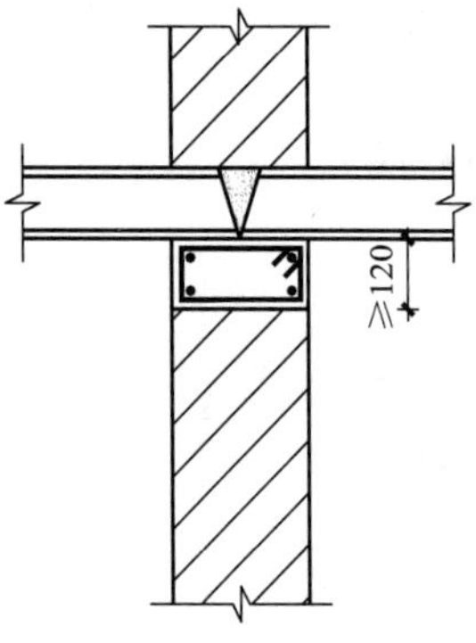

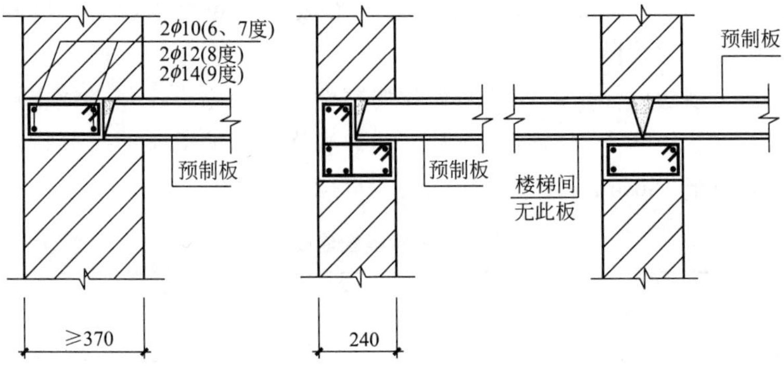

图 3-24　混合高低圈梁

3）楼盖、屋盖

楼盖、屋盖是房屋的重要横隔，除了保证本身刚度和整体性外，必须与墙体有足够支承长度或可靠的拉结，才能正常传递地震作用和保证房屋的整体性。

（1）现浇钢筋混凝土楼板或屋面板伸进纵、横墙的长度均不应小于120mm。

（2）装配式钢筋混凝土楼板或屋面板，当圈梁未设在板的同一标高时，板端伸入外墙的长度不应小于120mm，伸进内墙的长度不应小于100mm或采用硬架支模连接，在梁上不应小于80mm或采用硬架支模连接。

（3）当板的跨度大于4.8m并与外墙平行时，靠外墙的预制板侧应与墙或圈梁拉结。

（4）房屋端部大房间的楼盖，6度时房屋的屋盖和7～9度时房屋的楼盖、屋盖，当圈梁设在板底时，钢筋混凝土预制板应相互拉结，并应与梁、墙或圈梁拉结。

（5）楼盖、屋盖的钢筋混凝土梁或屋架应与墙、柱（包括构造柱）或圈梁可靠连接，不得采用独立砖柱。跨度不小于6m大梁的支承构件应采用组合砌体等加强措施，并满足承载力要求。

（6）坡屋顶与平屋顶相比，震害有明显差别。硬山搁檩的做法不利于抗震。屋架的支撑应保证屋架的纵向稳定。出入口处要加强屋盖构件的连接和锚固，以防脱落伤人。因此，坡屋顶房屋的屋架应与顶层圈梁可靠连接，檩条或屋面板应与墙和屋架可靠连接，房屋出入口处的檐口瓦应与屋面构件锚固。采用硬山搁檩时，顶层内纵墙顶宜增砌支承山墙的踏步式墙垛，并设置构造柱。

（7）预制阳台，6度、7度时应与圈梁和楼板的现浇板带可靠连接，8度、9度时不应采用预制阳台。

4）墙体拉结钢筋

房间开间较大在地震中的破坏程度会加重，因此，对于这些局部部位应加强墙体的连接构造。其具体要求为：

（1）6度、7度时长度大于7.2m的大房间，以及8度、9度时外墙转角及内外墙交接处，应沿墙高每隔500mm配置2Φ6的通长钢筋和$\phi4$分布短筋平面内点焊组成的拉结网片或$\phi4$点焊网片。

（2）后砌的非承重隔墙应沿墙高每隔500～600mm配置2ϕ6拉结钢筋与承重墙或柱拉结，每边伸入墙内不应少于500mm；8度和9度时，长度大于5m的后砌隔墙，墙顶尚应与楼板或梁拉结，独立墙肢端部及大门洞边宜设钢筋混凝土构造柱。

5）楼梯间的构造要求

楼梯间作为地震疏散通道，而且地震时受力比较复杂，容易造成破坏，故规范 2008 年修订时提高了对砌体结构楼梯间的构造要求。

（1）顶层楼梯间墙体应沿墙高每隔 500mm 设 $2\phi6$ 通长钢筋和 $\phi4$ 分布短钢筋平面内点焊组成的拉结网片或 $\phi4$ 点焊网片；7～9 度时其他各层楼梯间墙体应在休息平台或楼层半高处设置 60mm 厚、纵向钢筋不应少于 $2\phi10$ 的钢筋混凝土带或配筋砖带，配筋砖带不少于 3 皮，每皮的配筋不少于 $2\phi6$，砂浆强度等级不应低于 M7.5 且不低于同层墙体的砂浆强度等级。

（2）楼梯间及门厅内墙阳角处的大梁支承长度不应小于 500mm，并应与圈梁连接。

（3）装配式楼梯段应与平台板的梁可靠连接，8 度、9 度时不应采用装配式楼梯段；不应采用墙中悬挑式踏步或踏步竖肋插入墙体的楼梯，不应采用无筋砖砌栏板。

（4）突出屋顶的楼梯间、电梯间，构造柱应伸到顶部，并与顶部圈梁连接，所有墙体应沿墙高每隔 500mm 设 $2\phi6$ 通长钢筋和 $\phi4$ 分布短筋平面内点焊组成的拉结网片或 $\phi4$ 点焊网片。

6）基础

多层砌体结构的基础埋深不同，通长是地下土质不均匀或部分设置地下室等使用功能的要求。震害表明，同一结构单元处于性质不同的地基上，地震时地下的运动状况不同，也容易产生不均匀导致墙体开裂。有地下室部分和无地下室部分的结构反应不同，在交接处同样加重震害。

规范规定同一砌体结构单元的基础宜采用同一类型的基础，地面宜埋置在同一标高。采用天然基础时，基础应逐步放坡；若采用桩基，桩身长度不一致时不宜将承台梁逐步放坡，应将承台及承台梁设置在同一标高，即基础底面保持在同一标高。

7）横墙较少丙类多层砖砌体房屋的加强措施

横墙较少的丙类多层砖砌体房屋总高度和总层数接近表 3-2 规定限值，应采取下列加强措施：

（1）房屋的最大开间尺寸不宜大于 6.6m。

（2）同一结构单元内横墙错位数量不宜超过总墙数的 1/3，且连续错位不宜多于两道，错位的墙体交接处均应增设构造柱，且楼面板、屋面板应采用现浇钢筋混凝土板。

（3）横墙和内纵墙上洞口的宽度不宜大于 1.5m；外纵墙上洞口的宽度不宜大于 2.1m 或开间尺寸的一半；内外墙上洞口位置不应影响外纵墙和横墙的整体连接。

（4）所有纵横墙均应在楼盖、屋盖标高处设置加强的现浇钢筋混凝土圈梁：圈梁的截面高度不宜小于 150mm，上下纵筋各不应少于 $3\varPhi10$，箍筋不小于 $\varPhi6$，间距不大于 300mm。

（5）所有纵横墙交接处及横墙的中部，均应增设满足下列要求的构造柱：在纵、横墙内的柱距不宜大于 3.0m，最小截面尺寸不宜小于 240mm×240mm（墙厚 190mm 时为 240mm×190mm），配筋宜符合表 3-10 的要求。

增设构造柱的纵筋和箍筋设置要求 表 3-10

位置	纵向钢筋			箍筋		
	最大配筋率（%）	最小配筋率（%）	最小直径（mm）	加密区范围（mm）	加密区间距（mm）	最小直径（mm）
角柱	1.8	0.8	14	全高	100	6
边柱	1.8	0.8	14	上端 700 下端 500	100	6
中柱	1.4	0.6	12	上端 700 下端 500	100	6

（6）同一结构单元的楼面板、屋面板应设置在同一标高处。

（7）房屋底层和顶层的窗台标高处，宜设置沿纵横墙通长的水平现浇钢筋混凝土带；其截面高度不小于 60mm，宽度不小于墙厚，纵向钢筋不少于 2φ10，横向分布筋的直径不小于 φ6 且其间距不大于 200mm。

3.3 底部框架—抗震墙砌体房屋抗震设计要点

建筑抗震设计，《抗震规范》提出了"三水准"的抗震设防目标，即"小震不坏、中震可修、大震不倒"。通过采用二阶段设计来实现上述三个水准的抗震设防目标：第一阶段设计是承载力验算，使建筑物既满足在第一水准下具有必要的承载力，又满足第二水准的损坏可修的目标。对大多数的结构，可只进行第一阶段设计，而通过概念设计和抗震构造措施来满足第三水准的设计要求；第二阶段设计是弹塑性变形验算，对地震时易倒塌的结构，有明显薄弱层的不规则结构以及有专门要求的建筑，除进行第一阶段设计外，还要进行结构薄弱部位的弹塑性层间变形验算并采取相应的抗震构造措施，实现第三水准的设防要求。

底部框架—抗震墙砌体房屋属于抗震性能先天不足的竖向不规则结构，除进行第一阶段设计（概念设计、承载力验算、抗震构造措施）外，《抗震规范》规定其尚宜进行第二阶段设计，即"大震"作用下薄弱楼层的弹塑性变形验算，以满足"大震不倒"的设防要求。

3.3.1 抗震设计基本要求

1. 适用范围

底部框架—抗震墙砌体房屋适用于抗震设防烈度为 6 度、7 度和 8 度（0.20g）的地区，不适用于 8 度（0.30g）和 9 度地区；其抗震设防类别适用于标准设防类（丙类），重点设防类（乙类）建筑不应采用此类结构形式。

同时《抗震规范》中明确,此类房屋底部框架—抗震墙结构的层数不得超过两层。

房屋中所采用的砌体类型适用于烧结类砖(包括烧结普通砖、烧结多孔砖)砌体、混凝土砖(包括混凝土普通砖、混凝土多孔砖)砌体和混凝土小型空心砌块(简称小砌块)砌体。常见的烧结普通砖、烧结多孔砖、混凝土普通砖、混凝土多孔砖见图 3-25。采用非黏土的烧结砖、混凝土砖的房屋,块体的材料性能应有可靠的试验数据。烧结类砖还包括烧结页岩砖、烧结煤矸石砖、烧结粉煤灰砖和烧结黏土砖等,烧结多孔砖的孔洞率不大于 35%。混凝土小型空心砌块是指主规格尺寸为 390mm×190mm×190mm、空心率为 50%左右的单排孔混凝土小型空心砌块。砌体块体类型还包括混凝土砖。对于底部框架—抗震墙砌体房屋这类抗震性能相对较弱的结构形式,由于蒸压类砖材料性能相对较差,不适宜采用。

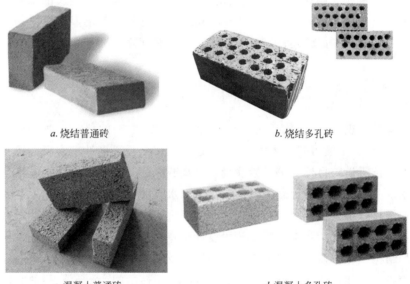

a. 烧结普通砖   b. 烧结多孔砖

图 3-25
常见的砌体块体   c. 混凝土普通砖   d. 混凝土多孔砖

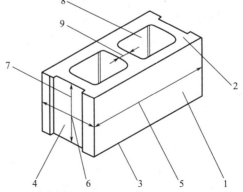

图 3-26
混凝土小型空心
砌块

1—条面;2—坐浆面(肋厚较小的面);3—铺浆面(肋厚较大的面);
4—顶面;5—长度;6—宽度;7—高度;8—壁;9—肋

　　根据习惯做法，底部和上部所采用的砌体形式宜对应。当上部采用砖砌体抗震墙时，底部的约束砌体抗震墙宜对应采用砖砌体；当上部采用小砌块砌体抗震墙时，底部的砌体抗震墙（约束砌体抗震墙或配筋小砌块砌体抗震墙）宜对应采用小砌块砌体。约束砌体抗震墙大体上指由间距接近层高的构造柱与圈梁组成的砌体抗震墙，同时墙中拉结钢筋网片符合相应的构造要求，具体做法可参见后文对应的抗震构造措施部分；配筋小砌块砌休抗震墙的性能及设计方法接近钢筋混凝土抗震墙。

　　2. 房屋层数和总高度、高宽比、层高

　　（1）房屋层数和总高度

　　一般情况下，房屋的层数和总高度不应超过表3-11的规定。上部为横墙较少情况时，底部框架—抗震墙砌体房屋的总高度，应比表中的规定降低3m，层数相应减少1层；上部砌体房屋不应采用横墙很少的结构。横墙较少指同一楼层内开间大于4.2m的房间面积占该层总面积的40％以上，横墙很少指同一楼层内开间不大于4.2m的房间面积占该层总面积不到20％且开间大于4.8m的房间面积占该层总面积的50％以上。

　　6度、7度时，底部框架—抗震墙砌体房屋的上部为横墙较少时，当按规定采取加强措施并满足抗震承载力要求时，房屋的总高度和层数应允许仍按表3-11的规定采用。

底部框架—抗震墙砌体房屋总高度（m）和层数限值　　　　表 3-11

上部砌体抗震墙类别	上部砌体抗震墙最小厚度(mm)	烈度和设计基本地震加速度							
		6		7				8	
		0.05g		0.10g		0.15g		0.20g	
		高度	层数	高度	层数	高度	层数	高度	层数
普通砖多孔砖	240	22	7	22	7	19	6	16	5
多孔砖	190	22	7	19	6	16	5	13	4
小砌块	190	22	7	22	7	19	6	16	5

　　注：1. 房屋的总高度指室外地面到主要屋面板板顶或檐口的高度，半地下室可从地下室室内地面算起，全地下室和嵌固条件好的半地下室应允许从室外地面算起；对带阁楼的坡屋面应算到山尖墙的1/2高度处；

　　　　2. 室内外高差大于0.6m时，房屋总高度应允许比表中数值适当增加，但增加量应少于1.0m。

　　突出屋面的屋顶间、女儿墙、烟囱等出屋面小建筑，可不计入房屋总层数和高度。但坡屋面阁楼层一般仍需计入房屋总层数和高度；对于斜屋面下的"小建筑"是否计入房屋总高度和层数，通常可按实际有效使用面积或重力荷载代表值是否小于顶层总数的30％控制。

　　底部框架—抗震墙砌体房屋底部属于钢筋混凝土结构，其地下室的嵌固条件应符合现行《抗震规范》中对混凝土结构的有关规定。当符合嵌固条件时，地下室的层数可不计入房屋的允许总层数内。对于设置半地下室的底部两层框架—抗震墙砌体房屋，当半地下室不满足嵌固条件要求时，其半地下室楼层和其上部的一层已具有底部两层框架—抗震墙砌体房屋的特点，因此半地下室应计入底部两层的范围，半地下室上部仅允许再设一层框架—抗震墙的楼层。

（2）房屋高宽比

底部框架—抗震墙砌体房屋总高度和总宽度的比值，不应超过表 3-12 的要求。当建筑平面接近正方形时，其高宽比宜适当减小。

底部框架—抗震墙砌体房屋高宽比限值　　　　　　　　　表 3-12

烈度	6	7	8
高宽比限值	2.5	2.5	2.0

同时，房屋总高度与总长度的比值宜小于 1.5。

（3）房屋层高

底部框架—抗震墙砌体房屋底部楼层的层高不应超过 4.5m，当底层框架—抗震墙砌体房屋的底层采用约束砌体抗震墙时，底层层高不应超过 4.2m；上部砌体房屋部分的层高不应超过 3.6m。

当底层框架—抗震墙砌体房屋的底层采用约束砌体抗震墙时，其性能不如钢筋混凝土抗震墙或配筋小砌块砌体抗震墙，底层层高较大会导致底层侧向刚度偏小，底层的层高应有所减小。

3. 结构布置

（1）平、立面布置

① 房屋的平面、竖向布置宜规则、对称。房屋平面突出部分尺寸不宜大于该方向总尺寸的 30%；除顶层或出屋面小建筑外，楼层沿竖向局部收进的水平向尺寸不宜大于相邻下一层该方向总尺寸的 25%。当建筑平面布置复杂，存在严重的凹凸不规则时，可设缝将结构分为相对规则的几个结构单元，缝宽应按防震缝考虑。

② 建筑的质量分布和刚度变化宜均匀。

③ 上部砌体房屋的平面轮廓凹凸尺寸，不应超过基本部分尺寸的 50%；当超过基本部分尺寸的 25% 时，房屋转角处应采取加强措施。

④ 楼板开洞面积不宜大于该层楼面面积的 30%；底部框架—抗震墙部分有效楼板宽度不宜小于该层楼板基本部分宽度的 50%；上部砌体房屋楼板局部大洞口的尺寸不宜超过楼板宽度的 30%，且不应在墙体两侧同时开洞。

⑤ 过渡楼层不应错层，其他楼层不宜错层。当仅有局部错层且局部错层的楼板高差超过 500mm 且不超过层高的 1/4 时，应按两层计算，错层部位的结构构件应采取加强措施；当错层的楼板高差大于层高的 1/4 时，应设置防震缝，缝两侧均应设置对应的结构构件。

（2）对应布置底部、上部楼层的竖向构件

底部框架柱和抗震墙的轴线宜与上部砌体房屋的轴线一致。上部的砌体墙体与底部的框架梁或抗震墙，除楼梯间附近的个别墙段外均应对齐，支承上部砌体承重墙的托墙梁宜为底部框架梁或抗震墙，底部抗震墙应布置在上部砌体结构有砌体抗震墙轴线处。

应尽量使上层承重砌体结构的墙体落在下层框架梁或抗震墙上，若确有困难时，可以部分落在框架次梁上，但数量不能过多，以利于荷载传递。在定量上，应使大部分砌体抗震墙由下部的框架主梁或钢筋混凝土抗震墙支承，每单元砌体抗震墙最多有两道可以不落在框架主梁或钢筋混凝土抗震墙上，而由次梁支托（二次转换）。

当由于使用功能的要求而不可避免地出现上部砌体部分凹凸不规则的情况时，应在局部凹凸部位的墙下设置框架柱，使主要上部砌体抗震墙下均有框架柱落地，尽可能减少竖向抗侧力构件不连续和平面结构体系复杂造成的不利影响。

上部结构在满足抗震验算和抗震措施要求的前提下，可在上部结构中减少无法上下对齐的抗震墙数量，改为由次梁支承的非抗震隔墙。

（3）底部框架—抗震墙结构布置

① 底层或底部两层的纵、横向均应布置为框架—抗震墙体系，避免一个方向为框架、另一个方向为连续梁的体系，同时，也不应设置为半框架体系或山墙和楼梯间轴线为构造柱圈梁约束砖抗震墙的体系。

② 底部不应采用单跨框架。

③ 底部框架的跨度不宜大于 7.5m。

④ 底部应沿纵横两个方向设置一定数量的抗震墙，使底部形成具有两道防线的框架—抗震墙体系。6 度且总层数不超过 4 层的底层框架—抗震墙砌体房屋，应采用钢筋混凝土抗震墙、配筋小砌块砌体抗震墙、嵌砌于框架之间的约束普通砖砌体或小砌块砌体的砌体抗震墙，当采用约束砌体抗震墙时，应计入砌体墙对框架的附加轴力和附加剪力并进行底层的抗震验算，且同一方向不应同时采用钢筋混凝土抗震墙和约束砌体抗震墙；6 度时其余情况及 7 度时应采用钢筋混凝土抗震墙或配筋小砌块砌体抗震墙；8 度时应采用钢筋混凝土抗震墙。

⑤ 抗震墙应基本均匀对称布置，抗震墙宜纵横向相连、布置为 T 形、L 形或 II 形。为了增强钢筋混凝土抗震墙的极限承载力和变形耗能能力、利于墙板的稳定，应把钢筋混凝土墙设置为带边框的墙，同时可保证抗震墙破坏后，周边的梁和边框柱仍能承受竖向荷载；约束砌体抗震墙和配筋小砌块砌体抗震墙墙板应嵌砌于框架平面内。楼梯间宜设置抗震墙，但不宜造成较大的扭转效应。房屋较长时，刚度较大的纵向抗震墙不宜设置在房屋的端开间。底部两层框架—抗震墙结构中的抗震墙应贯通底部两层。

⑥ 底层框架—抗震墙砌体房屋中，钢筋混凝土抗震墙的高宽比宜大

于 1.0；底部两层框架—抗震墙砌体房屋中，钢筋混凝土抗震墙的高宽比宜大于 1.5。当不满足上述高宽比的要求时，宜采取在抗震墙的墙板中开设竖缝或在墙板中设置交叉的钢筋混凝土暗斜撑等措施。当在墙体开设洞口形成若干墙肢时，各墙肢的高宽比不宜小于 2.0。抗震设计中，抗震墙高度指抗震墙底面至过渡楼层楼板面的高度，宽度指抗震墙两侧边间的距离。

⑦ 钢筋混凝土抗震墙洞口边距框架柱边不宜小于 300mm；约束砌体抗震墙和配筋小砌块砌体抗震墙洞口宜沿墙板居中设置；底部两层框架—抗震墙结构中的抗震墙洞口宜上下对齐。

⑧ 底部框架—抗震墙的纵向或横向，可设置一定数量的钢支撑或耗能支撑，部分抗震墙可采用支撑替代。支撑的布置宜均匀对称。在计算楼层侧向刚度时，应计入支撑的刚度。

⑨ 底部框架—抗震墙砌体房屋的底部抗震墙应设置条形基础、筏形基础等整体性好的基础，抗震墙的基础应有良好的整体性和较强的抗转动能力。

⑩ 底部楼梯间布置应符合下列要求：a. 宜采用现浇钢筋混凝土楼梯；b. 楼梯间的布置不应导致结构平面特别不规则；楼梯构件与主体结构整浇时，应计入楼梯构件对地震作用及其效应的影响，并应对楼梯构件进行抗震承载力验算；宜采取构造措施，减少楼梯构件对主体结构刚度的影响；c. 楼梯间两侧填充墙与柱之间应加强拉结。

⑪ 底部砌体隔墙、填充墙布置应均匀，当其布置可能导致短柱或加大扭转效应时，应与框架柱脱开或采取柔性连接等措施。不作为抗震墙的砌体墙，应按填充墙处理，施工时后砌。

（4）上部砌体房屋部分结构布置

上部砌体房屋部分结构布置与多层砌体房屋的要求相同。

① 应优先采用横墙承重或纵横墙共同承重的结构体系，不应采用砌体墙和混凝土墙混合承重的结构体系。

② 纵横向砌体抗震墙的布置宜均匀对称，沿平面内宜对齐，沿竖向应上下连续；且纵横向墙体的数量不宜相差过大；内纵墙不宜错位。

③ 同一轴线上的窗间墙宽度宜均匀，墙面洞口的面积，6 度、7 度时不宜大于墙面总面积的 55%，8 度时不宜大于 50%。同一轴线上的窗间墙，包括与同一直线或弧线上墙段平行错位净距离不超过 2 倍墙厚的墙段上的窗间墙（此时错位处两墙段之间连接墙的厚度不应小于外墙厚度）。

④ 房屋在宽度方向的中部（约 1/3 宽度范围）应设有足够数量的内纵墙，多道内纵墙开洞后的累计长度不宜小于房屋纵向总长度的 60%（高宽比大于 4 的墙段不计入）。

⑤ 楼梯间不宜设置在房屋的尽端或转角处。

⑥ 不应在房屋转角处设置转角窗。

⑦ 上部为横墙较少情况时或跨度较大时，宜采用现浇钢筋混凝土楼盖、屋盖。

4. 抗震横墙间距

底部框架—抗震墙砌体房屋的抗震横墙间距，不应超过表 3-13 的要求。其中，上部砌体房屋部分的横墙间距要求与多层砌体房屋是相同的。

底部框架—抗震墙砌体房屋抗震横墙间距限值（m）　　表 3-13

部　位		烈　度		
		6	7	8
底层或底部两层		18	15	11
上部各层	现浇或装配整体式钢筋混凝土楼盖、屋盖	15	15	11
	装配式钢筋混凝土楼盖、屋盖	11	11	9

注：1. 上部砌体房屋的顶层，最大横墙间距允许适当放宽，但应采取相应加强措施；
　　2. 上部多孔砖抗震墙厚度为 190mm 时，最大横墙间距应比表中数值减少 3m；
　　3. 底部抗震横墙至无抗震横墙的边轴线框架的距离，不应大于表内数值的 1/2。

上部砌体房屋的顶层，当屋面采用现浇钢筋混凝土结构，大房间平面长宽比不大于 2.5 时，最大抗震横墙间距的要求可适当放宽，但不应超过表 3-13 中数值的 1.4 倍及 18m。此时抗震横墙除应满足抗震承载力计算要求外，相应的构造柱应予加强并至少向下延伸一层。

5. 侧向刚度比

底层框架—抗震墙砌体房屋在纵横两个方向，第二层计入构造柱影响的侧向刚度与底层的侧向刚度比值，6 度、7 度时不应大于 2.5，8 度时不应大于 2.0，且均不得小于 1.0。

底部两层框架—抗震墙砌体房屋在纵横两个方向，底层与底部第二层侧向刚度应接近，第三层计入构造柱影响的侧向刚度与底部第二层的侧向刚度比值，6 度、7 度时不应大于 2.0，8 度时不应大于 1.5，且均不得小于 1.0。

需注意，在计算侧向刚度比时，过渡楼层的侧向刚度应考虑构造柱的刚度贡献。

6. 底部框架和抗震墙的抗震等级

底部框架—抗震墙砌体房屋中，底部框架的抗震等级，6 度、7 度、8 度时应分别按三级、二级、一级采用；底部钢筋混凝土抗震墙和配筋小砌块砌体抗震墙的抗震等级，6 度、7 度、8 度时应分别按三级、三级、二级采用，其抗震构造措施按相应抗震等级中一般部位的要求采用（以下将"抗震等级一级、二级、三级"简称为"一级、二级、三级"）。

7. 上部砌体抗震墙墙段的局部尺寸

底部框架—抗震墙砌体房屋中上部砌体抗震墙墙段的局部尺寸，宜符合表 3-14 的要求。

上部砌体墙的局部尺寸限值（m）　　　　　　　　　　　表 3-14

部　位	6 度	7 度	8 度
承重窗间墙最小宽度	1.0	1.0	1.2
承重外墙尽端至门窗洞边的最小距离	1.0	1.0	1.2
非承重外墙尽端至门窗洞边的最小距离	1.0	1.0	1.0
内墙阳角至门洞边的最小距离	1.0	1.0	1.5
无锚固女儿墙（非出入口处）的最大高度	0.5	0.5	0.5

注：1. 局部尺寸不足时，应采取局部加强措施弥补，且最小宽度不宜小于 1/4 层高和表中数据的 80%；

2. 出入口处的女儿墙应有锚固。

上部砌体抗震墙墙段局部尺寸的要求与多层砌体房屋是相同的。对于上部砌体房屋的局部尺寸控制是为了防止在该方向水平地震作用下因墙体的侧向刚度和破坏状态的差异而导致各个击破的破坏，防止出现相关局部部位失效而造成整体结构的破坏。个别或少数墙段不满足时可采取如增设构造柱等加强措施，但尺寸不足的小墙段应满足最小限值的要求。

外墙尽端指建筑物平面凸角处（不包括外墙总长的中部局部凸折处）的外墙端头，以及建筑物平面凹角处（不包括外墙总长的中部局部凹折处）未与内墙相连的外墙端头。

8. 结构材料性能指标

底部框架—抗震墙砌体房屋的结构材料性能指标，应符合下列最低要求：

（1）普通砖和多孔砖的强度等级不应低于 MU10；其砌筑砂浆强度等级，过渡楼层及底层约束砌体抗震墙不应低于 M10，其他部位不应低于 M5。

（2）小砌块的强度等级，过渡楼层及底层约束砌体抗震墙不应低于 MU10，其他部位不应低于 MU7.5；其砌筑砂浆强度等级，过渡楼层及底层约束砌体抗震墙不应低于 Mb10，其他部位不应低于 Mb7.5。

（3）混凝土的强度等级，框架柱、梁、节点核心区及钢筋混凝土抗震墙不应低于 C30，构造柱、圈梁及其他各类构件不应低于 C20，小砌块砌体抗震墙的芯柱及配筋小砌块砌体抗震墙的灌孔混凝土不应低于 Cb20。

（4）框架和斜撑构件（含楼梯踏步段），其纵向受力钢筋采用普通钢筋时，钢筋的抗拉强度实测值与屈服强度实测值的比值不应小于 1.25；钢筋的屈服强度实测值与屈服强度标准值的比值不应大于 1.3，且钢筋在最大拉力下的总伸长率实测值不应小于 9%。

（5）普通钢筋宜优先采用延性、韧性和可焊性较好的钢筋。普通钢筋的强度等级，纵向受力筋宜选用符合抗震性能指标的不低于 HRB400 级的钢筋，也可采用符合抗震性能指标的 HRB335 级钢筋；箍筋宜选用符合抗震性能指标的不低于 HRB335 级的钢筋，也可选用 HPB300 级钢筋。

9. 防震缝

对于多层砌体房屋，有下列情况之一时宜设置防震缝，缝两侧均应设置墙体，缝宽应根据烈度和房屋高度确定，可采用 70～100mm：①房屋立面高差在 6m 以上；②房屋有错层，且楼板高差大于层高的 1/4；③各部分结构刚度、质量截然不同。

底部框架—抗震墙砌体房屋的防震缝设置要求，基本上与多层砌体结构是相同的。但注意该类房屋由于底部的侧向刚度相对多层砌体房屋要小，底部层间位移相对增大，使得房屋的整体水平位移相应增大，防震缝的宽度应比多层砌体房屋适当加大。

3.3.2 计算要点

近十多年来，虽然积累了许多试验和分析计算研究成果、实际工程经验，对这类结构有进一步的认识，但其抗震计算上总体上仍需持谨慎的态度。

1. 抗震验算基本要求

（1）6 度、7 度和 8 度时，底部框架—抗震墙砌体房屋均应进行多遇地震作用下的截面抗震验算。底部框架—抗震墙砌体房屋的底部和上部由两种不同的结构形式构成，结构体系上属于竖向不规则，故 6 度时也应进行多遇地震作用下的截面抗震验算。

（2）为了避免结构出现特别薄弱的楼层，同时改善结构的均匀性，使房屋具有在"大震"作用下抗倒塌的能力，7 度（0.15g）和 8 度（0.20g）时，底部框架—抗震墙砌体房屋应进行罕遇地震作用下结构薄弱楼层的判别，且宜进行罕遇地震作用下结构薄弱楼层的弹塑性变形验算。

2. 水平地震作用计算

对于平、立面布置规则，质量和刚度在平、立面分布比较均匀的结构，可采用底部剪力法等简化方法计算；其余情况宜采用振型分解反应谱法计算。

采用底部剪力法时，突出屋面的屋顶间、女儿墙、烟囱等的地震作用效应，宜乘以增大系数 3，此增大部分不应往下传递，但与该突出部分相连的构件应予以计入；采用振型分解法时，突出屋面部分可作为一个质点。突出屋面的小建筑，一般按其重力荷载小于标准层 1/3 来控制。

底部框架—抗震墙砌体房屋的动力特性类似多层砌体房屋，周期短。在采用振型分解反应谱法计算水平地震作用时，应考虑底部框架填充墙的刚度贡献、做适当调整，以保证对应的地震影响系数能够达到 $\alpha_{\max}$ 为宜。

3. 楼梯间的影响

楼梯间受力情况比较复杂，楼梯的踏步板等构件具有斜撑的受力状态，对结构的刚度有较为明显的影响。故在结构计算时应将楼梯构件（踏步板、踏步板边梁、休息平台梁板、小梯柱等）加入计算模型进行整体计算，计入其对整体结构及其相邻结构构件的影响。同时对楼梯构件本身应进行抗震承载力验算，应按加入楼梯构件后的整体计算模型考虑其地震作用效应。

4. 地震作用效应调整

为减少底部的薄弱程度，《抗震规范》规定：底层框架—抗震墙砌体房屋的底层纵向与横向地震剪力设计值，和底部两层框架—抗震墙砌体房屋的底层和第二层的纵向与横向地震剪力设计值，均应乘以增大系数，其值可根据侧向刚度比值在 1.2~1.5 范围内选用。

调整的具体方法为：按过渡楼层与其下层侧向刚度的比例相应地增大底部的地震剪力，比例越大，增加越多。可采用线性插值法进行计算。

5. 底部框架—抗震墙部分地震剪力的分配

水平地震剪力要根据对应的框架—抗震墙结构中各构件的侧向刚度比例，并考虑塑性内力重分布来分配，使其符合多道防线的设计原则。

（1）抗震墙

底部框架—抗震墙侧向刚度中，钢筋混凝土框架占有一定的比例。从底部两道防线的设计原则考虑，抗震墙作为第一道防线，底部的横向和纵向地震剪力设计值应全部由该方向的抗震墙承担。地震剪力按各抗震墙的侧向刚度比例进行分配。

（2）框架

在地震作用下，底部抗震墙开裂，抗震墙开裂后将产生塑性内力重分布。底部框架作为第二道防线，其抗震性能如何，对底部框架—抗震墙砌体房屋的整体抗震能力起着很重要的作用。因此，底部框架承担的地震剪力设计值，可按底部框架和抗震墙的有效侧向刚度比例进行分配。

有效侧向刚度的取值，框架刚度不折减，钢筋混凝土抗震墙或配筋小砌块砌体抗震墙可乘以折减系数 0.3，约束普通砖砌体或小砌块砌体抗震墙可乘以折减系数 0.2。

当抗震墙之间楼盖长宽比大于 2.5 时，框架柱各轴线承担的地震剪力和轴向力，尚应计入楼盖平面内变形的影响。

6. 底部地震倾覆力矩的分配

在建筑抗震设计规范中，对多层砌体房屋一般不考虑地震倾覆力矩对墙体受剪承载力的影响。所以在多层砌体房屋的地震作用计算和抗震验算中，不计算地震倾覆力矩，但要按不同基本烈度的抗震设防控制房屋的高宽比。在多层和高层钢筋混凝土房屋地震作用的分析中，则要考虑地震倾覆力矩对构件的影响。而对于底部框架—抗震墙砌体房屋，其底部和上部是由两种不同的承重和抗侧力体系构成，因此对这类房屋，应考虑地震倾覆力矩对底部框架—抗震墙结构构件的影响。

作用于房屋过渡层及以上的各楼层水平地震力对底层或底部两层产生的倾覆力矩所引起构件变形的性质与水平剪力不同，将使底部抗震墙产生附加弯矩，并使底部框架柱产生附加轴力。在确定底部框架的地震作用效应时，应计入地震倾覆力矩对底部抗震墙产生的附加弯矩和对底部框架柱产生的附加轴力。

在旧的《建筑抗震设计规范》GBJ 11—89 中，底层框架砖房地震倾覆力矩的分配，是按照底层抗震墙和框架的转动刚度的比例进行分配。计算时多采用假定底层顶板处弯曲刚度无限大和考虑构件基础转动影响的方法，在实际中得到了应用。由于在抗震设计中，基础截面是根据竖向荷载、地基承载力、基础型式和地震作用影响综合确定的，而且因基础型式的差异，如有无基础系梁等使基础转动计算更加复杂化。因此，考虑基础转动对构件弯曲刚度的贡献在具体操作时有一定的困难。

考虑实际运算的可操作性，现行的《抗震规范》规定，可将地震倾覆力矩在底部框架和抗震墙之间按它们的有效侧向刚度比例进行分配，这是一种近似的分配方法。有效侧向刚度的计算方法同地震剪力分配时的计算方法。

7. 上部砌体部分水平地震剪力的分配

上部砌体部分的楼层水平地震剪力的分配原则同多层砌体房屋，应按以下原则分配：

（1）现浇和装配整体式钢筋混凝土楼盖、屋盖等刚性楼盖、屋盖建筑，宜按各抗侧力构件的等效侧向刚度的比例分配。

（2）普通的预制装配式钢筋混凝土楼盖、屋盖等半刚性建筑，宜按各抗侧力构件的等效侧向刚度的比例和其从属面积上重力荷载代表值比例的平均值分配。

8. 底部约束砌体抗震墙对框架产生的附加轴力和剪力

底层框架—抗震墙砌体房屋中，当底层采用嵌砌于框架之间的约束普通砖或小砌块砌体作为抗震墙时，砌体墙和框架成为组合的抗侧力构件，由砌体抗震墙—周边框架所承担的地震作用，将通过周边框架向下传递，故底层砌体抗震墙周边的框架柱还需考虑墙体引起的附加轴向力和附加剪力（图 3-27 所示）。

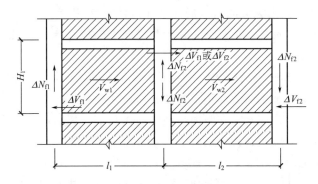

图 3-27
砌体抗震墙引起框架柱的附加轴向力和附加剪力

嵌砌于框架之间的砌体抗震墙及两端框架柱，在计算其抗震受剪承载力时，需按组合构件进行抗震分析。

9. 底部框架托墙梁计算

底部框架托墙梁的受力状态是非常复杂的。

通过空间有限元分析方法对该项内容进行的大量计算分析工作，文献[22]总结了底部框架—抗震墙砌体房屋底部框架托墙梁承担竖向荷载的特点和规律。

分析表明，底层框架—抗震墙砌体房屋第一层的框架托墙梁和底部两层框架—抗震墙砌体房屋第二层的框架托墙梁承担竖向荷载的特点和规律是相同的。在不考虑上部墙体开裂的前提下，底部框架—抗震墙砌体房屋的上部砌体墙未开洞或仅在跨中开一个洞口时，对于其下部框架托墙梁的墙梁作用是较为明显的。

（1）影响底部框架托墙梁承担竖向荷载的主要因素

① 上部砌体部分墙上开洞情况（如跨中开门洞和跨端开门洞等）。

② 上部砌体部分墙中构造柱、圈梁设置情况（如内纵墙与横墙交接处设置构造柱的不同情况及圈梁的截面尺寸等）。

③ 上部砌体部分层数。

④ 底部框架跨数。

（2）底部框架托墙梁受力的主要规律

① 底部框架跨数不同时，框架托墙梁承担竖向荷载的规律是相似的。

② 影响框架托墙梁承担竖向荷载的主要因素是上部墙体开门洞的位置，其最不利位置是门洞在跨端。

③ 在过渡层内纵墙和横墙交接处设置钢筋混凝土构造柱，上部砌体各层每层均设置圈梁，有助于发挥砌体墙起拱的作用，特别是考虑墙体开裂后更是如此。

④ 上部砌体部分层数增多，则墙体与梁的组合作用更明显一些。

⑤ 对于底部框架为大开间时（局部抽柱），空间有限元分析能较好地模拟墙梁作用的空间影响。当过渡楼层楼板为现浇钢筋混凝土板时，其横向框架主梁承担的竖向荷载明显增多，而次梁承担的竖向荷载明显减少。

⑥ 底部框架为大开间时（局部抽柱），纵向框支墙梁除承受纵向平面内的墙体自重以及楼盖荷载外，还承受横向次梁托墙传来的集中荷载，其受力比较复杂。

⑦ 在水平和竖向荷载共同作用下，由于上部砌体墙受拉侧开裂较早，可忽略托墙梁在水平荷载作用下的墙梁作用。托墙梁的组合作用是对承担竖向荷载而言的，在水平和竖向荷载共同作用下，托墙梁的内力实际上是竖向荷载效应下墙梁组合作用效应与水平荷载作用效应的组合。

（3）底部框架托墙梁内力计算的基本原则

在静力设计时，两端有框架柱落地的托墙梁及其上部的砌体墙可作为墙梁进行计算。抗震设计时，考虑到实际地震作用与试验室条件的差异，"大震"时梁上墙体严重开裂，若拉结不良则平面外倒塌，震害十分严重，托墙梁与非抗震的墙梁受力状态有所差异，当按静力的方法考虑有框架柱落地的托梁与上部墙体组合作用时，若计算系数不变会导致不安全，需要依据开裂的程度调整计算参数。

作为简化计算，偏于安全，在托墙梁上部各层墙体不开洞和跨中 1/3 范围内开一个洞口的情况，也可采用折减荷载的方法：托墙梁弯矩计算，由重力荷载代表值产生的弯矩，托墙梁上部楼层四层以下全部计入组合，四层以上可有所折减，取不小于四层的数值计入组合；托墙梁剪力计算，由重力荷载代表值产生的剪力不折减。

此外，对于框架柱的轴向力应对应于上部的全部竖向荷载；对于与钢筋混凝土墙连接的托墙梁，应按框架—抗震墙的连梁计算其内力。

（4）次梁转换计算的基本原则

① 其计算模型为两端弹性支承，不同于主梁。如何考虑上部墙体与托梁的共同工作，目前《抗震规范》没有明确规定，应根据实际情况确定。

② 托墙的次梁应按《抗震规范》的要求考虑地震作用的计算和内力调整。

③ 次梁的竖向力和弯矩应作为主梁的集中力和集中扭矩，并应传递到主梁两端的竖向支承构件，形成附加的地震作用效应。这个传递过程要有明确的地震作用传递途径。

④ 主梁两端的竖向支承构件，应考虑主梁平面外的附加内力，构造上也应相应加强。

10. 截面抗震验算

（1）底部框架—抗震墙内力调整

为使底部框架—抗震墙砌体房屋的底部框架—抗震墙具有较合理的地震破坏机制，按弹性分析得到的组合内力设计值，应进行适当的调整。

针对底部框架—抗震墙部分，6 度、7 度、8 度时底部框架的抗震等级分别为三级、二级、一级，底部钢筋混凝土抗震墙和配筋小砌块砌体抗震墙的抗震等级分别为三级、三级、二级，应按照《抗震规范》第 6 章的有关要求进行内力调整。需进行内力调整的主要内容有：

① 底部两层框架—抗震墙砌体房屋的底层，框架梁柱节点处柱端弯矩；

② 底部框架柱的最上端和最下端弯矩；

③ 框架梁端、框架柱端、钢筋混凝土抗震墙和配筋小砌块砌体抗震墙连梁梁端的剪力；

④ 框架角柱柱端弯矩、剪力。

（2）截面抗震验算

底部框架—抗震墙砌体房屋的构件截面抗震验算，构件可分为底部钢筋混凝土构件（框架柱、框架梁和钢筋混凝土抗震墙）和上部砌体抗震墙构件两大类。底部钢筋混凝土构件的验算方法与钢筋混凝土结构构件验算方法相同，上部砌体砌体抗震墙构件的验算方法与多层砌体结构构件验算方法相同。

3.3.3　抗震构造措施

历次大地震的经验表明，同样或相近的建筑，建造于Ⅰ类场地时震害较轻，建造于Ⅲ类、Ⅳ类场地震害较重。

建筑场地为Ⅰ类时，底部框架—抗震墙砌体房屋允许按本地区抗震设防烈度降低一度的要求采取抗震构造措施，但抗震设防烈度为 6 度时仍应按本地区抗震设防烈度的要求采取抗震构造措施；建筑场地为Ⅲ类、Ⅳ类时，对设计基本地震加速度为 0.15g 的地区，宜按抗震设防烈度 8 度（0.20g）时的要求采取抗震构造措施。

抗震构造措施不同于抗震措施。对Ⅰ类场地，仅降低抗震构造措施，不降低抗震措施中的其他要求，如按概念设计要求的内力调整措施等；对Ⅲ类、Ⅳ类场地，仅提高抗震构造措施，不提高抗震措施中的其他要求，如按概念设计要求的内力调整措施等。

总体上看，底部框架—抗震墙砌体房屋比钢筋混凝土房屋及多层砌体房屋抗震性能弱，因此构造要求更为严格。

底部框架—抗震墙砌体房屋中，底部框架梁、柱和钢筋混凝土抗震墙的常规构造要求与钢筋混凝土房屋中相应抗震等级的钢筋混凝土框架及抗震墙的构造要求相同，上部砌体部分的常规构造要求与多层砌体房屋的构造要求相同。

此外，还有一些符合这类房屋特点的专门的构造要求，作为加强的抗震构造措施。

底部框架—抗震墙砌体房屋的抗震构造措施，按照承重和抗侧力体系的不同，主要分为底部框架—抗震墙和上部砌体两个部分。

1. 底部框架—抗震墙部分

（1）底部框架柱

① 柱的截面不应小于 400mm×400mm，圆柱直径不应小于 450mm。

② 柱的轴压比，6 度时不宜大于 0.85，7 度时不宜大于 0.75，8 度时不宜大于 0.65。

③ 柱的纵向钢筋最小总配筋率，当钢筋的强度标准值低于 400MPa 时，中柱在 6 度、7 度时不应小于 0.9%，8 度时不应小于 1.1%；边柱、角柱和混凝土抗震墙端柱在 6 度、7 度时不应小于 1.0%，8 度时不应小于 1.2%。

④ 柱的箍筋直径，6 度、7 度时不应小于 8mm，8 度时不应小于 10mm，并应全高加密箍筋，间距不大于 100mm。

（2）底部钢筋混凝土抗震墙

底部钢筋混凝土抗震墙，是底部的主要抗侧力构件，而且易形成低矮抗震墙。为加强其抗震能力，应对其构造上提出具体的要求。

① 底部钢筋混凝土抗震墙的截面尺寸，应符合下列规定：

a. 抗震墙墙板周边应设置由梁（或暗梁）和边框柱（或框架柱）组成的边框。边框梁的截面宽度不宜小于墙板厚度的 1.5 倍，截面高度不宜小于墙板厚度的 2.5 倍；边框柱的截面高度不宜小于墙板厚度的 2 倍，且其截面宜与同层框架柱相同；

b. 抗震墙墙板的厚度不宜小于 160mm，且不应小于墙板净高的 1/20。

② 钢筋混凝土抗震墙的水平和竖向分布钢筋的配筋率，均不应小于 0.30%，钢筋直径不宜小于 10mm，间距不宜大于 250mm，且应采用双排布置；双排分布钢筋间拉筋的间距不应大于 600mm，直径不应小于 6mm；墙体水平和竖向分布钢筋的直径，均不宜大于墙厚的 1/10。

③ 钢筋混凝土抗震墙两端和洞口两侧应设置构造边缘构件（包括暗柱、端柱和翼墙），构造边缘构件的要求同钢筋混凝土房屋中的相关要求。

④ 开竖缝的钢筋混凝土抗震墙，应符合下列规定：

a. 墙体水平钢筋在竖缝处断开，竖缝两侧墙板的高宽比应大于 1.5；

b. 竖缝两侧应设暗柱，暗柱的截面范围为 1.5 倍墙体厚度；暗柱的纵筋不宜少于 $4\phi16$，箍筋可采用 $\phi8$，箍筋间距不宜大于 200mm；

c. 竖缝内可放置两块预制隔板，隔板宽度应与墙体厚度相同；

d. 墙体边框梁，在竖缝对应部位将受到因竖缝作用引起的附加剪力，故箍筋除其他加密要求外，还应在竖缝两侧 1.5 倍的梁高范围内进行加密，其箍筋间距不应大于 100mm。

（3）底部约束砌体抗震墙

6 度设防且总层数不超过四层的底层框架—抗震墙砌体房屋，底层可采用约束砌体抗震墙，其构造要求，应保证确实能加强砌体抗震墙的抗震能力，并在使用中不致随意被拆除或更换。

① 底层采用约束砖砌体抗震墙时，其构造应符合下列要求：

a. 砖墙应嵌砌于框架平面内，厚度不应小于 240mm，砌筑砂浆强度等级不应低于 M10，应先砌墙后浇框架梁柱；

b. 沿框架柱每隔 300mm 配置 $2\phi8$ 水平钢筋和 $\phi4$ 分布短钢筋平面内点焊组成的拉结钢筋网片，并沿砖墙水平通长设置；在墙体半高处尚应设置与框架柱相连的钢筋混凝土水平系梁，系梁截面不应小于 240mm×180mm，纵向钢筋不应少于 $4\phi12$，箍筋直径不应小于 6mm、间距不应大于 200mm；

c. 墙长大于 4m 时和门、窗洞口两侧，应在墙内增设钢筋混凝土构造柱。

② 底层采用约束小砌块砌体抗震墙时，其构造应符合下列要求：

a. 小砌块墙应嵌砌于框架平面内，厚度不应小于 190mm，砌筑砂浆强度等级不应低于 Mb10，应先砌墙后浇框架梁柱；

b. 沿框架柱每隔 400mm 配置 $2\phi8$ 水平钢筋和 $\phi4$ 分布短钢筋平面内点焊组成的拉结钢筋网片，并沿砌块墙水平通长设置；在墙体半高处尚应设置与框架柱相连的钢筋混凝土水平系梁，系梁截面不应小于 190mm×190mm，纵向钢筋不应少于 $4\phi12$，箍筋直径不应小于 6mm、间距不应大于 200mm；

c. 墙体在门、窗洞口两侧应设置芯柱，墙长大于 4m 时，应在墙内增设芯柱；其余位置，宜采用钢筋混凝土构造柱替代芯柱。

（4）底部配筋小砌块砌体抗震墙

底部配筋小砌块砌体抗震墙的抗震构造措施，应符合《抗震规范》附录 F 的有关规定。

（5）底部钢筋混凝土托墙梁

底部框架的托墙梁是重要的受力构件。根据有关试验资料和工程经验，参照钢筋混凝土框支梁的规定，对其构造应作出详细的规定（包括托墙次梁）。

① 因托墙梁承担上部砌体墙的较大竖向荷载且受力复杂，故其截面宽度不应小于 300mm，截面高度不应小于跨度的 1/10。

当上部砌体墙在梁端附近有洞口时，托墙梁的截面高度不宜小于梁跨度的 1/8，且不宜大于梁跨度的 1/6。当梁端受剪承载力不能满足要求时，可采用加腋梁。

② 梁的箍筋直径不应小于 8mm，非加密区间距不应大于 200mm；在梁端 1.5 倍梁高且不小于 1/5 梁净跨范围内，以及上部砌体墙的洞口处和洞口两侧各 500mm 且不小于梁高的范围内，箍筋间距应加密，其间距不应大于 100mm。

③ 在竖向荷载作用下，上部砌体墙作为组合梁的压区参与工作，而托梁承受大部分拉力。故托梁截面的应力分布与一般框架梁有一定的差异，突出特点之一是截面应力分布的中和轴上移。

因此，梁底面的纵向钢筋应通长设置，不得弯起或截断；梁顶面的纵向钢筋不应小于底面纵向钢筋面积的 1/3，且至少有 $2\phi18$ 的通长钢筋。

沿梁高应设腰筋，数量不应少于 $2\phi14$，间距不应大于 200mm。

④ 梁的主筋和腰筋应按受拉钢筋的要求锚固在柱内，且支座上部的纵向钢筋在柱内的锚固长度应符合钢筋混凝土框支梁的有关要求。

（6）过渡楼层的底板

底部框架—抗震墙房屋的底部与上部各层的抗侧力结构体系不同，过渡楼层底板担负着传递上、下层不同间距墙体的水平地震作用和倾覆力矩等的作用，受力较为复杂。

为使该楼盖具有传递水平地震力的刚度，要求其采用现浇钢筋混凝土板。板厚不应小于 120mm（当底部框架榀距大于 3.6m 时，其板厚可采用 140mm）；并应少开洞、开小洞，当洞口边长或直径大于 800mm 时，应采取加强措施，洞口周边应设置边梁，边梁宽度不应小于 2 倍板厚。

2. 上部砌体部分

底部框架—抗震墙房屋上部砌体部分的抗震构造措施与多层砌体房屋相比，其加强措施主要体现在钢筋混凝土构造柱或芯柱的加强、过渡楼层构造措施的加强。

（1）钢筋混凝土构造柱

底部框架—抗震墙砌体房屋属于不规则结构，构造柱的截面和配筋要求应加强。

① 上部砌体部分的钢筋混凝土构造柱的设置部位，应根据房屋的总层数和房屋所在地区的设防烈度，按照相应多层砌体房屋的设置要求进行设置。

② 砖砌体墙中构造柱截面不宜小于 240mm×240mm（墙厚 190mm 时为 240mm×190mm）；

③ 构造柱的纵向钢筋不宜少于 $4\phi14$，箍筋间距不宜大于 200mm；芯柱每孔插筋不应小于 $1\phi14$，芯柱之间应每隔 400mm 设 $\phi4$ 焊接钢筋网片。

④ 构造柱、芯柱应与每层圈梁连接，或与现浇楼板可靠拉接。

（2）过渡楼层

与底部框架—抗震墙相邻的过渡楼层，承担着将水平地震作用传递到落地抗震墙的任务，是刚度变化和应力集中的部位。震害经验、试验和理论分析表明，该层墙体容易受到损害，尤其是位于落地混凝土墙上方的砌体墙破坏较重。为此，过渡楼层的构造措施应加强。

①上部砌体墙的中心线宜与底部的框架梁、抗震墙的中心线相重合；构造柱或芯柱宜与框架柱上下贯通。

② 过渡楼层的构造柱设置，除应符合多层砌体房屋的要求外，尚应在底部框架柱、混凝土墙或配筋小砌块墙、约束砌体墙构造柱所对应处，以及所有横墙（轴线）与内外纵墙交接处设置构造柱，墙体内的构造柱间距不宜大于层高。过渡楼层的芯柱设置，除应符合多层砌体房屋的要求外，最大间距不宜大于 1m。

③ 过渡层构造柱的纵向钢筋 6 度、7 度时不宜少于 $4\phi16$，8 度时不宜少于 $4\phi18$。过渡层芯柱的纵向钢筋，6 度、7 度时不宜少于每孔 $1\phi16$，8 度时不宜少于每孔 $1\phi18$。插筋应锚入下部的框架柱、混凝土墙或配筋小砌块墙、托墙梁内，当插筋锚固在托墙梁内时，托墙梁的相应位置应采取加强措施。

④ 过渡层的砌体墙在窗台标高处，应设置沿纵横墙通长的水平现浇钢筋混凝土带；其截面高度不小于 60mm，宽度不小于墙厚，纵向钢筋不少于 $2\phi10$，横向分布筋的直径不小于 6mm 且其间距不大于 200mm。

此外，砖砌体墙在相邻构造柱间的墙体，应沿墙高每隔 360mm 设置 2ϕ6 通长水平钢筋和 ϕ4 分布短筋平面内点焊组成的拉结网片或 ϕ4 点焊钢筋网片，并锚入构造柱内；小砌块砌体墙芯柱之间沿墙高应每隔 400mm 设置 ϕ4 通长水平点焊钢筋网片。

⑤ 过渡层的砌体墙，凡宽度不小于 1.2m 的门洞和 2.1m 的窗洞，洞口两侧宜增设截面不小于 120mm×240mm（墙厚 190mm 时为 120mm×190mm）的构造柱或单孔芯柱。

⑥ 当过渡层的砌体抗震墙与底部框架梁、墙体不对齐时，应在底部框架内设置托墙转换梁，并且过渡层砖墙或砌块墙应采取比上述第④条更高的加强措施。

3. 楼梯间

（1）底部框架抗震墙部分的楼梯间

① 楼梯间框架柱形成短柱时，其钢筋配置和其他抗震构造措施应符合短柱的相关规定，如箍筋全高加密等。

② 楼梯间的框架填充墙，应采用钢丝网砂浆面层加强。楼梯间填充墙的其他抗震构造措施，尚应符合《抗震规范》中有关钢筋混凝土结构中的砌体填充墙的其他要求。

（2）上部砌体部分的楼梯间

上部砌体部分楼梯间的抗震构造措施同多层砌体房屋楼梯间的要求。

3.3.4　薄弱楼层的判别及薄弱楼层弹塑性变形验算

底部框架—抗震墙砌体房屋的抗震设计，宜使底部框架—抗震墙部分与上部砌体房屋部分的抗震性能均匀匹配，避免出现特别薄弱的楼层和避免薄弱楼层出现在上部砌体房屋部分。

在《抗震规范》中规定底部框架—抗震墙砌体房屋宜进行罕遇地震作用下薄弱楼层的弹塑性变形验算，并给出了底部框架—抗震墙部分的弹塑性层间位移角限值为 1/100。模型试验研究的结果以及实际震害调查结果表明，底部框架—抗震墙砌体房屋的薄弱楼层不一定均在底部，薄弱楼层的位置与底部抗震墙数量的多少以及上部砌体房屋的材料强度等级、抗震墙间距等有关。

砌体房屋的抗震性能，主要是依靠砌体的承载能力和钢筋混凝土构造柱、圈梁对脆性砌体的约束作用以及房屋规则性等来保证。因此，在《抗震规范》中对砌体房屋的抗震设计，采用的是"小震"作用下的构件承载力截面验算和设防烈度下的抗震构造措施。多层砌体房屋变形能力的离散性比较大，墙片的试验还不能完全反应整体房屋的状况，所以在砌体房屋中采用弹塑性变形验算有一定的困难。

由于此类房屋对结构抗震能力沿竖向分布的均匀性要求比一般房屋更加严格，结构薄弱楼层判别的关键在于底部与上部结构抗震能力的匹配关系，因此，不能简单采用多层钢筋混凝土框架房屋判断薄弱楼层的方法。

基于对这类房屋抗震能力分析的研究成果，文献［17、18］对底部框架—抗震墙砌体房屋的竖向均匀性进行了探讨，提出了判断薄弱楼层在底部框架—抗震墙部分还是在上部砌体部分的分析方法，采用 ξ_y（ξ_y 为底层框架—抗震墙砌体房屋的底层层间屈服强度系数，或底部两层框架—抗震墙砌体房屋的底部两层的层间屈服强度系数）和 ξ_R（ξ_R 为上部砌体结构的层间极限剪力系数）两个参数的对比关系来进行判断。

1. 底层框架—抗震墙砌体房屋

底层框架—抗震墙砌体房屋薄弱楼层的判别，可采用下列方法：

（1）当 ξ_y (1) ＜ $0.8\xi_R$ (2) 时，底层为薄弱楼层；

（2）当 ξ_y (1) ＞ $0.9\xi_R$ (2) 时，第二层或上部砌体房屋中的某一楼层为相对薄弱楼层；

（3）当 $0.8\xi_R$ (2) ≤ ξ_y (1) ≤ $0.9\xi_R$ (2) 时，房屋较为均匀。

2. 底部梁层框架—抗震墙砌体房屋

底部两层框架—抗震墙砌体房屋薄弱楼层的判别，可采用下列方法：

（1）结构薄弱楼层处于底部或上部的判别，可按下列情况确定：

① 当 ξ_y (2) ＜ $0.8\xi_R$ (3) 时，薄弱楼层在底部两层中 ξ_y (i) 相对较小的楼层；

② 当 ξ_y (2) ＞ $0.9\xi_R$ (3) 时，第三层或上部砌体房屋中的某一楼层为相对薄弱楼层；

③ 当 $0.8\xi_R$ (3) ≤ ξ_y (2) ≤ $0.9\xi_R$ (3) 时，房屋较为均匀。

（2）薄弱楼层处于底部时尚应判断薄弱楼层处于底层或第二层，可按下列情况确定：

① 当 ξ_y (2) ＜ ξ_y (1) 时，薄弱楼层在第二层；

② 当 ξ_y (2) ＞ ξ_y (1) 时，薄弱楼层在底层。

3.4　空旷房屋设计要点

3.4.1　设防标准

1. 房屋重要性类别

建筑物的使用性质各不相同，地震破坏所造成的后果轻重不一。有些建筑物的破坏仅造成经济上的损失，而某些建筑物的破坏就有可能造成大量人员伤亡，或在政治上造成严重影响。因此，对于各种用途建筑物的抗震设防，不能采取同一标准，应该根据其破坏后果的严重程度加以区别对待。为此，《建筑工程抗震设防分类标准》GB 50223—2008 明确在抗震设计中，将所有的建筑按本标准 3.0.1 条要求综合考虑分析后归纳为四类：需要特殊设防的特殊设防类（甲类）、需要提高设防要求的重点设防类

（乙类）、按标准要求设防的标准设防类（丙类）和允许适度设防的适度设防类（丁类）。

空旷房屋是人们聚集活动的公共场所，一旦遭受地震破坏，就有可能造成大量人员伤亡，后果严重。根据《建筑工程抗震设防分类标准》GB 50223—2008 的建筑分类原则，空旷房屋一般应该属于重点设防类（乙类）建筑。

《建筑工程抗震设防分类标准》GB 50223—2008 关于建筑抗震设防标准有这样的具体规定：对于甲类建筑以外的其他各类建筑，进行抗震计算时，均采取相应于该建筑所在地区设防烈度的小震或大震地震参数，不进行重要性系数的调整；但在抗震构造措施方面，应依其用途的重要性予以区别对待。这是因为大量的地震经验表明，就当今抗震水平而言，根据震害经验总结出来的抗震构造措施，是提高建筑物抗震能力的最有效、最经济的办法。

对于重点设防类（乙类）建筑，《建筑工程抗震设防分类标准》GB 50223—2008 规定：应按高于本地区抗震设防烈度一度的要求加强其抗震措施；但抗震设防烈度为 9 度时应按比 9 度更高的要求采取抗震措施；地基基础的抗震措施，应符合有关规定。同时，应按本地区抗震设防烈度确定其地震作用。空旷房屋属乙类建筑，故应遵守上述规定。

2. 抗震设计水准

（1）规范设计思想

由于地震的随机性和多发性，一幢建筑物在其使用年限内有可能遭遇多次不同烈度的地震。用概率观点来说，遭遇最多的应该是低于所在场地基本烈度的小震，但也不可排除遭遇高于基本烈度的大震的可能。所以，当前一些主要国家的抗震设计规范，均采取多水准设防作为指导思想。

我国抗震规范基本的抗震设防目标是：当遭受低于本地区抗震设防烈度的多遇地震影响时，主体结构不受损坏或不需进行修理可继续使用；当遭受相当于本地区抗震设防烈度的设防地震影响时，可能发生损坏，但经一般性修理仍可继续使用；当遭受高于本地区抗震设防烈度的罕遇地震影响时，不致倒塌或发生危及生命的严重破坏。即小震不坏、中震可修、大震不倒三个水准的设防要求。

使用功能或其他方面有专门要求的建筑，当采用抗震性能化设计时，具有更具体或更高的抗震设防目标。

（2）抗震设计阶段

为了简化工程的抗震设计，抗震规范实际采用的是简化了的两阶段设计。

第一阶段设计：首先按第一水准的地震参数（小震），求出结构在弹性状态下的地震作用效应，然后将它与恒荷载等其他荷载效应组合，并采取经抗震调整系数调整后的构件抗力，进行构件截面的抗震强度验算。对建筑进行的第一阶段设计，保证了第一水准的强度要求和隐含的第二水准变形要求。各类空旷房屋都必须进行此第一阶段的抗震设计。

第二阶段设计：通过验算结构薄弱环节的变形，并采取相应的构造措施，以满足第三水准（大震）的要求。

一般的空旷房屋不需进行此第二阶段的设计，仅对一些大型的或存在薄弱部位的空旷房屋，才需要作此第二阶段抗震设计。

3. 地震动参数

根据两阶段设计概念和弹性反应谱理论，抗震规范对结构第一阶段强度设计和第二阶段变形验算分别给出地震影响系数的具体值（表3-15）。规范中用来表示地震动大小的地震影响系数，在数值上等于地震系数 K 和反应谱形状系数（或称动力系数）β 的乘积。地震系数 K 就是地震时地面运动加速度峰值与重力加速度的比值。根据对我国几十个城镇潜在震源、地震活动性和地震传播规律的研究和概率统计，作为第一阶段设计依据的众值烈度（小震）地震系数，可取工程所在地区设防烈度地震系数的 $1/3$；用于第二阶段设计的大震地震系数，对应于设防烈度的 7 度、8 度、9 度，分别约取众值烈度地震系数的 6、5、4 倍。例如，设防烈度为 7 度时，第一阶段设计用的水平地震影响系数最大值为 $\alpha_{\max} = \frac{1}{3}K\beta = \frac{1}{3} \times 0.125 \times 2.25 \approx 0.08$；第二阶段用的水平地震影响系数最大值为 $\alpha_{\max} = 6 \times 0.08 \approx 0.50$。

两阶段设计的水平地震影响系数最大值 $\alpha_{\max}$　　　　表 3-15

结构类别	抗震设计阶段	抗震验算内容	设 防 烈 度			
			6 度	7 度	8 度	9 度
各类结构	第一阶段	结构弹性强度	0.04	0.08 (0.12)	0.16 (0.24)	0.32
存在薄弱部位的结构	第二阶段	结构弹塑性变形	0.28	0.50 (0.72)	0.90 (1.20)	1.40

注：括号中数值分别用于设计基本地震加速度为 0.15g 和 0.30g 的地区。

3.4.2　概念设计

近几年来，随着地震经验的不断总结和抗震工作的逐步深化，结构的抗震概念设计愈来愈受到人们的普遍重视。

地震是一种随机振动，有着难于把握的不确定性。建筑物的动力反应，同样由于构件轴向变形、P-Δ 效应、非结构性部件的影响、材料特性的时效、地基与结构共同工作、阻尼随变形而变化等难于考虑的因素而变得很复杂，以致人们对地震的破坏作用了解甚浅，抗震设计仍处在低水平，远未达到科学的严密程度。此外，一个国家的抗震设计规范，主要是根据本国的震害经验和研究成果制定的，难免存在着一定的片面性和局限性，同时也不可能概括多种多样建筑物的所有情况，而且规范规定只是对工程设计的最低要求，许多问题需要设计者结合工程具体情况去考虑、去解决。因此，在现阶段，要使建筑物具有尽可能好的抗震性能，首要的应该是从大的方面入手，也就是要做好概念设计。大的方面没有把握好，计算工作再细致，局部构件做得再强，地震时建筑物还有可能发生严重破坏，甚至倒塌。

所谓概念设计，就是在进行结构抗震设计时，要着眼于结构的总体地震反应，按照结构的破坏机制和破坏过程，灵活运用抗震设计准则，全面合理地解决结构设计中的基本问题，既注意总体布置上的大原则，又顾及关键部位的细节，从根本上提高结构的抗震能力。

影剧院建筑的平面布置及空间布局都比较复杂，从我国历次大地震震害调查情况来看，尚未发现由于不设防震缝而造成明显的震害现象。因此，对于舞台为"箱式"或"半岛式"的影剧院建筑，其门厅、观众厅、舞台三个主要建筑部分之间可不设防震缝，且在抗震计算时可以简化为三个独立的结构计算单元。对于舞台为"岛式"的影剧院建筑，在我国尚缺少经验，应进行专门研究。

新建单层空旷房屋大厅屋盖的承重结构，在下列情况下不应采用砖柱：

（1）7度（0.15g）、8度、9度时的大厅。

（2）大厅内设有挑台。

（3）7度（0.10g）时，大厅跨度大于12m或柱顶高度大于6m。

（4）6度时，大厅跨度大于15m或柱顶高度大于8m。

除上述规定者外，可在大厅纵墙屋架支点下增设钢筋混凝土—砖组合壁柱，不得采用无筋砖壁柱。

前厅结构布置应加强横向的侧向刚度，大门处壁柱和前厅内独立柱应采用钢筋混凝土柱。

前厅与大厅、大厅与舞台间轴线上横墙，应符合下列要求：

（1）应在横墙两端，纵向梁支点及大洞口两侧设置钢筋混凝土框架柱或构造柱。

（2）嵌砌在框架柱间的横墙应有部分设计成抗震等级不低于二级的钢筋混凝土抗震墙。

（3）舞台口的柱和梁应采用钢筋混凝土结构，舞台口大梁上承重砌体墙应设置间距不大于4m的立柱和间距不大于3m的圈梁，立柱、圈梁的截面尺寸、配筋及与周围砌体的拉结应符合多层砌体房屋的要求。

（4）9度时，舞台口大梁上的墙体应采用轻质隔墙。

1. 合理的结构总体布置

（1）房屋体形要简单

国内外多次地震经验表明，房屋体形不规则，平面上凸出凹进，立面上高低错落，均不利于抗震，往往造成比较严重的震害。因此，房屋体形要简单，已成抗震设计的基本原则之一。

影剧院等空旷房屋的各个部分，由于功能要求不同，体量大小各异，以致整个房屋平面很难做成矩形，各部分屋盖也难于做成同一高度。不过，确定建筑方案时，还是应该尽可能地将房屋平面和体形做得简单一些。譬如，在满足各项使用功能的前提下，使观众厅与门厅、舞台部分等宽，使观众厅两侧休息廊的屋盖与观众厅柱顶位于同一高度。

（2）结构力求对称

震害调查和理论分析都指出，非对称结构即使在地面平动分量作用下也会发生扭转振动，从而造成比较严重的破坏。所以，整个建筑或其独立单元应力争做到结构对称，质心与刚心重合或偏离甚少。

对于空旷房屋，即使舞台部分与观众厅既不等宽又不等高，也不要为了避免复杂体形，而在舞台与观众厅相接处设置防震缝。宁可采取其他措施来消除或减轻复杂体形所带来的附加震害，因为此处设缝后，观众厅和门厅部分的联合体将会因结构的极不对称而在地震时发生严重的扭转破坏。

（3）强度和刚度应连续均匀变化

近些年来国内外的弹塑性时程分析结果表明，即使是单层结构，其构件的抗推刚度和"屈服强度比"（按构件实际截面和配筋计算出的屈服剪力与该截面地震剪力的比值）沿竖向若有突变，在突变部位会因出现较大的"塑性变形集中"而发生严重破坏甚至倒塌。在确定结构方案时，应该尽量避免这种情况。例如，观众厅两侧休息廊的屋盖，应尽可能与观众厅屋盖在高度上拉平。如果前者略低于后者，休息通廊框架上再伸出小柱来支托观众厅屋架，那么与下面的框架相比较，伸臂小柱抗推刚度和屈服强度比的突然减小会引起地震时的塑形变形集中，从而使小柱因过量变形而破坏，导致观众厅屋盖下塌的严重后果。

2. 多层抗震防线概念的应用

（1）设置多道防线的必要性

一次强烈地震的持续时间，少则几秒，多则几十秒。长时间的地面运动将对建筑物产生多次往复冲击，造成累积式的破坏。如果建筑物仅设置一道抗震防线，该防线一旦破坏，接踵而来的持续的地震动就会造成建筑物的倒塌。如果设置了第二道乃至第三道抗震防线作为后备，就足以抵挡持续地震动的袭击，保证建筑物最低限度的安全。1968年智利地震中，一幢3层教学楼由于在框架间设置了竖向支撑，强烈地面运动使柱间支撑斜杆全部严重弯曲，但破坏轻微的框架保证了房屋的安全。

（2）第一道防线的构件选择

砖墙、框架、抗震墙、竖向支撑、填充墙等构件都可以用来抗御水平地震作用。然而，由于他们在结构中的受力条件不同，地震后果也就不一样。一般情况下，应优先选择不负担重力荷载的竖向支撑或填充墙，或者选用轴压比不太大的抗震墙之类的构件，作为第一道抗震防线的抗侧力构件。不宜采用轴压比很大的框架柱兼做第一道防线的抗侧力构件。因为房屋倒塌的最直接原因，是承重构件竖向承载能力的降低。前一方案中，第一道防线构件若有损坏，并不影响整个结构的竖向承载能力；而后一方案的抗侧力构件万一有损坏，框架柱的竖向承载能力就会大幅度降低，当下降到低于所负担的重力荷载时，就会危及整个结构的安全。

如果因条件所限，框架是整个结构中唯一的抗侧力体系时，就应该采用"强柱弱梁"型延性框架。在水平地震作用下，梁的屈服先于柱的屈服，首先用梁的变形去消耗输入的地震能量，使柱退居到第二道防线的地位。

（3）抗侧力体系中赘余杆件的利用

结构抗震设计的最主要目的是防倒塌。由于建筑物在其使用期内可能遭受的强烈地震动具有很大的不确定性，按预期地震动进行设计的建筑物，遇到更强烈的或者具有不同特性的地震时，就很难避免破坏。为了使结构在出现较重破坏的情况下仍然是一个稳定的结构，不致变成一个机动体系而丧失稳定，比较好的办法是在静定结构之间增设一些赘余杆件，使之连成一个超静定结构。这些杆件与主体结构的线刚度比值应该大于它们之间的屈服强度比值，并通过恰当配筋使其具有极好的延性。遭遇地震时，这些杆件先于主体结构发生屈服，利用它的塑性变形来消耗尽可能多的地震能量。这就是利用非主要杆件的破坏来保护结构中的主要杆件。例如，如图 3-28 所示，将两片或多片单肢抗震墙用水平抗弯梁连成多肢抗震墙，或者用水平梁将抗震墙与同一平面内的框架连为并联体，并事先将早期出现的塑性铰的位置设置在各层连梁的两端（图 3-28a，b）。对于两片以上的竖向支撑，同样可以用水平抗弯钢梁将它们连成并联体（图3-28c），以提高它们的抗震能力。

图 3-28
带赘余杆件的结构并联体

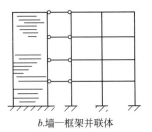
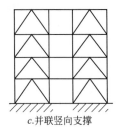

a.多肢抗震墙　　　　　　b.墙—框架并联体　　　　　　c.并联竖向支撑

这种通过对结构动力特性的适当控制，利用超静定结构赘余杆件的耗能和内力重分布，从一种结构体系过渡到仍然稳定的另一种结构体系，是对付高烈度地震的一种经济、有效的新方法，是增多抗震防线的又一有效措施。

3. 恰当的结构选型

（1）合适的结构类别

地震经验表明，就结构材料而言，钢筋混凝土结构的抗震性能优于砖结构；砖结构中，配筋砌体结构优于无筋砌体；配筋砌体中，组合砌体结构又优于在砌体灰缝内直接配置钢筋的做法。就构件形式而言，墙体的抗震性能优于框架或排架；筒体的抗震性能优于单片墙体；空间框架优于平面框架。确定结构方案时，应在满足经济、实用的前提下优先考虑抗震性能较好的结构类别。

（2）超静定次数要多

静定结构的杆件受力系统和传力路线单一，一根杆件破坏后，整个结构就将因传力路线中断而失效。超静定结构在超负荷状态下工作时，破坏首先发生在赘余杆件上，该杆件在出现塑性铰的过程中消耗一部分地震输入能量。其后果仅仅是降低了结构的超静定次数，整个结构仍不失为一个稳定体系，仍然具有较好的抗震能力。结构的超静定次数愈多，消耗的地震输入能量也就愈多，抗震可靠度也就愈高。就平面结构而言，框架的抗震性能优于排架；刚接框架优于半刚接和铰接框架；多肢并联抗震墙优于多片的单肢抗震墙；交叉腹杆（双系）支撑体系优于单腹杆支撑体系；带支撑框架优于单一框架。

（3）耐震的屈服机制

结构的屈服机制可以划分为两个基本类型：楼层机制（S-机制）和总体机制（O-机制）。楼层机制是指结构在侧力作用下，竖构件先于水平构件屈服，导致某一或某几个楼层发生侧向整体屈服（图 3-29a）。"弱柱强梁"型框架属于此一屈服机制。总体机制则是指结构在侧力作用下，全部水平构件先于竖构件屈服，然后才是竖构件底部的屈服（图 3-29b），并联多肢抗震墙和"强柱弱梁"型框架均属此一屈服机制。比较两图可看出：①总体机制的塑性铰数量多于楼层机制；②总体机制结构的层间位移沿竖向分布比较均匀，而楼层机制结构不仅层间位移分布不均匀，而且薄弱楼层处存在着塑性变形集中。所以，不论从超静定次数、结构延性和耗能数量哪个角度来评价，总体屈服机制结构的抗震性能都优于楼层屈服机制结构。

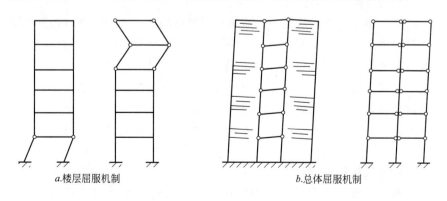

a.楼层屈服机制　　　　　　　　b.总体屈服机制

图 3-29
结构的屈服机制

（4）耗能构件的选定

低周往复荷载下的构件试验结果表明：以弯曲为主的水平构件的屈服

耗能多，滞回环饱满而稳定；以受压为主的竖构件，耗能少，滞回环狭窄。所以，进行结构构件设计时，应选定轴力小的水平构件为耗能构件。要实现这一点，就要使一个结构中竖向构件的"屈服强度比"大于水平构件的"屈服强度比"。

对于支撑体系，要提高其耗能能力，比较简易的办法是采用偏交支撑（图 3-30）来取代常用的杆轴线交于一点的普通支撑，并使其斜杆的轴压强度大于水平杆件的抗弯强度，实现水平杆的弯曲耗能，以取代斜杆的拉、压耗能。

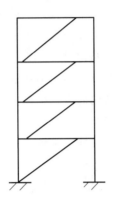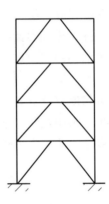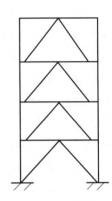

图 3-30
偏交支撑

（5）变形控制

建筑物在地震期间的允许变形，因建筑物等级和使用性质不同而有不同的取值，这就要求采用与之相适应的结构类型。对于一般的空旷房屋，允许层间弹性位移角可达 $1/450 \sim 1/550$，采用框架结构即可满足要求。对于采用高级装修材料的空旷房屋，层间弹性位移角要限制在 $1/800$ 以内，那就需要采取框架—抗震墙结构或框架—支撑结构。7 度时，采用较高强度砌块作隔墙和围护墙的框架—填充墙结构，也能满足上述变形控制要求。

4. 加强结构的整体性

（1）构件间的可靠连接

海城、唐山等多次地震中，造成房屋坍塌的最主要和最直接的原因之一就是构件之间的连接遭到破坏，使结构丧失整体性，在各个构件尚未发挥其抗震能力之前就发生平面外失稳，或从支承构件上滑脱坠地。所以，要提高房屋的抗震性能，保证各个构件强度的充分发挥，首要的是加强构件间的连接，使之能满足传递地震作用时的强度要求，以及适应地震时大变形的延性要求。构件连接不破坏、不失效，整个结构就能始终保持其整体性。

（2）增强房屋的竖向刚度

邢台、海城、唐山等多次地震中，位于软弱地基上的房屋，由于砂土、粉土液化或软土震陷引起的地基不均匀沉陷，而造成房屋严重开裂的事例还是比较多的。所以，建造于软弱地基上的房屋，首先要确定恰当的地基处理措施。当采用天然地基时，所采取的结构方案，应使房屋沿纵横两个方向均具有足够的整体竖向刚度，并使房屋基础具有较强的整体性，以抗御地震时可能发生的地基不均匀沉陷，以及地面裂隙穿过房屋时所造成的危害。

5. 消除或强化薄弱环节

（1）避免出现柔弱楼层

结构的弹塑性时程分析结果指出：多层结构中，若存在"屈服强度比"偏小的柔弱楼层，地震时该楼层就会出现比较大的塑性变形集中；楼层"屈服强度比"分布均匀的多层结构，其底层相对于刚度甚大的基础而言显得较弱，因而可能在底层引起一定程度的塑性变形集中。所以，确定结构方案时，应避免出现柔弱楼层；特别是多层门厅部分，更应避免某些影剧院所曾采用过的开敞式底层。

若因建筑使用功能和空间布局的需要而无法避免门厅部分的开敞式柔性底层，或多层空旷房屋中的铰接排架大跨度顶层时，在结构抗震分析中，应采用大于1的修正系数，加大该柔弱楼层的设计地震剪力，提高其楼层的屈服强度，从而加大该楼层的"屈服强度比"，减少塑性变形集中程度，达到减轻震害的目的。

（2）体形突变部位的增强

前面已经谈到，经多方面权衡后，对于影剧院、大会堂之类的空旷房屋，以不设置防震缝为好。这就要求在确定结构方案和具体设计时采取框架或构造柱等相应措施，加强观众厅与门厅或舞台相连部位竖构件的强度和延性，以适应复杂体形所带来的局部振动效应，减轻该部位墙体的局部震害。

对于大型影剧院，必须在观众厅与舞台相接处设置伸缩缝时，除了伸缩缝的构造应符合抗震缝的各项要求外，还应利用观众厅前部的耳光室及观众厅右侧的休息通廊，在防震缝靠观众厅的一侧，设置尽可能宽的钢筋混凝土抗震墙，以减轻由于观众厅结构极不对称引起的强烈扭转振动所带来的危害。

6. 合理调配强度、刚度和延性的比例关系

（1）构件破坏形态的选择

低周往复水平荷载下的构件破坏试验结果表明：结构延性和耗能的大小，决定于构件的破坏形态及其塑化过程；弯曲构件的延性远远大于剪切构件，构件弯曲屈服直至破坏所消耗的地震输入能量也远远高于构件剪切破坏所消耗的能力。所以，结构设计应力求避免构件的剪切破坏，争取更多的构件实现弯曲破坏。

为实现所期望的构件破坏形态，可以采取对不同构件破坏形态赋予不同安全系数的办法来达到，或者对结构不同作用力系采用不同的调整系数，来实现所期望的塑化过程。例如，对于抗震墙，可以对设计地震剪力

乘以大于 1 的增大系数，以及加密腹板网状配筋等措施来提高抗震墙的抗剪屈服强度比值，迫使抗震墙先于剪切出现弯曲屈服。又为了将抗震墙的塑性区限制在构件底部的一小段内以提高结构的延性，可以增大该段以上部分抗震墙的设计弯矩值，同时加密底段的网状配筋。

（2）提高结构的延性

砖柱、抗震墙，特别是砖墙，具有刚度大、强度低、延性更低的特点，竖向钢支撑也有类似状况。构件的抗推刚度大，势必要吸收比较大的地震作用和比较多的地震输入能量；构件的强度低，表明构件的屈服强度比值低，容易发生早期破坏；构件的延性小，就意味着构件所能消耗的地震能量比较少。一多一少，收支不平衡，其结果只能是构件发生严重破坏。所以，使构件的刚度、强度和延性相匹配，是提高结构抗震性能的一个重要方面。

提高构件强度、延性的办法很多。对于砖墙，在砌体内每隔一定距离配置水平钢筋和竖向钢筋，或在墙体两端以及沿墙长每隔 4m 左右设置构造柱，均能显著改善墙体的延性，并能适当提高它的抗弯强度和延性。对于钢筋混凝土抗震墙，加密腹板网状配筋；或在墙体内增设几条竖缝，变实墙体的剪切破坏形态（图 3-31a）为多肢墙的弯曲破坏形态（图 3-31b），均能显著提高墙体的延性。对于竖向支撑，提高延性的有效办法是采用偏交支撑。

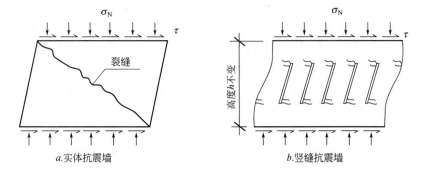

图 3-31
抗震墙的破坏形态

a.实体抗震墙　　　　　　　　b.竖缝抗震墙

7. 轻材料的应用

地震对结构作用的大小几乎与结构的质量成正比。质量大，地震作用就大，震害程度就重；质量小，地震作用就小，震害就轻。这一规律已为国内外多次地震经验所证实。所以，在房屋的楼板、墙体、框架、隔断、围护墙以及屋面构件中，广泛采用多孔砖、硅酸盐砌块、陶粒混凝土、加气混凝土板、空心塑料板材、瓦楞铁等轻质材料，将能显著改善房屋的抗震性能。

8. 考虑非结构性部件的影响

所谓非结构性部件，一般是指隔墙、围护墙、天棚、耳光室、楼梯踏步板等非主要承重和承力部件。在通常的结构分析方法中，这些部件常被略去不计。然而，这些附属部件对结构动力特性却可以产生比较显著的影响，而且在地震期间参与工作，在减轻主体结构震害程度的同时，或多或少地改变地震作用在主体结构中的分布规律以及构件的受力状态。附属部件本身也因此而发生不同程度的震害。所有这些情况不能不在结构总体设计中给予充分注意和认真对待。

（1）填充墙的利用

1985 年墨西哥地震中，不少框架结构房屋一塌到底，而另几幢房屋因为隔墙和围护墙采用了砖砌体，并嵌砌于框架之间，震后不但没有倒塌，而且主体结构破坏轻微。这两种情况形成了鲜明的对照。不过，砖填充墙也会给框架柱带来比较严重的局部震害。在东川、海城、唐山地震调查中均发现砖填充墙将框架柱上端顶裂的情况。砌体填充墙对主体结构地震内力的有利和不利影响，应该在结构抗震分析中得到反映；同时还应注意隔墙和围护墙在平面上的对称均匀分布，以及沿竖向的连续均匀分布。

（2）墙板的柔性连接

强烈地震时，结构的层间位移角很大。对于采用高级饰面材料的空旷房屋，在确定结构方案时，是选择提高结构刚度、控制结构变形的办法来保护建筑装饰，还是采取柔性连接的墙板来适应结构变形，需要从材料、施工、经济等多方面综合考虑后确定。

（3）天棚的选料

以往建造的空旷房屋，多采用板条抹灰吊顶，多石膏板天棚，地震时常发生大面积塌落。目前新材料大量涌现，今后新建房屋时，对于舞台和观众厅的天棚，一定要采用轻质材料，并与龙骨牢固连接。并应尽可能考虑天棚所提供的水平刚度对结构动力特性以及地震作用分布的影响。

3.4.3　单层空旷砖房的结构布置和选型

1. 平面和体形

影剧院的平面和体形虽然比较复杂，但从结构角度来看，沿房屋纵轴基本上是对称的；沿房屋横轴，虽然门厅和舞台在体形上差别较大，然而均为砖墙承重结构，抗推刚度相差并不太多，因而在结构方面大体上也算对称。此外，以往建造的影剧院，观众厅绝大多数采用轻屋面，虽然门厅、观众厅、舞台三部分屋盖不在同一高度，但各层屋盖相对运动造成的破坏还是比较轻的。正是这些有利因素，复杂体形加重震害的情况在影剧院表现并不很突出。这种现象并不少见，自 1955 年新疆乌恰地震以来的10 多次大地震中，轻屋面影剧院的震害均未因复杂体形而出现显著加重的情形。因此，对于砖结构的影剧院，没有必要按照一般抗震设计原则采用防震缝将它分割成几个体形简单的独立单元。

2. 构件选型

（1）观众厅排架

① 壁柱

从历次地震的建筑震害调查统计资料可以看出，采用轻屋盖的影剧院，在 7 度地震时，观众厅纵墙极少出现平面弯曲型水平裂缝。因此，设防烈度为 7 度（0.10g）时采用轻屋盖的影剧院，由于客观条件限制，当大厅跨度不大于 12m 或主厅高度不大于 6m 时，观众厅可以继续采用砖结构排架。

对于设防烈度为 7 度（0.15g）、8 度或 9 度的影剧院，根据震害调查资料，地震时观众厅的纵墙有可能发生出平面弯曲破坏，因此，作为观众厅排架结构的纵横应该采用组合砌体，即在观众厅两侧纵墙的每一开间轴线处设置组合砌体壁柱（图 3-32），以提高观众厅排架结构的抗弯强度和变形能力。

观众厅两侧布置有休息廊的影剧院，以及采用钢筋混凝土屋面等重屋盖的影剧院，设防烈度为 7 度（0.10g）时，观众厅纵墙也应在每开间轴线处设置组合砌体壁柱。

房屋震害资料表明，观众厅两侧有休息廊的影剧院，观众厅纵墙的破坏程度比无休息廊的要重一些。虽然休息廊的高度、宽度都比观众厅小得多，高振型对观众厅纵墙的影响不及不等高单层厂房那样显著，但是休息廊质量和刚度的存在，对观众厅纵墙的受力条件还是会带来不利影响。特别是休息廊内布置若干横隔墙时，横隔墙的刚度更使观众厅各榀排架受力不均，出现地震作用集中于少数排架的情况，从而造成较重的破坏。此外，震害调查资料还表明，重屋盖影剧院的震害程度重于轻屋盖影剧院。因为重屋盖的空间作用虽较强，但重量增加较多，其综合效果对观众厅排架更为不利。所以，对于这两类影剧院的观众厅，7 度时也要设置组合砌体壁柱。

② 组合砌体形式

在唐山地震调查中，曾看到两幢采用芯柱组合砌体（图 3-33）的影剧院，其震害程度虽比相同体形的无筋砖结构影剧院要轻，但比相同体形的钢筋混凝土结构房屋要重。地震后这两幢影剧院观众厅的纵墙芯柱外边的砖砌体压碎崩落，它表明芯柱组合砌体虽在一定程度上提高了砖壁柱的抗弯强度，但由于构造不当，未能充分发挥钢筋混凝土部分的作用。与图

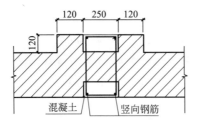

图 3-32　组合砌体壁柱

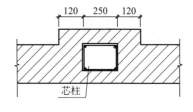

图 3-33　芯柱组合砌体

3-32所示的组合砌体壁柱比较，存在以下缺陷：①材料使用不合理，抗拉、抗压强度较高的钢筋混凝土部分放置于受力不大的柱截面中央，柱截面边缘受力较大的部位仍为砖砌体；②先砌外圈砖，后浇灌混凝土芯柱，为防止外圈砌体被振散，不能充分振捣混凝土，因而常存在空洞，而且无法检查。因此，观众厅纵墙采用组合砌体时，不能采取芯柱做法，而应采取混凝土设在壁柱两边的做法。

（2）屋盖

前面已经谈到，观众厅采用重屋盖时，观众厅纵墙的震害程度比采用轻屋盖时要重。地震调查时还发现，影剧院的门厅、观众厅和舞台各部分屋盖有高有低，不是位于同一高度，观众厅为轻屋盖时，门厅与观众厅、观众厅与舞台相接处的墙体震害程度一般；观众厅为重屋盖时，由于各层屋盖的重量均比较大，水平刚度均比较强，在纵向地震作用下，各层屋盖相对运动强烈，两部分相接处的墙体往往出现比较严重的震害。因此，对于影剧院的观众厅，有条件时宜采用轻屋盖。

若因条件限制，观众厅采取钢筋混凝土屋面板等重屋盖时，应该考虑上述震害情况，按照后面所提出的抗震措施，对门厅与观众厅、观众厅与舞台相接处的墙体予以特别加强。

舞台部分也以采用轻屋盖为好。门厅部分的屋盖可以自由选型，没有什么限制。

（3）门厅墙体

门厅因其使用性质特殊，结构布置与一般多层砖混房屋稍有不同，它要求有较大空间，内部很少布置纵墙和横墙；正面墙因大门和立面处理等要求，使门窗开洞面积很大，因此，就整体而言，有效墙体面积较少。沿整个房屋纵轴方向，门厅部分尚可依靠观众厅纵墙的支持。沿房屋横轴方向，不但得不到支持，还要额外负担观众厅传来的部分地震作用。这一结构性质和受力特点已在门厅的震害状况中得到反映，即其横向破坏比一般多层砖房重，而纵向破坏则较轻。所以，对于门厅，构件选型和抗震构造措施应该着重于沿房屋横向的增强。

设防烈度为7度时，门厅外墙四角应设置钢筋混凝土构造柱；高于7度时，大门两侧及内墙转角处应增设构造柱，大门处的外墙独立砖壁柱及门厅内的独立柱应采用组合砌体，并将钢筋混凝土部分设在平行于房屋横轴的两对边（图3-34）。

（4）舞台口横墙

因防火要求，舞台口横墙必须砖墙到顶。观众厅水平地震作用的一部分将通过屋盖直接传至该横墙，使该片横墙承担较大的水平地震剪力。然而该片横墙的下半部由于舞台口的开洞而被削弱很多，抗剪强度较低，成为地震时比较容易破坏的薄弱部位。根据《抗震规范》关于人员集中房屋应提高抗震构造措施标准的设计思想，从设防烈度7度起，就应在舞台口横墙的两端以及台口开洞两边设置钢筋混凝土构造柱，并将台口两边的构造柱伸至墙顶，与墙顶卧梁相连（图 3-35）以提高该横墙的抗裂能力和平面外的稳定性，防止掉砖伤人。

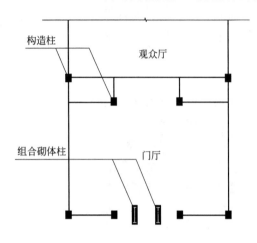

图 3-34　门厅构造柱平面位置

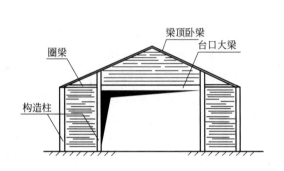

图 3-35　台口墙的构造柱和圈梁

（5）观众厅前山墙

从历次地震中一些影剧院的破坏状况来看，与门厅相接的观众厅前山墙，主要是山尖部分发生平面外的折断或倾倒，特别是观众厅部分采用钢筋混凝土屋面板等刚性屋盖时，高出门厅的山尖部分由于两边屋盖的相对运动，出平面的破坏更加严重。要消除这种震害，除了加强山墙顶部与屋面构件的连接外，还应在高出门厅屋盖的山墙内设置几根钢筋混凝土小柱。设防烈度为 7 度（0.10g）、观众厅为轻屋盖的影剧院，也可以不设混凝土小柱。需设小柱时，7 度或 8 度，小柱间距不大于 6m；9 度，不大于 4m。小柱上端与墙顶卧梁相连接，下端应伸过门厅屋盖外圈梁，锚入基础或门厅顶层楼板处的圈梁内（图 3-36）。为了不让小柱将山墙分隔成几块墙面，不能采取先浇灌小柱后砌墙的做法，而应采取先砌墙后浇小柱的施工顺序。

图 3-36
前山墙的小柱和圈梁

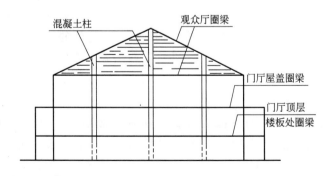

（6）观众厅挑台

砖结构影剧院不宜设置钢筋混凝土挑台。因为钢筋混凝土挑台很重，它所引起的水平地震作用很大，使砖结构难以负担，8度时就可能造成很严重的破坏，9度时就可能全部倒塌。唐山地震时，位于9度区内的赵各庄建筑材料厂俱乐部就是一座设有钢筋混凝土挑台的砖结构影剧院，震后，挑台部分及相邻一个开间的观众厅以及与挑台相连的门厅全部倒塌。

若观众厅内一定要设置挑台，而又没有条件将整个房屋建成钢筋混凝土结构，且当设防烈度低于9度时，可将挑台部分支承于钢筋混凝土框架上，其余部分仍采用砖结构，但与挑台相连的砖墙，应每隔4m左右设置后浇的（砌墙时预留竖槽）钢筋混凝土柱。

3. 构造柱的布置

1976年唐山地震中，唐山地区烈度达到10度和11度，大量单层和多层砖房几乎全部倒塌，而几幢设置钢筋混凝土构造柱的多层砖房无一倒塌。事实说明，构造柱能够大大提高砖结构的抗倒塌能力。北京市建筑设计院曾进行过有无构造柱的多层模型的对比试验。结果表明，在水平荷载作用下，构造柱虽仅能少许提高砖墙的初裂强度，但却能大幅度地提高砖墙的变形能力，限制墙面裂缝的开展，控制住砖墙的破坏程度，从而防止砖墙的坍塌。所以，要提高砖结构影剧院的抗震能力，确保安全使用，最为经济、有效的措施就是在一些关键部位和薄弱部位布置一定数量的构造柱。

综合前述的各方面情况可以看出，地震作用下的砖结构影剧院，可能首先发生剪切破坏的薄弱部位是舞台口横墙和门厅墙。按照《抗震规范》对人员大量集中的建筑物的抗震构造措施要提高一级的规定，设防烈度为7度的影剧院，应在舞台口横墙两端及门厅四角设置构造柱（图3-37a）。设防烈度为8度或9度时，后山墙两端、门厅的大门两侧和内墙阳角处也需设置构造柱（图3-37b）。

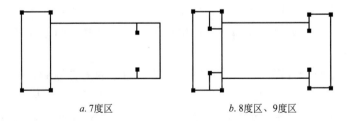

a. 7度区　　　　　b. 8度区、9度区

图 3-37
构造柱的布置

4. 圈梁的布置

从砖结构影剧院的破坏情况来看，钢筋混凝土圈梁对减轻震害的作用似乎不及在多层砖房中那样明显。观众厅的震害主要是纵墙出平面的弯曲破坏，圈梁所能起的作用较小。但从某些部位的震害也可看出是由于缺乏圈梁或圈梁构造不当所引起的，诸如山墙的外倾、观众厅纵墙与舞台横墙连接处的竖向裂缝、地基不均匀沉陷引起的墙体竖向和斜向裂缝等。因此，在适当部位布置一定数量的圈梁是必要的。

（1）门厅部分

应在屋盖和各层楼盖处设置封闭形现浇钢筋混凝土圈梁，采用现浇钢筋混凝土楼板时，该楼板处可不再设置圈梁。

（2）观众厅部分

于纵墙墙顶高度处，沿观众厅周圈设置封闭形现浇钢筋混凝土圈梁；8度、9度时，宜于纵墙半高处增设一道圈梁，并尽量与门厅某一层楼盖处的圈梁凑成同一高度，连为一体。

（3）舞台部分

分别于墙顶和舞台口上口高度处沿外墙、舞台口横墙，以及观众厅前面转角处的弧形墙（耳光室）设置现浇钢筋混凝土圈梁各一道。因为地震时舞台口横墙和弧形砖墙均要承担较大地震剪力，容易发生斜裂缝，因此，8度、9度时，还应在舞台口半高处沿横墙和弧形墙增设局部圈梁一道。

7度以上地震区的软弱场地土上地面裂隙比较发育，为防止地面裂隙穿过房屋时引起的破坏，应沿门厅、观众厅、舞台所有承重砖墙，在基础墙内设置圈梁一道。

3.4.4　钢筋混凝土空旷房屋的结构总体设计

1. 防震缝的位置

采用钢筋混凝土结构的中型或大型影剧院，平面尺寸和体量都比较大，而且门厅、观众厅、舞台等各个部分的宽度和高度各不相等，平面形状和体形很复杂。按照一般结构的抗震原则，似乎应该在房屋高度或平面突变处设置一道或两道防震缝，将它分割成几个体形简单的独立单元。然而，由于影剧院的特殊性，不宜轻易地设置防震缝。

观众厅的后台设有挑台，恒载和负荷均很重，悬挑长度也较大，即便对于静力作用引起的倾覆力矩，也需要较宽较强的支承框架来平衡。为了使直接支承挑台的框架能与门厅框架连为一体，观众厅与门厅之间不宜设置防震缝。

观众厅与舞台之间一般也不宜设置防震缝。因为设缝后，虽然舞台部分形成了比较规则的独立单元，但观众厅与门厅的联合体结构极不对称，门厅和观众厅后半部分的抗推刚度很大，而观众厅前半部分的抗推刚度小得多，地震时不可避免地要产生较强烈的扭转振动，从而带来严重的不利影响。如果因房屋太长、结构伸缩问题不易解决而必须在该处设置伸缩缝，那么该伸缩缝除了应该满足抗震缝的构造要求外，为了尽量减少结构的不对称性以及减轻扭转振动对伸缩缝附近框架地震作用的增值影响，还应设法增强靠近伸缩缝处框架的抗推刚度和屈服抗力。譬如利用观众厅两侧休息廊及观众厅前部三角区的灯光控制室，设置尽可能宽的抗震墙或竖向钢支撑。如果采取了上述措施，结构仍存在着较大的不对称性，需要按照第三节所介绍的平动—扭转耦联振动分析方法，确定构件地震内力。

一些大型影剧院，在舞台后侧设有比较庞大的后台裙房，裙房可能是平房或者是二层楼房，从平面上来看，包括门厅、观众厅和舞台在内的主体部分的尺寸已经够大，如果再加上后台，显然超出伸缩缝区段的最大允许长度；从纵剖面来看，后台裙房的高度远低于舞台部分，两者高低悬殊，若连为一体，高振型将对舞台后山墙框架产生十分不利的影响。所以，应该沿舞台和后台裙房相接处设置防震缝。

防震缝两侧的建筑物应完全脱开。防震缝应有较富裕的宽度，以防地震时可能发生的碰撞。防震缝的宽度根据烈度和后台裙房高度确定。一般情况下，设防烈度为 6 度以上时，其宽度均不得小于 70mm。

2. 抗侧力体系

（1）横向

根据以往的地震经验，对设防烈度为 7 度或 8 度的大、中型空旷房屋，可采用钢筋混凝土框架结构作为横向抗侧力，包括以标准砖、多孔砖等砌块在框架间砌筑隔墙和维护墙的填充墙框架结构。关于填充墙框架的抗侧力作用和良好抗震效果，T. Y. Lin 和 Sidney D. Stotesbury 于 1981 年合著的《结构概念和体系》一书给予了肯定。1979 年唐山地震中，10 度区内 8 层填充墙框架结构的新华旅馆仅个别楼层严重破坏，没有倒塌。1985 年墨西哥地震中，墨西哥市内有不少框架结构房屋一塌到底，而几幢砖填充墙框架房屋依然矗立，破坏较轻。不过，从我国东川、海城、唐山地震中一些填充墙框架房屋的破坏情况来看，填充墙也会造成框架柱端的附加震害，需要采取构造措施予以加强。

设防烈度为 9 度时，小型空旷房屋可采用钢筋混凝土框架或填充墙框架结构；大、中型空旷房屋的横向抗侧力体系宜采用框架—抗震墙结构或框架—支撑结构。

框架—支撑结构中的竖向支撑可利用所在框架的梁、柱，兼作竖向支撑体系的水平杆和竖杆，另加型钢制作的支撑斜杆。竖向支撑的形式可以是交叉支撑、人字形支撑或八字形支撑（即偏交支撑）。

关于钢筋混凝土抗震墙的结构形式，日本经过多年试验研究，提出了新型的"带竖缝抗震墙"，并已在实际工程中推广应用。其设计原理是在普遍抗震墙的腹板中增设几条竖缝，使抗震墙的破坏形态由原来的剪切引起的不可回复的斜裂缝转变为因弯曲而在片状小柱两端产生的可以回复的接近水平斜裂缝，从而避免抗震墙的脆性破坏，加大墙体的延性和允许层间位移值，提高抗震墙消耗地震输入能量的能力。由于带竖缝抗震墙具有较大的极限弹性变形值，缩小了与框架极限弹性变形值之间的差距，从而提高了抗震墙与框架同步工作的协调程度。带竖缝抗震墙的抗震优越性已受到美国一些专家的重视。T. Y. Lin 和 S. D. Stotesbury 在《结构概念和体系》一书中，肯定并阐述了带缝墙体的优越抗震性能。

（2）纵向

一般仅按静力荷载和风荷载设计的建筑物，常沿房屋横向布置由主梁形成的主框架，以承担重力及其具有较大数值的风荷等横向水平力。柱的截面常设计为矩形，长边平行于房屋横向。沿房屋纵向，由次梁与柱构成的纵向框架，因为梁、柱的截面惯性矩较小，抗推刚度和强度均较弱于横向框架。然而，这样的结构方案不适于抗震。地震可以来自任何方向，主振方向可能与房屋的横轴平行，也可能与房屋的纵轴平行，而且多数情况下一个建筑物的横向自振周期和纵向自振周期相差不大，沿房屋横向的总水平地震作用也就与沿房屋纵向的总水平地震作用大小差不多。所以，一幢建筑物各榀纵向框架的楼层屈服剪力总值，应该与各榀横向框架的楼层屈服剪力总值大致相等。为此，框架柱应尽可能采用正方形截面，并采取双向对称配筋，纵向框架的梁也应与柱采取刚性连接，并具有较大截面尺寸。

根据烈度和建筑物规模，房屋横向结构需要采用框架—抗震墙体系或框架—支撑体系时，房屋纵向也需要采用相应的结构形式，以达到纵、横向屈服强度大致相等的要求。

3. 观众厅与休息廊的高度协调

抗震结构最忌沿竖向存在刚度或强度的突变，因为它会带来塑性变形集中，导致突变部位的严重破坏。影剧院因为功能需要，前、中、后三大部分的高度相差较大，造成的体形和纵向抗推刚度的变化实属难以避免，只能在构造上采取相应的补救措施。然而，观众厅与两侧休息通廊的高度是可以按照抗震需要加以协调的。以往建造的某些影剧院，休息廊的高度低于观众厅的高度，由休息廊框架上伸出一个小柱来托观众厅屋架。地震时，小柱容易折断（图 3-38a）。为了避免此类震害，应尽可能使休息廊框架顶面与观众厅屋架底面位于同一高度以取消小柱（图 3-38b）。如果因面积限制无法实现这一方案，则在布置观众厅两侧休息廊时应尽量使两部分屋面的高度差不少于 5m，最低限度不少于 3m。如果高度差小于 5m，小柱的设计水平地震作用，应采取振型分析法和底部剪力法确定的水平地震作用的 1.5 倍，以提高小柱的屈服抗力，并沿小柱全高加密箍筋，以提高小柱的延性。

图 3-38
观众厅与休息廊
的关系

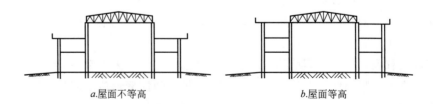

a.屋面不等高　　　　　　　　　　b.屋面等高

4. 舞台口框架

大型和中型影剧院的舞台一般都高于观众厅（图 3-39a），这一体形上的突变给房屋纵向自振特性增加了复杂性。当房屋按高振型分量振动时，舞台屋盖和观众厅屋盖方向相反的相对运动给舞台口框架带来十分不利的影响。唐山地震中一些影剧院的台口横梁上面的砖墙发生倒塌，就是这个原因引起的。

舞台口框架的设计应根据它的不利受力条件采取对策：

（1）为了增加舞台口框架平面外的稳定性和抗弯刚度，舞台口两侧的大柱宜以相同截面尺寸伸到墙顶，并与墙顶处的横梁相连接（图 3-39b）；

 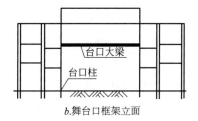

a.房屋纵剖面　　　　　　　b.舞台口框架立面

图 3-39
舞台口框架

（2）墙顶处用以连接舞台屋架的横梁应以较大截面延伸至观众厅纵向框架，梁的宽度不宜小于 500mm，使该梁具有较强的水平刚度，能与舞台部分的屋盖及屋架下弦纵向水平支撑共同工作，将舞台部分沿房屋纵向的水平地震作用直接传至观众厅纵向框架。

（3）台口大梁两端应以较大截面尺寸的横梁和一定数量钢筋穿过台口大柱延伸至观众厅纵向框架，以提高台口大梁的侧向稳定性。

（4）为了防火的需要，舞台口横墙多采用实体砖墙。为了防止曾发生过的砖墙出平面倒塌，台口大梁上部横墙应以间距不大于 3m 的小柱和水平梁形成网格状构架。

（5）为了加强砖墙与构架的连接，整片舞台口横墙宜采用"先砌墙、后浇梁柱"的分段施工方案。若先浇灌框架后砌填充墙，则砖墙周边特别是砖墙的顶面必须与梁、柱有十分可靠的拉结措施。

5. 挑台的支承结构

大中型影剧院多设置挑台，悬挑长度一般为 5～10m。挑台的自重和负荷均较大，对支撑结构产生很大的倾覆力矩。在 8 度、9 度地震区，竖向地面运动分量更使倾覆力矩进一步加大。为使挑台在地震时仍具有较好的抗倾覆稳定性，确定挑台结构方案时应考虑以下措施（图 3-40）：

（1）将挑台支撑框架与门厅框架连接为一体；

（2）支撑框架的悬挑部分采用桁架形式；

（3）挑台后面靠近门厅的二楼休息廊楼板，应采用现浇钢筋混凝土梁板结

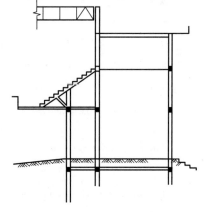

图 3-40
挑台的支承框架

构，使悬挑桁架下弦的水平压力通过该楼板直接传递至观众厅纵向框架，以减小支撑框架柱的水平剪力，并能限制挑台桁架下弦的水平位移，减小挑台悬臂端的竖向挠度；

（4）与挑台后端相连的门厅部分楼盖也应采用现浇钢筋混凝土梁板结构，以便将挑台桁架上弦水平拉力通过楼板直接传递至门厅和观众厅的纵向框架，并加强挑台框架与门厅框架的连接；

（5）为了满足观众视线的需要，影剧院观众厅的室内地坪常设计成具有较大倾角的斜坡地面，使门厅内地坪高出室外地面较多，挑台支撑框架的基础一般仍砌置于室外地面下 1~1.5m，从而使挑台框架柱具有较大的无支长度。对于悬挑长度很大的挑台，宜在门厅室内地坪下增加一道水平梁，以减少挑台框架柱的无支长度，加强挑台框架与门厅框架的共同工作程度。

6. 地基和基础

从历次地震中地基失效造成建筑物破坏的专项调查统计数字可以看出，造成上部结构破坏的绝大多数原因是软弱地基和不均匀地基。因此对于这些地基，要采取相应措施。

（1）防止不均匀沉陷

饱和松软地基尽管在静力条件下具有一定的承载能力，但在地面运动加速度的影响下会部分地甚至全部丧失承载能力。地震时，饱和的松砂和粉土可能发生液化；饱和的淤泥、淤泥质土和冲填土可能产生比较大的震陷。所有这些情况都会引起地基的不均匀沉陷，导致其上建筑物的破坏或影响正常使用。此等地基失效是无法用加宽基础或加强上部结构等常规措施加以克服的。所以，对于上述几类地基土，应该根据土的性质及地基失效原因，有针对性地采取地基处理措施，消除土层的动力不稳定性，形成具有良好抗震性能的人工地基。或者采用桩基础等深基础，将建筑物的基础直接砌置在稳定的土层中，避开可能失效的土层，从而避免上部土层液化或震陷对建筑物产生的不利影响。

（2）地裂危害的防治

软弱场地土地区在 6 度时就会出现地面裂隙，7 度、8 度时地面裂隙就比较发育。中软场地土在 7 度以上也有可能发生地面裂隙。地面裂隙通过建筑物时，不仅使地坪开裂，而且危及上部结构。因此，位于软弱场地土上的建筑物宜采用带形基础。若采用独立基础时，应该根据结构条件尽可能沿纵、横两个方向在基础之间设置拉梁。位于中软场地土上的建筑物，当基本烈度 8 度、9 度时，也应采取上述防地裂措施。

3.5 框架结构房屋抗震设计要点

历次震害表明，结构在地震中的安全至关重要，要确保房屋抗震安全，应从设计开始，到材料、施工技术和管理、监理等诸多方面均按照国家相关标准来进行。这里主要介绍框架结构抗震设计要点，也是房屋确保抗震安全的条件之一。

我国抗震设防的基本思想和原则是以"三个水准"为抗震设防目标，即"小震不坏，中震可修，大震不倒"。为实现抗震设防目标，首先结构必须有足够大的承载力和足够的刚度（抵抗变形的能力），另外还必须具有足够的延性（相对于脆性）和耗能能力。

抗震性能的好坏与结构的延性息息相关。延性是指结构、构件或构件的某个截面从屈服开始到达最大承载能力或到达以后而承载能力还没有明显下降期间的变形能力。延性好的结构、构件或构件的某个截面的后期变形能力大，在达到屈服或最大承载能力状态后仍能吸收一定的能量，能避免突然的脆性破坏的发生。延性越好，结构的抗震能力也就越好。在大震下，即使结构构件达到屈服，仍然可以通过屈服截面的塑性变形来消耗地震能量，避免发生脆性破坏。在大震发生后的余震发生时，因为塑性铰的出现，结构的刚度明显变小，周期变长，所受地震力会明显减小，震害减轻。地震过后，结构的修复也比较容易。因此在地震区，结构必须具备一定的延性，并且设防烈度越高，结构高度越大，对延性的要求也越高。

当结构反应进入非线性阶段后，强度不再是控制设计的唯一指标，变形能力变得与强度同等重要。作为抗震设计的指标，应是双控制条件，使结构能同时满足强度和极限变形。这是因为一般结构并不具备足以抵抗强烈地震的强度储备，而是利用结构的弹塑性性能吸收地震能量，以达到抗御强震的目的。

框架结构房屋抗震设计包括概念设计、抗震措施以及与抗震验算等方面。

3.5.1 概念设计

建筑抗震概念设计是指根据地震灾害和工程经验等所形成的基本设计原则和设计思想，进行建筑和结构总体布置并确定细部构造的过程。建筑抗震概念设计在结构的抗震设计中占有非常重要的地位，框架结构的抗震概念设计主要包括如下方面：

1. 房屋高度与高宽比的控制

一般而言，房屋越高，地震作用下的倾覆力矩越大，破坏的可能性也就越大。因此，从安全和经济等方面综合考虑，对房屋的高度应有限制。不同类型的钢筋混凝土房屋在不同的设防区有不同的最大适用高度，对于框架结构房屋，6度、7度、8度（0.20g）、9度时的高度限值分别为60m、50m、40m、24m，8度（0.30g）地区的最大适用高度为35m。

某些框架房屋为控制地震作用下的变形设置了少量抗震墙，这类结构仍属框架结构范畴，其最大高度按框架结构取值。

除了对房屋总高度要有所控制外，房屋的高宽比也宜有所控制。6度、7度时高宽比不宜大于4，8度时不宜大于3。

2. 框架抗震等级的确定

抗震等级是房屋抗震设计的一个重要参数，我国的抗震设计规范自GBJ 11—89起就明确规定，钢筋混凝土房屋应根据设防类别、设防烈度、结构类型和房屋高度确定其抗震等级，然后根据抗震等级采取相应的抗震措施，包括抗震设计时的内力调整措施和各种抗震构造措施。

抗震等级的划分实质上是不同抗震设防类别、不同结构类型、不同设防烈度以及相同设防烈度但不同高度房屋延性要求不同的体现，按照自高而低的次序划分为一级、二级、三级和四级，抗震等级愈高，设计采取的抗震措施愈严，房屋的延性性能愈好。

根据现行国家标准《建筑抗震设计规范》GB 50011—2010的规定：

(1) 对于一般的框架房屋，以高度24m为界。①6度区不超过24m的框架，其抗震等级为四级，超过时为三级；②7度区不超过24m的框架，其抗震等级为三级，超过时为二级；③8度区不超过24m的框架，其抗震等级为二级，超过时为一级；④9度区的框架其抗震等级为一级。

(2) 大跨度框架（跨度不小于18m的框架），6度时的抗震等级为三级，7度时的抗震等级二级，8度、9度时为一级。

当建筑场地为Ⅰ类时，除6度外可按降低一度对应的抗震等级采取抗震构造措施，但相应的计算要求不降低。乙类框架房屋按提高一度确定抗震等级，并采取相应的抗震措施。

3. 建筑和结构布置原则

(1) 避免采用单跨框架结构体系

纯框架结构房屋本身因缺少多道设防，不利于抗震，其中单跨因冗余度低，地震中极易整体倒塌，应避免采用这种结构体系。《建筑抗震设计规范》GB 50011—2010规定：甲、乙类建筑以及高度大于24m的丙类建筑，不应采用单跨框架结构，高度不大于24m的丙类建筑，不宜采用单跨框架结构。

框架房屋中某个主轴方向仅有局部的单跨框架，可不作为单跨框架结构对待。一、二层的连廊采用单跨框架时，需要注意加强。

(2) 房屋的规则性要求

① 平面规则性

建筑布局要力求简单合理，结构布置应符合抗震原则。从有利于抗震的角度出发，房屋建筑的平面形状应以方形、矩形、圆形为好，正六边形、正八边形、椭圆形、扇形次之，L形、T形、十字形、U形、H形、Y形平面较差。

《建筑抗震设计规范》GB 50011—2010列出了三类平面不规则类型：

a. 扭转不规则。指在规定的水平力作用下，楼层的最大弹性水平位

移（层间位移）大于该楼层两端弹性水平位移（或层间位移）平均值的
1.2 倍（图 3-41）。

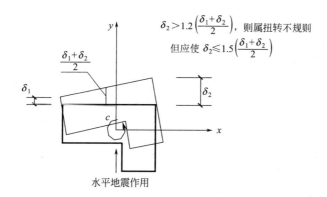

图 3-41
扭转不规则示意
图

　　b. 凹凸不规则。指房屋平面凹进的尺寸，大于相应投影方向总尺寸
的 30%（图 3-42）。

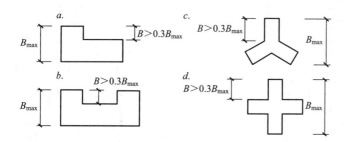

图 3-42
凹凸不规则示意
图

　　c. 楼板局部不连续，指楼板的尺寸和平面刚度急剧变化。例如，有效
楼板宽度小于该层楼板典型宽度的 50%，或开洞面积大于该层楼面面积
的 30%，或较大的楼层错层（图 3-43）。

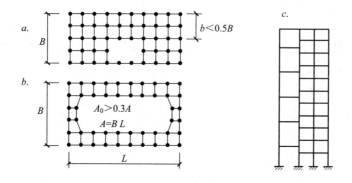

图 3-43
楼板局部不连续
示意图

　　② 立面规则性要求

　　《建筑抗震设计规范》GB 50011—2010 同样列出了三类立面不规则
类型：

　　a. 侧向刚度不规则。指该层的侧向刚度小于相邻上一层的 70%，或
小于其上相邻三个楼层侧向刚度平均值的 80%；除顶层或出屋面小建筑

外，局部收进的水平向尺寸大于相邻下一层的 25％（图 3-44）。

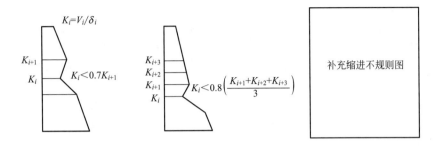

图 3-44
侧向刚度不规则
示意图

b. 竖向抗侧力构件不连续。框架柱的内力由水平转换构件（框架梁）向下传递（图 3-45）。

c. 楼层承载力突变。指抗侧力结构的层间受剪承载力小于相邻上一楼层的 80％，形成薄弱层（图 3-46）。

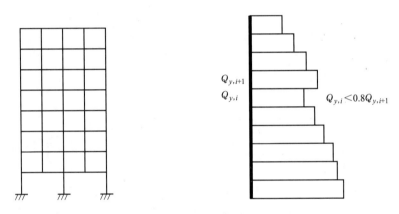

图 3-45 竖向构件不连续示意图　　图 3-46 楼层承载力突变示意图

③ 应考虑非结构墙体对结构抗震性能的影响

非结构墙体（如围护墙、内隔墙、框架填充墙等），根据材料的不同和与主体结构的连接条件，它们可能对结构产生不同程度的影响。如：a. 减小主体的自振周期，增大结构的地震作用；b. 改变主体结构的侧向刚度分布，从而改变地震作用在各结构构件间的内力分布状态；c. 处理不好反而引起主体结构的破坏，如局部高度的填充墙形成短柱，不均匀布置造成结构的扭转效应。

《建筑抗震设计规范》GB 50011—2010 规定：建筑设计应根据抗震概念设计的要求明确建筑形体的规则性。不规则的建筑应按规定采取加强措施；特别不规则的建筑应进行专门研究和论证，采取特别的加强措施；严重不规则的建筑不应采用。

对于一般不规则的建筑方案，应按规范、规程的有关规定采取加强措施；对于特别不规则的建筑方案要进行专门研究和论证，采取高于规范、规程的有关规定采取加强措施；对于严重不规则的建筑方案应要求建筑师予以修改、调整。

可通过调整结构布置或设置防震缝措施减小不规则的程度，当采用设置防震缝的方案时，应满足防震缝的宽度要求。对于框架结构，高度不超过 15m 时，缝宽不小于 100mm；超过 15m 时，6 度、7 度、8 度、9 度时高度每增加 5m、4m、3m、2m，缝宽增加 20mm。

4. 良好的结构屈服机制

结构的屈服机制可分为两个基本类型：楼层屈服机制和总体屈服机制。

楼层屈服机制，指结构在水平地震作用下，框架柱先于框架梁屈服（即强梁弱柱），导致一个或几个楼层发生整体侧向屈服（图 3-47）。发生楼层屈服机制的结构，其侧向变形分布不均匀，薄弱楼层会产生明显的塑性变形集中。

总体屈服机制，指结构在水平地震作用下，框架梁先于框架柱屈服（即强柱弱梁）。发生总体屈服的结构，其塑性铰数量远比楼层屈服要多，且侧向变形沿竖向分布比较均匀（图 3-48）。

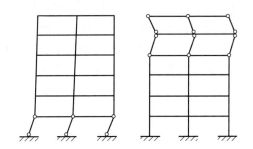

图 3-47 楼层屈服机制   图 3-48 总体屈服机制

总体屈服机制是理想的屈服机制。总体屈服机制的结构，其塑性发展是从次要构件开始，或从主要构件的次要杆件开始，最后才在主要构件上出现塑性铰，从而实现多道防线的抗震概念设计思想。总体屈服机制的结构形成的塑性铰数量多，塑性变形发展的过程长，塑性转动量大，结构的塑性变形量大。

良好的屈服机制实际就是实现延性结构。如果结构设计合理，尽量消除或减少混凝土脆性性质的危害，充分发挥钢筋塑性性能，就可以实现延性结构。根据震害以及近年来国内外试验研究资料，延性框架设计的基本要点是：强柱弱梁、强剪弱弯和强节点、强锚固。

(1) 强柱弱梁

从抗弯角度来说，要求柱端截面的屈服弯矩要大于梁端截面的屈服弯矩，使塑性铰尽可能出现在梁的端部，从而形成强柱弱梁。在梁端出现塑性铰，一方面框架结构不会变成机构，而且塑性铰数目越多，消耗的地震能的能力就越强；另一方面，受弯构件具有较高的延性，结构的延性就有保障。

"强柱弱梁"设计原则实质是控制塑性铰在框架中出现的位置，不会引起结构局部或整体破坏的耗能的塑性铰应早出、多出。

在地震作用下，框架中塑性铰可能出现在梁上，也可能出现在柱上，但是不允许在梁的跨中出现塑性铰。梁的跨中出现塑性铰将导致局部破坏。在梁端和柱端的塑性铰，都必须具有延性，才能使结构在形成机构前，结构可以抵抗外荷载并具有延性。

在框架结构中，塑性铰出现的位置和顺序不同，将使框架结构产生不同的破坏形式。对于强梁弱柱型框架结构，塑性铰首先出现在柱端，当某薄弱层柱的上下端均出现塑性铰时，该层就成为几何可变体系，而引起上部结构的倒塌。这种结构破坏时只跟最薄弱层的框架柱的强度和延性有关，而其他各层梁柱的承载力和耗能能力均没有发挥作用。另一方面，对于强柱弱梁型框架结构，塑性铰首先出现在梁中，当部分梁端甚至全部梁端出现塑性铰时，结构仍能继续承受外荷载，而只有框架柱底部也出现塑性铰时，结构才达到破坏。由此可知，框架柱中出现塑性铰，不易修复而且容易引起结构倒塌；而塑性铰出现在梁端，却可以使结构在破坏前有较大的变形，吸收和耗散较多的地震能量，因而具有较好的抗震性能。震害调查发现：凡是具有现浇楼板的框架，由于现浇楼板大大加强了梁的强度和刚度，地震破坏大多发生在柱中，破坏较严重；而设置预制楼板的构架式框架，裂缝出现在梁中，破坏较轻，从而也证实强梁弱柱引起的结构震害比较严重。

此外，梁的延性远大于柱的延性。这是因为柱是压弯构件，较大的轴压比将使柱的延性下降，而梁是受弯构件，比较容易实现延性的要求。

因此，较合理的框架破坏机制应是梁比柱的塑性屈服早发生和多发生，底层柱柱根的塑性铰较晚形成，各层柱子的屈服顺序应错开，不要集中在某一层。这种破坏机制的框架，就是强柱弱梁型框架。

（2）强剪弱弯

要求构件的抗剪能力要比抗弯能力强，从而避免梁、柱构件过早发生脆性的剪切破坏。

要使结构具有延性，就必须保证框架梁、柱构件有足够的延性，而框架梁、柱的延性是以其截面塑性铰的转动能力来度量的。因此框架结构抗震设计的关键是构件的塑性铰设计。

"强剪弱弯"设计原则的实质是控制梁柱构件的破坏形态，使其发生延性较好的弯曲破坏，避免脆性的剪切破坏。

适筋梁或大偏压柱，在截面破坏时可以达到较好的延性，可以吸收耗散地震能量，使内力重分布得以充分发展；而钢筋混凝土梁柱在受到较大剪力时，往往呈脆性破坏。所以在进行框架梁、柱设计时，应使构件的受剪承载力大于其受弯承载力，使构件发生延性较好的弯曲破坏，避免发生延性较差的剪切破坏，而且保证构件在塑性铰出现之后也不过早剪切破坏，这就是"强剪弱弯"的设计原则，它实际上是控制构件的破坏形态。

① 梁、柱剪跨比限制。剪跨比反映了构件截面承受的弯矩和剪力的相对大小。它是影响梁、柱极限变形能力的主要因素之一，对构件的破坏形态有很重要的影响。

试验研究发现，剪跨比 $\lambda \geqslant 2$ 的框架柱属于长柱，只要构造合理，通常发生延性较好的弯曲破坏；剪跨比 $1.5 \leqslant \lambda < 2$ 的框架柱属于短柱，柱子将发生以剪切为主的破坏，当提高混凝土的强度等级或配有足够的箍筋时，也可能发生具有一定延性的剪压破坏；而剪跨比 $\lambda < 1.5$ 的框架柱属于极短柱，柱的破坏形态是脆性的剪切斜拉破坏，几乎没有延性，设计中应当避免。

为保证框架柱发生延性破坏，抗震设计时要求柱净高与截面长边尺寸之比宜大于 4，若不满足，应在柱子全高加密。

同理，对框架梁而言，则要求其净跨与截面高度之比不宜小于 4。当梁的跨度较小而梁的设计内力较大时，宜首先考虑加大梁宽，这样虽然会增加梁的纵筋用量，但对提高梁的延性却是十分有利。

② 梁、柱剪压比限制。当构件的截面尺寸太小或混凝土强度太低时，按抗剪承载力公式计算的箍筋数量会较多，则箍筋在充分发挥作用之前，构件将过早呈现脆性的斜压破坏，这时再增加箍筋的用量已经没有意义。因此，设计中应限制剪压比，即梁截面的平均剪应力，使箍筋数量不至于太多，同时，也可以有效地防止裂缝过早出现，减轻混凝土压碎程度。这实质上也是对构件的最小截面尺寸的限制要求。

③ 柱轴压比限制及体积配箍率。

一方面，对框架结构中框架柱的轴压比应有限制，框架柱的轴压比越大，该柱就越易发生脆性破坏。轴压比是指框架柱在有地震作用组合下的轴压力设计值 N 与柱全面积 A 和混凝土轴心抗压强度设计值 f_c 乘积的比值。试验研究表明：轴压比的大小，与柱的破坏形态和变形能力是密切相关的。随着轴压比不同，柱将产生两种破坏形态：受拉钢筋首先屈服的大偏心受压破坏和破坏时受压混凝土首先压碎的小偏心受压破坏。轴压比是影响柱的延性的重要因素之一，柱的变形能力随轴压比增大而急剧降低，尤其在高轴压比下，增加箍筋对改善柱的变形能力的作用并不明显。所以在抗震设计中应限制柱的轴压比不能太大，其实质就是希望框架柱在地震作用下，仍能实现大偏心受压下的受拉钢筋的弯曲破坏，使其柱具有较好的延性性质。

另一方面，大量震害表明：箍筋对核芯混凝土的约束作用，对柱子的延性是非常有利的。衡量箍筋对混凝土的约束程度时，一般用体积含箍率来表示：箍筋对核芯混凝土的约束作用，不仅与箍筋的配置量有关，而且与箍筋的形式有关。单个矩形箍筋对核芯混凝土的约束作用比较弱，螺旋箍筋的约束作用最好，复式箍筋对核芯混凝土的约束作用大大好于矩形箍筋作用。在柱子的箍筋配置中，最好不用单个矩形箍筋，可以采用复式箍筋。可能的条件下，最好采用螺旋箍。

随着柱子轴压比的提高，通过箍筋约束混凝土提高柱的延性的效果将逐渐减弱。因此，只能在中等轴压比的情况下，利用提高箍筋用量来改善框架柱的延性。

在高层建筑中，底层柱往往承受很大的轴力，很难将轴压比限制在较小范围内，故近年来国内外对改进柱的延性性能做了大量试验研究。试验结果表明：在矩形柱或圆形柱内设置矩形核芯柱，不但可以提高框架柱的受压承载力，还可以提高柱的变形性能。

框架柱在压、弯、剪作用下，当柱出现弯、剪裂缝时，在大变形情况下芯柱可以有效减小柱的压缩，即增大柱的受压承载力，尤其对于承受高轴压的短柱，更有利于提高变形能力，延缓倒塌。

④ 箍筋。大量震害表明：梁端、柱端震害较严重，是框架梁、柱的薄弱部位。所以按照强剪弱弯原则设计的箍筋主要配置在梁端、柱端塑性铰区，称为箍筋加密区。

塑性铰区不仅有竖向裂缝，而且有斜裂缝；在地震力的往复作用下，竖向裂缝贯通，斜裂缝交叉，混凝土的粘结作用渐渐丧失，主要靠箍筋和纵筋的销键作用传递剪力，这是十分不利的。为了使塑性铰区具有良好的塑性转动能力，在梁的塑性铰区配置足够的箍筋，可约束核心混凝土，显著提高塑性铰区混凝土的极限应变值，提高其抗压强度，防止斜裂缝的开展，从而可充分发挥塑性铰的变形和耗能能力，提高梁、柱的延性性能；而且钢箍作为纵向钢筋的侧向支承，阻止纵筋压屈，使纵筋充分发挥抗压强度。所以国家现行抗震规范规定，在框架梁端、柱端塑性铰区，箍筋必须加密。

框架柱的箍筋有三个作用：抵抗剪力、对混凝土提供约束和防止纵筋压屈。箍筋对混凝土的约束程度是影响柱的延性和耗能能力的主要因素之一。约束程度与箍筋的抗拉强度和数量有关，与混凝土强度有关。箍筋约束使混凝土的轴心抗压强度和对应的轴向应变提高、混凝土的极限压应变增大。对于轴压比不同而其他条件相同（如截面尺寸，混凝土强度等级，配箍特征值，纵向钢筋的配筋率及其屈服强度）的大偏心受压柱，轴压比大，其截面混凝土的压应变也大，与混凝土极限压应变之间的差值小，塑性变形能力也小。为了使不同轴压的框架柱具有大体上相同的塑性变形能力，轴压比大的柱，其配箍特征值大，轴压比小的柱，其配箍特征值小。小偏心受压破坏的钢筋混凝土柱，配值一定量的箍筋，也可以实现有一定延性的破坏形态。

此外，框架结构构件的延性和箍筋的形式有关。研究表明，在其他条件相同情况下，采用连续矩形复合螺旋箍比采用一般复合箍筋可提高柱的极限变形角 25% 左右，所以矩形截面柱采用连续矩形复合螺旋箍，可大大提高其延性性能。

⑤ 纵向配筋率

框架梁的弯曲破坏可以归纳为三种形态：少筋破坏、超筋破坏和适筋破坏。我们知道少筋破坏和超筋破坏是脆性破坏，而适筋破坏属于延性破坏。所以在设计中梁的受拉钢筋控制在一定范围内。若梁纵筋的配筋率小于某一值即出现少筋破坏，该值称为最小配筋率。为了避免少筋破坏，梁纵筋的配筋率必须大于最小配筋率。当受拉钢筋屈服与受压区边缘混凝土达到极限压应变同时发生时，称为界限破坏，此时梁的配筋率称为界限配筋率，为钢筋达到屈服的最大配筋率。梁纵筋的配筋率若大于最大配筋率，则出现超筋破坏。为避免超筋破坏，梁纵筋的配筋率不能大于最大配筋率。

大量试验研究表明：随着纵筋配筋率的增大，框架梁的延性性能降低，同时框架梁尚应满足最小配筋率要求。

为了避免地震作用下框架柱过早进入屈服阶段，增大屈服时柱的变形能力，提高柱的延性和耗能能力，全部纵筋的配筋率不应过小。

综上所述，提高柱的纵向钢筋的配筋率，可以提高其轴压承载力，降低轴压比；同时，还可以提高轴压力作用下的正截面承载力，推迟屈服。

（3）强节点、强锚固

节点区域受力复杂，容易发生破坏。节点的可靠与否直接关系梁、柱能否可靠工作，必须做到强节点。钢筋锚固的好坏是构件能否发挥承载力的关键。

由于节点区的受力状况非常复杂，所以结构设计时只有保证各节点不出现脆性剪切破坏，才能使梁、柱充分发挥其承载能力和变形能力。即在梁、柱塑性铰顺序完成之前，节点区不能过早破坏。

在地震和竖向荷载作用下，主要是剪力和压力。节点核心区可能出现的破坏形式有两种：剪压破坏和粘结锚固破坏。核心区的受剪承载力一般都不足，在剪压作用下出现斜裂缝，在地震往复作用下，形成交叉裂缝使混凝土挤碎，纵向钢筋压屈为灯笼状。另一方面，在地震往复作用下，框架梁伸入核心区的纵筋与混凝土间的粘结破坏，导致梁端转角增大，从而增大了层间位移。剪压破坏和粘结锚固破坏都不是延性破坏，核心区不能作为框架的耗能部位。因此，核心区的抗震设计概念是强核心区和强锚固。主要抗震的构造措施是配置足够的箍筋、梁的上部钢筋应贯穿中间节点和梁的下部钢筋在核心区内应有足够的锚固长度。

3.5.2 地震作用效应计算与截面抗震验算

1. 地震作用计算

（1）计算原则

重力荷载代表值和多遇水平地震作用下的框架内力计算，一般采用楼（屋）盖在自身平面内为刚性的假定，采用弹性方法分析。根据框架结构的规则与否，可选用下列几种分析方法：

① 抗侧力构件正交且较规则的框架结构，可在框架结构的两个主轴方向分别考虑水平地震作用，每一方向的水平地震作用全部由该方向框架承担，采用平面抗侧力结构空间协同分析方法。

② 有斜交抗侧力构件且较规则的框架结构，当相交角大于 15°时，应分别计算各框架方向的水平地震作用，仍采用平面抗侧力结构空间协同分析方法。

③ 质量和刚度分布明显不对称的框架结构，应考虑双向水平地震作用下的扭转影响；允许按简化方法计算的情况下，可采用调整地震作用效应的方法考虑扭转影响。

（2）刚度计算

框架刚度均采用弹性刚度 $E_c I_b$，其中，框架梁的截面惯性矩 I_b 取值：

现浇板时，中框架取 $I_b = 2.0 I_0$，边框架取 $I_b = 1.5 I_0$；

装配整体式楼盖及叠合梁时，中框架取 $I_b = 1.5 I_0$，边框架取 $I_b = 1.2 I_0$；

开大洞的各种板时，均取 $I_b = 1.0 I_0$。

注：I_0 为框架梁的矩形截面惯性矩。

（3）周期调整系数

框架房屋的周期应根据在计算中是否考虑填充墙的抗侧力刚度而采取不同的调整系数：当计入填充墙的抗侧力刚度时，周期调整系数 $\Psi_T = 1.0$；当不计入填充墙抗侧力刚度时，对于多孔砖和小型砌块填充墙，可按表 3-16 采用，当为轻质墙体或外墙挂板时，Ψ_T 可取 $0.8 \sim 0.9$。

	Ψ_T 取值			表 3-16
	Ψ_c	$0.8 \sim 1.0$	$0.6 \sim 0.7$	$0.4 \sim 0.5$	$0.2 \sim 0.3$
Ψ_T	无门窗洞	0.5(0.55)	0.55(0.60)	0.60(0.65)	0.70(0.75)
	有门窗洞	0.65(0.70)	0.70(0.75)	0.75(0.80)	0.85(0.90)

注：1. Ψ_c 为有砌体墙框架数与框架总榀数之比；
　　2. 无括号的数值用于一片填充墙长 6m 左右时，括号内数值用于一片填充墙长为 5m 左右时。

2. 内力调整

为使框架房屋具有较合理的地震破坏机制，应按抗震等级对地震内力进行调整，以实现"强柱弱梁"、"强剪弱弯"、"强节点弱构件"的构件设计准则。

3.5.3　构件抗震构造措施

1. 框架梁抗震构造措施

（1）截面尺寸

① 梁截面宽度不宜小于 200mm，高宽比不宜大于 4，净跨与截面高度之比不宜小于 4。

② 梁截面应满足下式要求：

$$V \leqslant \frac{1}{\gamma_{RE}}(0.20f_c b h_0) \qquad (3.5\text{-}1)$$

式中：V——经剪力调整后的梁端截面组合的剪力设计值；

f_c——混凝土轴心抗压强度设计值；

b——梁截面宽度；

h_0——梁截面有效高度。

（2）纵向钢筋配置

① 梁端计入受压钢筋的混凝土受压区高度和有效高度之比，一级不应大于 0.25，二、三级不应大于 0.35。

② 梁端截面的底面和顶面纵向钢筋配筋量的比值，除按计算确定外，一级不应小于 0.5，二、三级不应小于 0.3。

③ 梁端纵向受拉钢筋的配筋率不宜大于 2.5%，沿梁全长顶面、底面的配筋，一、二级不应少于 $2\phi14$，且不应少于梁顶面、底面两端纵向配筋中较大截面面积的 1/4；三、四级不应少于 $2\phi12$。

④ 一、二、三级框架梁内贯通中柱的每根纵向钢筋直径，不应大于矩形截面柱在该方向截面尺寸的 1/20，或纵向钢筋所在位置圆形截面柱弦长的 1/20。

（3）横向钢筋配置

① 梁端箍筋加密区的长度、箍筋最大间距和最小直径应按表 3-17 采用，当梁端纵向受拉钢筋配筋率大于 2% 时，表中箍筋最小直径应增大 2mm。

梁端箍筋加密区的长度、箍筋最大间距和最小直径　　表 3-17

抗震等级	加密区长度（采用较大值）（mm）	箍筋最大间距（采用最小值）（mm）	箍筋最小直径（mm）
一	$2h_b$,500	$h_b/4,6d$,100	10
二	$1.5h_b$,500	$h_b/4,8d$,100	8
三	$1.5h_b$,500	$h_b/4,8d$,150	8
四	$1.5h_b$,500	$h_b/4,8d$,150	6

注：1. d 为纵向钢筋直径；h_b 为梁高。

2. 箍筋直径大于 12mm、数量不少于 4 肢且肢距不大于 150mm 时，一、二级的最大间距可放宽到 150mm。

② 梁端加密区的箍筋肢距，一级不宜大于 200mm 和 20 倍箍筋直径的较大值，二、三级不宜大于 250mm 和 20 倍箍筋直径的较大值，四级不宜大于 300mm。

2. 框架柱抗震构造措施

（1）截面尺寸

① 柱截面的高度和宽度，四级或不超过 2 层时不宜小于 300mm，一、二、三级且超过 2 层时不宜小于 400mm；圆柱的直径，四级或不超过 2 层时不宜小于 350mm，一、二、三级且超过 2 层时不宜小于 450mm。

② 剪跨比宜大于 2。

③ 截面长边与短边的边长之比不宜大于 3。

④ 一、二、三、四级的轴压比不宜超过 0.65、0.75、0.85 和 0.90。

⑤ 柱截面应满足下列抗震受剪承载力控制要求：

剪跨比 $\lambda > 2$ 时　　　　$V \leqslant \dfrac{1}{\gamma_{RE}}(0.20 f_c b h_0)$　　　　(3.5-2)

剪跨比 $\lambda \leqslant 2$ 时　　　　$V \leqslant \dfrac{1}{\gamma_{RE}}(0.15 f_c b h_0)$　　　　(3.5-3)

式中：b、h_0——分别为柱截面宽度和有效高度。

λ——剪跨比，$\lambda = M^c / (V^c h_0)$。按柱端截面组合的弯矩计算值 M^c、对应的截面组合剪力计算值 V^c 及截面有效高度 h_0 确定，并取上下端计算结果的最大值；反弯点位于柱高中部的框架柱可按柱净高与 2 倍柱截面高度之比计算。

（2）纵向钢筋配置

① 纵向钢筋宜对称配置。

② 截面边长大于 400mm 的柱，纵向钢筋间距不宜大于 200mm。

③ 纵向受力钢筋的最小总配筋率应按表 3-18 采用，同时每一侧配筋率不应小于 0.2%。

柱截面纵向钢筋的最小总配筋率（百分率）　　　表 3-18

类别	抗震等级			
	一	二	三	四
中柱和边柱	1.0	0.8	0.7	0.6
角柱	1.1	0.9	0.8	0.7

注：1. 钢筋强度标准值小于 400MPa 时，表中数值应增加 0.1，钢筋强度标准值为 400MPa 时，表中数值应增加 0.05；

　　2. 混凝土强度等级高于 C60 时，上述数值应相应增加 0.1。

④ 柱总配筋率不应大于 5%；剪跨比不大于 2 的一级框架的柱，每侧纵向钢筋配筋率不宜大于 1.2%。

⑤ 边柱、角柱在小偏心受拉时，柱内纵筋总截面面积应比计算值增加 25%。

⑥ 纵向钢筋的绑扎接头应避开柱端箍筋加密区。

（3）横向钢筋配置

① 柱端应设置箍筋加密区，加密区范围应按下列规定采用：一般情

况下取截面高度（圆柱直径）、柱净高的 1/6 和 500mm 三者的最大值；对于底层柱的下端尚不应小于柱净高的 1/3，刚性地面尚应取上、下各 500mm；剪跨比不大于 2 的柱，因设置填充墙形成的柱净高与柱截面高度之比不大于 4 的柱，及一、二级框架的角柱，应取全高。

②　柱箍筋在规定的加密区范围内应加密，一般情况下，箍筋间距和直径应符合表 3-19 的要求。表中 d 为柱纵筋最小直径，柱根指底层柱下端箍筋加密区。

柱箍筋加密区的箍筋最大间距和最小直径（mm）　　　表 3-19

抗震等级	箍筋最大间距（采用较小值） （mm）	箍筋最小直径 （mm）
一	$6d$, 100	10
二	$8d$, 100	8
三	$8d$, 150（柱根 100）	8
四	$8d$, 150（柱根 100）	6（柱根 8）

注：1. 一级框架柱的箍筋直径大于 12mm 且箍筋肢距不大于 150mm、二级框架柱的箍筋直径大于 10mm 且箍筋肢距不大于 200mm 时，除底层柱下端外，箍筋最大间距可为 150mm。

2. 三级框架柱的截面尺寸不大于 400mm 时，箍筋最小直径可为 6mm。

3. 四级框架柱剪跨比不大于 2 时，箍筋直径不应小于 8mm。

4. 剪跨比不大于 2 时，箍筋间距不应大于 100mm。

③　箍筋加密区的箍筋肢距，一、二、三、四级分别不宜大于 200mm、250mm、250mm、300mm。至少每隔一根纵向钢筋宜在两个方向有箍筋或拉筋约束；采用拉筋复合箍时，拉筋宜紧靠纵向钢筋并钩住箍筋。

④　柱箍筋加密区的体积配箍率应符合下式要求：

$$\rho_v \geqslant \lambda_v f_c / f_{yv} \qquad (3.5\text{-}4)$$

式中：ρ_v——柱箍筋加密区的体积配箍率，一、二、三、四级分别不应小于 0.8%、0.6%、0.4% 和 0.4%；计算复合螺旋箍的体积配箍率时，其非螺旋箍的箍筋体积应乘以折减系数 0.8；

　　　f_c——混凝土轴心抗压强度设计值，强度等级低于 C35 时按 C35 计算；

　　　f_{yv}——箍筋或拉筋抗拉强度设计值；

　　　λ_v——最小配箍特征值，按表 3-20 采用。

剪跨比不大于 2 的柱宜采用复合螺旋箍或井字复合箍，其体积配箍率不应小于 1.2%，9 度一级时不应小于 1.5%。

柱箍筋加密区的箍筋最小配箍特征值　　　　表 3-20

抗震等级	箍筋形式	柱轴压比								
		≤0.3	0.4	0.5	0.6	0.7	0.8	0.9	1.0	1.05
一	普通箍、复合箍	0.10	0.11	0.13	0.15	0.17	0.20	0.23	—	—
	螺旋箍、复合或连续复合矩形螺旋箍	0.08	0.09	0.11	0.13	0.15	0.18	0.21	—	—

抗震等级	箍筋形式	柱轴压比								
		≤0.3	0.4	0.5	0.6	0.7	0.8	0.9	1.0	1.05
二	普通箍、复合箍	0.08	0.09	0.11	0.13	0.15	0.17	0.19	0.22	0.24
	螺旋箍、复合或连续复合矩形螺旋箍	0.06	0.07	0.09	0.11	0.13	0.15	0.17	0.20	0.22
三、四	普通箍、复合箍	0.06	0.07	0.09	0.11	0.13	0.15	0.17	0.20	0.22
	螺旋箍、复合或连续复合矩形螺旋箍	0.05	0.06	0.07	0.09	0.11	0.13	0.15	0.18	0.20

注：普通箍指单个矩形箍和单个圆形箍，复合箍指由矩形、多边形、圆形箍或拉筋组成的箍筋；复合螺旋箍指由螺旋箍与矩形、多边形、圆形箍或拉筋组成的箍筋；连续复合矩形螺旋箍指用一根通长钢筋加工而成的箍筋。

⑤ 非加密区的箍筋配置应符合下列要求：

柱箍筋非加密区的体积配箍率不宜小于加密区的 50％，一、二级框架柱的箍筋间距不应大于 10 倍纵向钢筋直径，三、四级框架柱的箍筋间距不应大于 15 倍纵向钢筋直径。

3．梁柱节点抗震构造措施

（1）框架梁柱节点核芯区箍筋的最大间距和最小直径可参照柱加密区箍筋的规定执行。

（2）一、二、三级框架节点核芯区配箍特征值分别不宜小于 0.12、0.10、0.08，且体积配箍率分别不宜小于 0.6％、0.5％、0.4％。

（3）柱剪跨比不大于 2 的框架节点核芯区，体积配筋率不小于核芯区上、下柱端的较大体积配箍率。

3.6　框架—剪力墙及剪力墙结构房屋设计要点

现行抗震设计规范和高规中框架和剪力墙承担的地震剪力是按楼层弹性刚度对楼层总地震作用进行分配，由于在地震过程中剪力墙底部和各层剪力墙的连梁都可能不同程度地进入非弹性，剪力墙的基础也可能有一定的相对转动变形，引起剪力重分配，从而增大框架承担的部分剪力。考虑这一因素，现行规范都用一定比例的底部总剪力 V_0 来调整。

UBC 97.1629.6.5 条对框—剪结构（DUAL SYSTEM）要求框架应按独立承担底部设计剪力的 25％进行设计，IBC 2003 1617.6.21 条改为框架至少应能承受作用力的 25％，框—剪结构中框架应满足不考虑剪力墙、单独承受各层侧力设计值得 25％进行设计。侧力设计值是框—剪结构体系按规范求出底部剪力设计值，再按规范规定的方法沿建筑高度分配到各层。规范要求对框架单独进行第二次分析，并不需要重新计算周期和底部剪力。框架每层的侧力至少应为框—剪结构对应楼层侧力的 1/4，框—剪结构在侧力作用下的分析表明，临近底部几乎全部楼层剪力都被剪力墙承受，框架则沿楼层向上担负越来越多的剪力，接近高层建筑顶部，剪力墙的剪力可能与作用力的方向相同，也就是框架承受的剪力大于楼层剪力。假如框架柱按以上分析结果进行设计，结构底部的柱将过于薄弱。按侧力设计值的 25％的要求是为了保证底部柱有足够的强度和刚度，按侧力设计值的 25％进行二次分析，主要对下部各层框架柱的设计起控制作用。1982 年美国加州大学伯克利分校曾对钢筋混凝土框—剪结构抗震性能进行一系列分析和试验研究，将 Pacoima 地震反应分别作用于剪力墙模型和框—剪模型进行对比，当框—剪模型的框架对结构刚度和耗能的贡献约为 25％时，框—剪结构表现出很好的抗倒塌作用。

我国建筑抗震设计规范对框—剪结构剪力墙的设计与一般剪力墙结构相同，但在构造上要求框—剪结构剪力墙的周边应设置梁或暗梁和端柱，其中楼层处的梁只作为构造要求，这一设计概念来源于日本用于层数不多于 20 层的框—剪结构，剪力墙周边框架梁柱承受全部重力荷载，剪力墙受周边框架梁柱的约束，在侧向反复大变形作用下只承受剪力，墙板在楼层区格内产生斜向交叉裂缝，达到耗能作用，剪力墙周边框架梁柱仍能承受重力荷载，起到多道防线作用。在日本建筑学会耐震设计导则中有具体的设计计算方法，为了避免裂缝通过楼层梁，梁截面应满足受剪要求，剪力墙平面内的斜向压撑作用对端柱有较大的附加剪力，特别在剪力墙底部。从以上分析可以看出我国规范从构造上要求设楼层梁或暗梁，其目的主要是限制剪力墙裂缝的发展，剪力墙周边框架可作为第二道防线。但应看到其不利方面，高层框—剪结构的剪力墙可按一般剪力墙结构设计，不需设楼层梁或暗梁，当剪力墙中部有较宽门洞特别是门洞靠近端柱时可设楼层梁，有利于传力，但这类门洞对一、二级剪力墙底部加强部位应当避免。

抗震设计的钢筋混凝土高层建筑结构，根据设防烈度、结构类型、房屋高度区分为不同的抗震等级，采用相应的计算和构造措施，抗震等级的高低，体现了对结构抗震性能要求的严格程度。特殊要求时则提升至特一级，其计算和构造措施比一级更严格。

3.6.1　延性结构设计的几个概念

1. 材料延性、构件延性与结构延性
① 从材料角度来看，延性指的是材料屈服以后的变形能力。
② 从构件截面角度来看，延性指的是截面屈服以后的变形能力。
③ 从结构角度来看，延性可用变形来表示。
当结构中某些部位出现塑性铰后，荷载与位移将呈现非线性关系，当荷载增加很少而位移迅速增加时，可认为结构"屈服"；当承载能力明显下降或结构处于不稳定状态时，认为结构破坏，达到极限位移。结构的延性常常用顶点位移或层间极限位移延性比表示，即

$$\mu = \Delta_u / \Delta_y$$

当 $\mu=1$ 时，表示结构屈服即坏，没有延性，是脆性破坏。μ 值，越大表示结构的延性越好。

2. 结构与构件滞回特性

通过大量试验研究得到的钢筋混凝土结构构件的荷载—位移滞回曲线，表达了在反复周期荷载下受力性能的变化，反映了裂缝的开展和闭合、钢筋的屈服和强化、钢筋的粘结退化和滑移、混凝土的局部破坏和剥落，是构件和结构的强度、刚度、延性等力学特征的综合反映。滞回环面积的大小表明了构件和结构的吸收能量的能力。

图 3-49a 所示的是一个理想化的弹塑性结构的滞回曲线，实际中并不存在这样性能的结构。图 3-49b 是框架梁塑性铰部位理想状态的滞回曲线，滞回环面积约为图 3-49a 理想化滞回曲线的 70%～80%，这就表明其塑性变形吸收的能量约占地震反映能量的 70%～80%。图 3-49c 是中等至较高轴压比框架柱的滞回曲线，滞回环面积与 3-49a 相比显然吸收地震能量的能力大大降低。图 3-49d 是在低轴力作用下矮墙的滞回曲线，表明在反复荷载下矮墙底部裂缝开展而引起了墙体滑移。

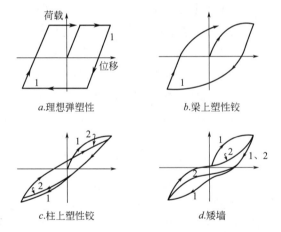

图 3-49
钢筋混凝土构件和
结构的典型荷载—
位移滞回曲线

构件的延性要求一般都高于结构的延性要求，二者的关系与结构塑性铰形成后的破坏机制有关。例如 10 层的框架结构，若按柱铰机制分析求得柱根截面曲率延性系数要求达 100 以上，这对于一般钢筋混凝土结构是无法满足的。而同一结构，若按梁铰机制分析求得柱根截面曲率延性系数仅为柱铰机制的 1/10，这对于一般钢筋混凝土结构采取一定的构造措施是不难满足的。大量研究分析说明当梁铰机制的框架结构的总体结构位移系数为 3～5 时，楼层位移系数可能为 3～10，而梁构件的位移系数可能为 5～15 或更多。

试验研究表明，梁截面的受压与受拉配筋接近时不难达到曲率延性系数 10 以上。压应力较大的柱截面位移系数一般不大于 3，当柱截面混凝土有良好的约束时位移延性系数可达到 4～6。具有纵横配筋及对角交叉配筋剪力墙的位移延性系数也可达到4～6。

3. 延性对结构抗震性能的影响

延性越好，结构的抗震能力也就越好。在大震下，即使结构构件达到屈服，仍然可以通过屈服截面的塑性变形来消耗地震能量，避免发生脆性破坏。在大震后的余震发生时，因为塑性铰的出现，结构的刚度明显变小，周期变长，所受地震力会明显减小，震害减轻。地震过后，结构的修复也较容易。因此在地震区，结构必须具备一定的延性，并且设防烈度越高、结构高度越大，对延性的要求也越高。

3.6.2　延性剪力墙结构设计要点

强柱弱梁破坏的框架结构，即使在地震中不倒塌，其修复也是很困难的，同时修复的费用可能会高于重建的费用。历次地震中，钢筋混凝土框架结构破坏严重的原因，主要是框架结构的刚度小、变形大。而剪力墙的抗侧、抗扭刚度大，小震作用下的变形小，承载能力大；合理设计的剪力墙具有良好的延性和耗能能力，大震作用下的破坏程度轻；与框架一起抗侧力时，可以降低框架的抗震要求。

剪力墙是高层建筑钢筋混凝土结构以及钢—混凝土混合结构的主要抗侧力结构单元。它可以组成完全由剪力墙抵抗侧力的剪力墙结构，也可以和框架共同抵抗侧向力而形成框架—剪力墙结构，实腹筒也是由剪力墙组成的。剪力墙具有较大刚度，在结构中往往承受水平力的大部分，成为一种有效的抗侧力结构。在地震区，设置剪力墙（筒体）可以改善结构抗震性能。在抗震结构中剪力墙也称为抗震墙。

1. 延性剪力墙结构设计概念

钢筋混凝土延性剪力墙结构设计的基本措施是：

（1）强墙肢，弱连梁

弹性阶段，剪力墙的性能与整体系数 α 有关。整体系数为连梁刚度与墙肢刚度的比值。弹性分析表明：连梁刚度小、$\alpha \leqslant 1$ 时，连梁对墙肢的约束弯矩很小，可以忽略连梁对墙肢的约束，把连梁看成铰接连杆，只传递水平力，墙肢各自承担水平力，剪力墙的刚度、承载力为各墙肢刚度、承载力之和；连梁刚度大、$\alpha \geqslant 10$ 时，连梁对墙肢的约束大，在水平力作用下，剪力墙的截面应力分布接近直线，剪力墙接近整体墙，剪力墙的刚度、承载力大；$1 \leqslant \alpha \leqslant 10$ 时，为联肢剪力墙，工程中的剪力墙大部分为联肢墙；剪力墙洞口加宽，墙肢截面长度减小，而连梁与墙肢的刚度比增大，$\alpha \geqslant 10$ 时，剪力墙逐步变化为框架。

对于联肢墙，整体系数 α 值愈大，连梁对墙肢的约束愈大，墙的抗侧刚度也愈大。双肢墙只有一排连梁，是最简单的一种联肢墙，其剪力最大的连梁约在墙高度的中部，α 值愈大，剪力最大的连梁的位置愈接近底截面；α 值增大，连梁剪力增大，墙肢轴力也增大，而墙肢弯矩减小。

整体系数位 $\alpha \leqslant 1$ 的剪力墙，其延性和耗能能力取决于各墙肢的延性和耗能能力；整体系数 $\alpha \geqslant 10$ 的剪力墙，可以将其视为整体，其延性和耗能能力取决于墙整体的破坏形态、延性和耗能能力；影响 $1 \leqslant \alpha \leqslant 10$ 的联肢墙的延性和耗能能力的因素要复杂得多，主要与联肢墙的整体破坏形态、连梁和墙肢的破坏形态、连梁和墙肢的延性和耗能能力等有关。

联肢墙可能的破坏形态为：①连梁的承载力大，连梁不屈服，联肢墙作为整体斜截面剪切破坏或正截面压弯破坏；②连梁的承载力小，连梁屈服，墙肢承载力大，墙肢不屈服；③连梁的承载力小，连梁屈服，墙肢也屈服。第一种破坏形态的联肢墙类似于整体系数 $\alpha \geqslant 10$ 的剪力墙，应避免整体斜截面剪切破坏、实现整体弯曲破坏，但剪力墙的塑性变形集中在其底部，必须通过抗震构造措施，使墙的底部具有大的延性和耗能能力，才能避免结构倒塌。第二种破坏形态可以保证结构不倒塌，但由于仅连梁屈服耗能，对连梁的延性和耗能能力的要求高，连梁应采取措施，避免剪切破坏、实现弯曲破坏，连梁是否有能力提供大震所要求的延性和耗能，与连梁的抗震构造措施有关。第三种破坏形态是联肢墙比较普遍的破坏形态，连梁可能剪切破坏或弯曲破坏，墙肢底部弯曲破坏，通过抗震构造措施使墙肢具有大的延性和耗能能力，即使连梁剪切破坏，也可以避免结构倒塌。

与框架的强柱弱梁类似，联肢墙的破坏形态以强墙肢弱连梁为好，即连梁先于墙肢屈服，使塑性变形和耗能分散于连梁中，但允许墙肢屈服，降低对连梁延性和耗能能力的要求。

实现强墙肢弱连梁的方法不同于实现强柱弱梁的方法，规范通过弹性计算时连梁的刚度折减，从而减小连梁的内力设计值、降低连梁的承载力。

（2）强剪弱弯

在轴压力和水平力的作用下，墙肢可能出现的破坏形态为：底部受拉钢筋屈服的弯曲破坏，剪拉破坏，剪压破坏，剪切滑移破坏，平面外错断破坏，施工界面上的滑移破坏。除弯曲破坏为延性耗能破坏外，其他都是脆性破坏，应在设计中避免。剪拉破坏是混凝土沿主斜裂缝劈裂破坏，剪拉破坏的原因是抗剪分布钢筋不足，通过配置不小于一定数量的分布钢筋（不少于最小分布钢筋的配筋率），可以避免剪拉破坏；通过强剪弱弯设计可以避免剪压破坏。平面外错断的主要原因是墙肢端部的纵向钢筋少，通过设置边缘构件或端部配置一定量的纵筋可以避免平面外错断。可能出现滑移破坏的位置是施工缝截面，因此，可以通过剪力墙施工缝截面抗滑移验算、配置抗滑移钢筋防止滑移破坏。

在弯矩和剪力的作用下，连梁可能出现的破坏形态为弯曲破坏、剪切滑移破坏和剪切破坏。连梁的延性和耗能能力来源于两端的弯曲屈服，应避免脆性剪切破坏。

工程设计中，采用剪力增大系数调整墙肢底部加强部位截面的剪力计算值和连梁梁端截面组合的剪力计算值，使墙肢和连梁实现强剪弱弯。

（3）限制剪压比

墙肢、连梁截面的剪压比超过一定值时，将过早出现斜裂缝，当增加横向钢筋或箍筋不能提高其受剪承载力，抗剪钢筋不能充分发挥其抗剪作用，抗剪钢筋未屈服的情况下，墙肢或连梁混凝土发生斜压破坏。为了避免这种破坏，应限制墙肢和连梁截面的平均剪应力与混凝土轴心抗压强度的比值，即限制剪压比，也就是限制剪力设计值。

（4）限制墙肢轴压比

随着建筑高度的增加，剪力墙墙肢的轴压力也增加。与钢筋混凝土柱相同，轴压比是影响墙肢延性的主要因素之一。图 3-50 为轴压比试验值为 0.2 和 0.4 的两片剪力墙的水平力—位移滞回曲线，大偏心受压的高轴压比墙与低轴压比墙的受力性能的主要区别有：

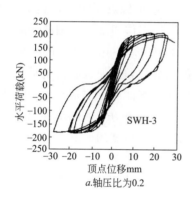
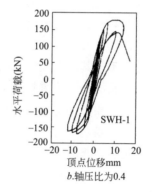

图 3-50
不同轴压比剪力墙的水平荷载—位移滞回曲线

① 破坏形态不同。低轴压比墙出现受拉裂缝在前，压区混凝土压碎在后，有比较多的斜裂缝，开展充分；高轴压比墙先是压区混凝土压碎剥落，破坏前才出现受拉裂缝，但没有开展。

② 端部纵筋屈服情况不同。低轴压比墙受拉端纵筋先屈服，高轴压比墙受压端纵筋先屈服。

③ 塑性变形能力不同。低轴压比墙屈服后的力—位移骨架线的水平段长、稳定，位移延性系数大；高轴压比墙达到峰值承载力后，承载力迅速下降，骨架线没有水平段，位移延性系数小。

④ 耗能能力不同。低轴压比墙有较好的耗能能力，而高轴压比墙的耗能能力较差。

对于一定高宽比的剪力墙，为了达到要求的位移延性系数，应限制相对受压区高度；为了工程应用方便，在一定条件下，限制相对受压区高度可以转换为限制轴压比。一般情况下，墙肢底部是最有可能屈服、形成塑性铰的部位，也是限制轴压比的部位。

2. 延性墙肢设计

(1) 避免小剪跨比

与钢筋混凝土柱相同,墙肢是弯曲破坏还是剪切破坏,与其剪跨比密切相关。水平地震作用下,剪跨比大于 2 的剪力墙以弯曲变形为主,可以实现延性弯曲破坏;剪跨比在 2 与 1 之间的剪力墙,剪切变形比较大,一般会出现斜裂缝,通过强剪弱弯设计,有可能实现有一定延性和耗能能力的弯曲、剪切破坏;剪跨比小于 1 的剪力墙为矮墙,为脆性的剪切破坏。工程设计中,应避免出现矮墙。

对于 $\alpha \geq 10$ 且剪跨比小于 2 的剪力墙,或剪跨比小于 2 的墙肢,可以通过设置大洞口,将长墙分成剪跨比大于 2 的墙。当连梁刚度大致使联肢墙成为整体墙,其剪跨比小于 2 时,也可以设置大洞口,或减小部分连梁高度,使之成为跨高比大、受弯承载力小、容易屈服的连梁,将整体墙分成若干剪跨比大于 2 的墙段。

(2) 设置底部加强部位

按强墙肢、弱连梁设计的剪力墙在水平地震影响下,连梁首先屈服,然后,墙肢底截面受拉钢筋屈服,随着地震作用增大,钢筋屈服的范围上移,形成塑性铰。塑性铰的长度,一般为 0.3~0.8 倍墙肢截面长。适当提高塑性铰范围及其以上相邻范围的承载力和加强抗震构造措施,对于提高剪力墙的抗震能力、改善整个结构的抗震性能是非常有用的。墙肢底部塑性铰及其以上相邻的一定高度范围,即为剪力墙的底部加强部位。我国有关规范、规程规定了剪力墙底部加强部位高度的取值。

为加强抗震等级为一级的剪力墙的抗震能力,我国规范规定:底部加强部位及以上一层,采用墙肢底部截面组合的弯矩计算值。

(3) 墙肢斜截面受剪承载力

墙肢的斜截面剪切破坏大致可以归纳为三种破坏形态:剪拉破坏、斜压破坏和剪压破坏。剪拉破坏属脆性破坏,通过配置横向和竖向分布钢筋,可以避免剪拉破坏。通过限制受剪截面的剪压比,可以避免斜压破坏。剪压破坏是最常见的墙肢剪切破坏形态,其破坏过程为:墙肢在竖向力和水平力共同作用下,首先出现水平裂缝或细的倾斜裂缝;水平力增加,出现一条主要斜裂缝,并延伸扩展,混凝土受压区减小;最后斜裂缝尽端的受压区混凝土在剪应力和压应力共同作用下破坏,横向钢筋屈服。

墙肢斜截面受剪承载力计算公式主要建立在剪压破坏的基础上。受剪承载力由两部分组成:横向钢筋的受剪承载力和混凝土的受剪承载力。

在轴压力和水平力共同作用下,剪跨比不大于 1.5 的墙肢以剪切变形为主,首先在腹部出现斜裂缝,形成腹剪斜裂缝,裂缝部分的混凝土随即退出工作。取混凝土出现腹剪斜裂缝时的剪力作为混凝土部分的受剪承载力偏于安全。剪跨比大于 1.5 的墙肢在轴压力和水平力共同作用下,在截面边缘出现的水平裂缝向弯矩增大方向倾斜,形成弯剪裂缝,可能导致斜截面剪切破坏。出现弯剪裂缝时混凝土所承担的剪力作为混凝土受剪承载力会偏于安全，与混凝土出现腹剪斜裂缝时的剪力相似，也只考虑剪力墙腹板部分混凝土的抗剪作用。大偏心受拉时，墙肢截面还有部分受压区，混凝土仍可以抗剪。

作用在墙肢上的轴向压力加大了截面的受压区，提高了受剪承载力；而轴向拉力对抗剪不利，降低了受剪承载力。计算墙肢斜截面受剪承载力时，需计入轴力的有利或不利影响。

（4）设置约束边缘构件

约束边缘构件是指配置一定数量箍筋的暗柱、端柱和翼墙。若墙肢的轴压比较小，截面受压边缘混凝土达到非约束混凝土的极限压应变时，墙肢截面的曲率延性系数可以满足抗震要求，墙肢两端可不设约束边缘构件；否则，需要设置约束边缘构件，增大墙肢边缘混凝土的极限压应变，增大截面的塑性变形能力。约束边缘构件的构造要求包括 4 个方面：沿墙肢截面的长度和沿墙肢的高度，箍筋数量（配箍特征值），水平分布筋在约束边缘构件内的锚固，纵筋面积。

墙肢约束边缘构件的长度和配箍特征值随轴压比的增大而增大。若约束范围较长，配箍量较大，可以将约束范围分为两段，采用两种配箍量，靠中和轴的一段的配箍量可减少。若轴压比超过一定值，则约束长度和配箍量太大，即使再增大配箍量，也不能达到需要的位移延性系数。

（5）分布钢筋的最小配筋率

墙肢应配置竖向和横向分布钢筋，分布钢筋的作用是多方面的：抗剪、抗弯、减少收缩裂缝等。竖向分布钢筋过少，墙肢端的纵向受力钢筋屈服时，裂缝宽度大；横向分布钢筋过少时，斜裂缝一旦出现，就会发展成一条主要斜缝，使墙肢沿斜裂缝劈裂成两半；竖向分布钢筋也起到限制斜裂缝开展的作用。墙肢的竖向和横向分布钢筋的最小配筋要求相同。

（6）墙肢端部设置钢骨

为提高剪力墙的抗震性能，可以在墙肢的端部设置钢骨，成为无边框钢骨混凝土剪力墙（图 3-51a），常用于单片剪力墙或核心筒。无边框钢骨混凝土剪力墙中一般应使钢骨强轴与墙轴线平行，以增强墙板的平面外刚度。当剪力墙设置于钢骨混凝土柱之间或钢骨混凝土梁柱框架之间并形成整体时，则成为有边框剪力墙（图 3-51b），可用于框架—剪力墙结构。

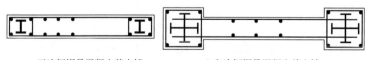

a.无边框钢骨混凝土剪力墙　　　　　b.有边框钢骨混凝土剪力墙

图 3-51
钢骨混凝土剪力墙的形式

无边框钢骨混凝土剪力墙腹板的水平钢筋应在钢骨外绕过或与钢骨焊接。有边框钢骨混凝土剪力墙的边框柱和边框梁的钢骨与钢筋构造要求，与钢骨混凝土梁柱基本相同。剪力墙腹板内的水平钢筋应伸入边柱，有足够的锚固长度。当采用钢骨混凝土梁影响墙板混凝土的浇筑时，也可采用钢筋混凝土边框梁。

钢骨混凝土剪力墙腹板部分的竖向及水平分布筋的构造要求与钢筋混凝土剪力墙相同。此外，由于剪力墙端部钢骨往往承受较大拉力，钢骨应在基础内有可靠的锚固。

试验表明，压弯破坏的无边框钢骨混凝土剪力墙在达到最大荷载时，端部钢骨均达到屈服。钢骨屈服后，由于墙板下部混凝土压碎，以及钢骨周围混凝土剥落，会产生剪切滑移破坏或腹板剪压破坏。而钢筋混凝土剪力墙端部暗柱钢筋屈服后，除产生剪切滑移破坏，还可能产生平面外错断破坏，承载力很快降低，延性未得到充分发挥。设置钢骨暗柱，且钢骨强轴与墙面平行，可以提高剪力墙平面外的刚度，改善剪力墙的平面外性能，防止平面外错断破坏，提高剪力墙的延性。有边框钢骨混凝土剪力墙在压弯作用下的受弯性能，与无边框钢骨混凝土剪力墙基本相同。

剪切破坏的无边框钢骨混凝土剪力墙在反复水平荷载作用下，首先在剪力墙底部附近出现第一批弯剪斜裂缝；随着荷载增大，第一批斜裂缝不断扩展和延伸，同时在其上方出现第二批斜裂缝；之后，斜裂缝发展迅速，形成一条贯通的主斜裂缝。主斜裂缝出现后不久，荷载很快达到最大值。最大荷载后，裂缝发展主要集中在主斜裂缝上，主斜裂缝附近的混凝土破碎而逐渐崩落，承载力下降，墙体产生剪切破坏。在加载后期，暗柱钢骨受腹板混凝土压碎挤压向外凸出，并沿钢骨出现竖向裂缝，钢骨外混凝土保护层剥落。剪切破坏的钢骨混凝土剪力墙的水平荷载—位移滞回曲线呈捏拢形状，但比钢筋混凝土剪力墙有所改善。

单层单跨有边框钢骨混凝土剪力墙（钢骨混凝土边框梁柱＋钢筋混凝土腹板）在水平荷载作用下，先在边框柱出现弯曲裂缝，后在腹板出现剪切斜裂缝。随着荷载增大，斜裂缝不断开展，并形成许多大体平行的斜裂缝，最后腹板中部的斜裂缝连通而剪切破坏。与有边框钢筋混凝土剪力墙的不同之处是，腹板部分产生剪切破坏后，由于边框钢骨混凝土柱具有较大抗弯能力，水平承载力降低缓慢。此外，由于边框梁柱的约束作用，钢筋混凝土腹板部分的受剪承载力也有所提高。

钢骨混凝土剪力墙在压弯作用下的正截面承载力计算，可将暗柱或边框柱中钢骨面积作为集中配置的钢筋，按钢筋混凝土剪力墙正截面承载力的计算方法进行。

3. 延性连梁设计

连梁的特点是跨高比小，住宅、旅馆剪力墙结构的连梁的跨高比往往小于 2.5，甚至不大于 1.0，在地震作用下，连梁比较容易出现剪切斜裂缝，见图 3-52。

（1）降低连梁的刚度或弯矩设计值

抗震设计的连梁，其刚度并不是越大越好，刚度大，则弯矩、剪力设计值大，难以实现强剪弱弯；同样，其受弯承载力也不是越大越好。

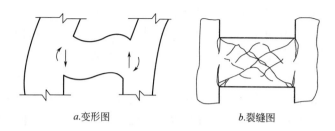

图 3-52
小跨高比连梁的
变形和裂缝

*a.*变形图　　　　　　　*b.*裂缝图

一般剪力墙中，可采用弯矩调幅的方法降低连梁的弯矩设计值，使连梁先于墙肢屈服和实现弯曲屈服。调幅的方法有两种：①在小震作用下的内力和位移计算时，通过折减连梁刚度，使连梁的弯矩、剪力值减小。折减系数不能过小，以保证连梁有足够的承受竖向荷载的能力。②按连梁弹性刚度计算内力和位移，将弯矩和剪力组合值乘以折减系数。用这种方法时应适当增加其他连梁的弯矩设计值，以补偿静力平衡。

根据"强墙肢弱连梁"的抗震设计要求，连梁屈服先于墙肢，连梁应具有大的延性和耗能能力。但普通混凝土连梁尤其是跨高比小的连梁，不能满足延性连梁的要求。研究人员提出了多种改进的连梁，例如，两端配置钢筋销栓连梁、钢连梁、钢骨混凝土连梁、矩形钢管混凝土连梁等。这里介绍三种延性耗能连梁。

（2）开缝混凝土连梁

开缝连梁的示意图如图 3-53 所示。对于跨高比较小的连梁，在连梁腹板上沿跨度方向预留一条或两条缝或槽，将连梁沿梁高方向分成几根跨高比较大的梁，在大震作用下，发生延性较好的弯曲破坏。

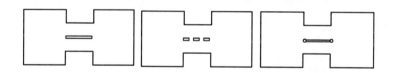

图 3-53
几种开缝混凝土
连梁

（3）交叉配筋和菱形配筋连梁

交叉配筋和菱形配筋连梁的配筋示意图如图 3-54 所示。其原理是利用交叉斜筋来抵抗地震作用下不断改变方向的剪力，斜筋方向和主拉应力方向接近，斜筋抵抗由弯剪作用所引起的主拉应力，有效地限制了裂缝的开展。

图 3-54
交叉配筋连梁的
几种形式

*a.*配置交叉斜筋　　　*b.*配置交叉斜撑　　　*c.*配置菱形筋

交叉配筋连梁有明显的优越性：交叉钢筋的竖向分量可以提供两个方向的剪力，有效防止剪切滑移破坏；交叉钢筋可以承担混凝土开裂、退出工作后的拉力，有效防止斜裂缝继续开展，避免剪切破坏。

为防止交叉斜筋压屈，可以采用 4 根钢筋用矩形箍或螺旋箍绑成斜柱，两个方向的斜柱成为交叉斜撑；箍筋还可以起到约束斜筋周围混凝土的作用。为了保证交叉斜撑（斜筋）发挥作用，钢筋在梁端必须有足够的锚固长度。试验结果表明，配置交叉斜撑的连梁的破坏为斜筋周围混凝土剥落后，斜筋缺少侧向约束，导致受压屈曲而破坏。交叉配筋连梁的延性和耗能能力明显优于普通水平配筋连梁，具有良好的抗震性能。

交叉斜撑需要配置箍筋，制作费工，钢筋密集，厚度小的连梁难以施工。菱形配筋也可以提高抗剪承载力，防止发生剪切滑移破坏，菱形配筋在提供竖向剪力的同时，还可以增大对约束区域混凝土的约束作用，提高混凝土的强度。不足之处在于配筋密集，施工复杂。

（4）钢板混凝土连梁

钢板混凝土连梁是在混凝土连梁中配置钢板的连梁，由钢板抵抗剪力，钢筋混凝土与钢板共同抵抗弯矩。钢板提高了连梁的抗剪承载力，防止连梁发生脆性剪切破坏；更重要的是，钢板作为一个连续体在连梁中有效地防止了斜裂缝的产生和发展，在梁墙交界处有效地防止了反复荷载作用下的弯曲滑移破坏，钢板有良好的塑性变形能力，可以减少箍筋用量，给施工带来方便。

钢板是平面元件，钢板混凝土连梁的构造比交叉配筋连梁、钢骨混凝土连梁简单，施工方便。钢板混凝土连梁的外包混凝土解决了钢板的防火问题，混凝土为钢板提供了侧向约束，有效防止了钢板平面外失稳。通过调整钢板的宽度和厚度，可以满足不同的设计要求，具有很大的灵活性、适应性。

3.7 钢结构房屋设计要点

3.7.1 多、高层钢结构的抗震设计要点

1. 抗震设计的一般规定

地震作用具有较强的随机性和复杂性，要求在强烈地震作用下结构仍然保持在弹性状态，不发生破坏是很不经济的。既经济又安全的抗震设计是允许在强烈地震作用下破坏严重，但不应倒塌。因此，依靠弹塑性变形消耗地震的能量是抗震设计的特点，提高结构的变形、耗能能力和整体抗震能力，防止高于设防烈度的"大震不倒塌"不倒是抗震设计要达到的目标。

总结历次强烈地震的经验、教训和结构抗震性能的试验以及分析研究成果，得出一些很有价值的抗震设计概念，通常我们称之为抗震设计的一般规定。

（1）结构平、立面布置以及防震缝的设置

　　和其他类型的建筑结构一样，多高层钢结构房屋的平面布置宜简单、规则和对称，并应具有良好的整体性；建筑的立面和竖向剖面宜规则，结构的抗侧刚度宜均匀变化，竖向抗侧力构件的截面尺寸和材料强度宜自下而上逐渐减小，避免抗侧力结构的侧向刚度和承载力突变。

　　多高层钢结构房屋一般不宜设防震缝，薄弱部位应采取措施提高抗震能力。当结构体型复杂、平立面特别不规则，必须设置防震缝时，可按实际需要在适当部位设置防震缝，形成多个较规则的抗侧力结构单元，防震缝缝宽应不小于相应钢筋混凝土结构房屋的 1.5 倍。

　　（2）各种不同结构体系的多层和高层钢结构房屋适用的高度和最大高宽比

　　表 3-21 所列为规范规定的各种不同结构体系多层和高层钢结构房屋的最大适用高度，如某工程设计高度超过表中所列的限值时，必须按建设部规定进行超限审查。表 3-20 中所列的各项取值是在研究各种结构体系的结构性能和造价的基础之上，按照安全性和经济性的原则确定的。纯钢框架结构有较好的抗震能力，即在大震作用下具有很好的延性和耗能能力，但在弹性状态下抗侧刚度相对较小。研究表明，对 6 度、7 度设防和非设防的结构，即水平地震力相对较小的结构，最大经济层数是 30 层约 110m，则此时规范规定最高高度不应超过 110m。对于 8 度、9 度设防的结构，地震力相对较大，层数应适当减小。参考对已建的北京长富宫中心饭店（纯钢框架结构、8 度设防、26 层高 94m）等建筑，8 度设防的纯钢框架结构最高适用高度设为 90m，9 度设防的纯钢框架结构最大适用高度设为 50m。框架—支撑（抗震墙板）结构是在纯框架结构增加了支撑或带竖缝墙板等抗侧构件，从而提高了结构的整体刚度和抗侧能力，即这种结构体系可以建得更高。同时参考已建的北京京城大厦（框架—抗震墙板结构、8 度设防、52 层高 183.5m）、北京京广中心（框架—抗震墙板结构、8 度设防、53 层高 208m）等建筑，规范规定 8 度设防的结构，最大适用高度为 180m；对 6 度、7 度地区和非设防地区适当放宽，定为 220m；9 度地区适当减小，定为 120m。筒体结构是超高层建筑中应用较多，也是建筑物高度最高的一种结构形式，世界上最高的建筑物大多采用筒体。由于我国在超高层建筑方面的研究和经验不多，故参考国内外已建工程，规范将筒体结构在 6 度、7 度地区的最大适用高度定为 300m。8 度、9 度适当减少，其中 8 度定为 260m，9 度定为 180m[1][4]。

钢结构房屋适用的最大高度（m）　　　　　　表 3-21

结构类型	6 度、7 度 (0.10g)	7 度 (0.15g)	8 度		9 度 (0.40g)
			(0.20g)	(0.30g)	
框架	110	90	90	70	50
框架—中心支撑	220	200	180	150	120

结构类型	6度、7度 (0.10g)	7度 (0.15g)	8度		9度 (0.40g)
			(0.20g)	(0.30g)	
框架—偏心支撑（延性墙板）	240	220	200	180	160
筒体（框筒，筒中筒，桁架筒，束筒） 和巨型框架	300	280	260	240	180

注：1. 房屋高度指室外地面到主要屋面板板顶的高度（不包括局部突出屋顶部分）；
　　2. 超过表内高度的房屋，应进行专门研究和论证，采取有效的加强措施；
　　3. 表内的筒体不包括混凝土筒。

表 3-22 所列为钢结构民用房屋适用的最大高宽比。由于对各种结构体系的合理最大高宽比缺乏系统的研究，故本次规范主要从高宽比对舒适度的影响以及参考国内外已建实际工程的高宽比确定。由于纽约著名的建筑物世界贸易中心的高宽比是 6.5，其值较大并具有一定的代表性，其他建筑的高宽比很少有超过此值的，故规范将 6 度、7 度地区的钢结构建筑物的高宽比最大值定为 6.5，8 度、9 度适当缩小，分别为 6.0 和 5.5。由于缺乏对各种结构形式钢结构的合理高宽比最大值进行系统研究，故在本次规范中不同结构形式采用统一值。

钢结构民用房屋适用的最大高宽比　　　　　表 3-22

烈度	6度、7度	8度	9度
最大高宽比	6.5	6.0	5.5

注：1. 计算高宽比的高度从室外地面算起。
　　2. 塔形建筑的底部有大底盘时，高宽比可按大底盘以上计算。

（3）钢结构抗震等级的划分

地震作用下，钢结构的地震反应具有下列特点：①设防烈度越大，地震作用越大，房屋的抗震要求越高；②房屋越高，地震反应越大，其抗震要求应越高。所以，在不同的抗震设防烈度地区、不同高度的结构，其地震作用效应在与其他荷载效应组合中所占比重不同，在小震作用下，各结构均能保持弹性，但在中震或大震作用下，结构所具有的实际抗震能力会有较大的差别，结构可能进入弹塑性状态的程度也是不同的，即不同设防烈度区、不同高度的结构的延性要求也不一样。

因此，综合考虑设防类别、设防烈度和房屋高度等主要因素，划分抗震等级进行抗震设计，是比较经济合理的。抗震等级的划分，体现了对不同抗震设防类别、不同烈度、同一烈度但不同高度的钢结构延性要求的不同，以及同一种构件在不同结构类型中的延性要求的不同。表 3-22 是规范规定的丙类建筑抗震等级划分。

（4）钢框架结构的结构布置

① 钢框架结构均宜双向设置

由于水平地震是由两个相互垂直的地震作用构成的，所以钢框架结构应在两个方向上均具有较好的抗震能力。结构纵横向的抗震能力相互影响和关联，使结构形成空间结构体系。当一个方向的抗震能力较弱时，则会率先屈服和破坏，也将导致结构丧失空间协同能力和另一方向也将产生破坏。对于钢框架结构宜双向均为框架结构体系，避免横向为框架、纵向为连系梁的结构体系，而且还应尽量使横向和纵向框架的抗震能力相匹配。

钢结构房屋的抗震等级　　　　　　　　表 3-23

房屋高度	烈　　度			
	6	7	8	9
≤50m		四	三	二
>50m	四	三	二	一

注：1. 高度接近或等于高度分界时，应允许结合房屋不规则程度和场地、地基条件确定抗震等级；

　　2. 一般情况，构件的抗震等级应与结构相同；当某个部位各构件的承载力均满足 2 倍地震作用组合下的内力要求时，7～9 度的构件抗震等级应允许按降低一度确定。

② 限制单榀框架的使用

单跨的框架结构，地震时缺少多道防线、对抗震不利，本次修订增加了控制单跨框架结构适用范围的要求。即对甲类、乙类建筑及高层的丙类建筑不应采用单跨框架，多层的丙类建筑不宜采用单跨框架。

③ 钢框架结构的梁、柱构件之间应设置为"强柱弱梁"

钢框架的层间变形能力决定于梁、柱的变形性能。柱不但是主要抗侧力构件，还是主要的竖向承载力构件，柱屈服容易引起层屈服，同时柱是压弯构件，其变形能力不如弯曲构件的梁。所以，较合理的框架破坏机制，应该是梁比柱的塑性屈服尽可能早发生和多发生，底层柱柱底的塑性铰较晚形成，各层柱的屈服顺序尽量错开，避免集中在某一层内。这样破坏机制的框架，才能具有良好的变形能力和整体抗震能力。

④ 节点连接的承载能力大于梁、柱构件的承载能力

在钢框架设计中，除了保证梁、柱构件具有足够的承载能力和塑性变形能力以外，保证节点连接的承载力使之不过早破坏也是十分重要的。节点连接合理的抗震设计原则是，在梁柱构件达到极限承载力前节点连接不应发生破坏。由震害调查可见，梁柱节点区的破坏大都是因为节点设计不合理、构造有缺陷以及焊缝质量等方面的原因，在地震作用下焊缝出现裂缝、板材撕裂甚至构件断裂等。因此，保证节点连接处的承载力才能保证结构的抗震性能。

⑤ 梁柱节点域的承载能力应大于梁、柱构件的承载能力

对于钢框架结构，梁柱构件是通过节点的刚性连接而共同工作的，如果节点域在地震作用下率先屈服或破坏，则梁柱构件不能有效地共同工作，梁柱节点域的承载能力应大于梁、柱构件的承载能力。

（5）框架—支撑结构的结构布置

在框架结构中增加中心支撑或偏心支撑等抗侧力构件时，应遵循抗侧力刚度中心与水平地震作用合力接近重合的原则，即在两个方向上均宜对称布置。同时框架支撑之间楼盖的长宽比不宜大于 3，以保证抗侧刚度沿长度方向分布均匀。

中心支撑框架在小震作用下具有较大的抗侧刚度，同时构造简单；但是在大震作用下，支撑易受压失稳，造成刚度和耗能能力的急剧下降。偏心支撑在小震作用下具有与中心支撑相当的抗侧刚度，在大震作用下还具有与纯框架相当的延性和耗能能力，但构造相对复杂。所以对于 7 度区和 8 度区不超过 50m 的钢结构，即地震力相对较小的结构可以采用中心支撑框架，有条件时可以采用偏心支撑、屈曲约束支撑等消能支撑。8 度区超过 50m 或 9 度区的钢结构宜采用偏心支撑框架。

多高层钢结构的中心支撑可以采用交叉支撑、人字支撑或单斜杆支撑，但不宜采用 K 形支撑（如图 3-55 所示）。因为 K 形支撑在地震力作用下可能因受压斜杆屈曲或受拉斜杆屈服，引起较大的侧移使柱发生屈曲甚至倒塌，故抗震设计中不宜采用。当采用只能受拉的单斜杆支撑时，必须设置两组不同倾斜方向的支撑，以保证结构在两个方向具有同样的抗侧能力。对于不超过 50m 的钢结构可优先采用交叉支撑，按拉杆设计，相对经济。中心支撑的具体布置时，其轴线应交汇于梁柱构件的轴线交点，确有困难时偏离中心不应超过支撑杆件宽度，并应计入由此产生的附加弯矩。当中心支撑采用只能受拉的单斜杆体系时，应同时设置不同倾斜方向的两组斜杆，且每组中不同方向单斜杆的截面面积在水平方向的投影面积之差不应大于 10%。

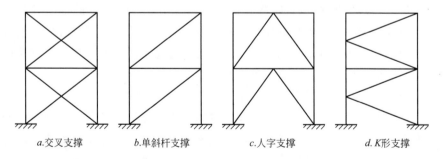

图 3-55
中心支撑类型

　　　　　a.交叉支撑　　　　　b.单斜杆支撑　　　　　c.人字支撑　　　　　d.K形支撑

偏心支撑框架根据其支撑的设置情况分为 D、K 和 V 形，如图 3-56 所示。无论采用何种形式的偏心支撑框架，每根支撑至少有一端偏离梁柱节点，而直接与框架梁连接，则梁支撑节点与梁柱节点之间的梁段或梁支撑节点与另一梁支撑节点之间的梁段即为消能梁段。偏心支撑框架体系的性能很大程度上取决于消能梁段，消能连梁不同于普通的梁，其跨度小、高跨比大，同时承受较大的剪力和弯矩。其屈服形式、剪力和弯矩的相互关系以及屈服后的性能均较复杂，详见文献[1,2]中的有关论述。

采用屈曲约束支撑时，宜采用人字支撑、成对布置的单斜杆支撑等形式，不应采用 K 形或 X 形，支撑与柱的夹角宜在 35°～55°。屈曲约束支撑受压时，其设计参数、性能检验和作为一种消能部件的计算方法可按相关要求设计。

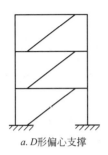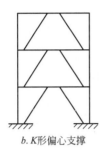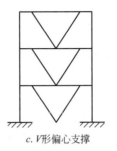

图 3-56
偏心支撑类型

a. D形偏心支撑　　　　b. K形偏心支撑　　　　c. V形偏心支撑

（6）多层和高层钢结构房屋中楼盖形式

在多高层钢结构中，楼盖的工程量占很大的比重，其对结构的整体工作、使用性能、造价及施工速度等方面都有着重要的影响。设计中确定楼盖形式时，主要考虑以下几点：①保证楼盖有足够的平面整体刚度，使得结构各抗侧力构件在水平地震作用下具有相同的侧移；②较轻的楼盖结构自重和较低的楼盖结构高度；③有利于现场快速施工和安装；④较好的防火、隔音性能，便于敷设动力、设备及通信等管线设施。目前，楼板的做法主要有压型钢板现浇钢筋混凝土组合楼板、装配整体式预制钢筋混凝土楼板、装配式预制钢筋混凝土楼板、普通现浇混凝土楼板或其他楼板。从性能上比较，压型钢板现浇钢筋混凝土组合楼板和普通现浇混凝土楼板的平面整体刚度更好；从施工速度上比较，压型钢板现浇钢筋混凝土组合楼板、装配整体式预制钢筋混凝土楼板和装配式预制钢筋混凝土楼板都较快；从造价上比较，压型钢板现浇钢筋混凝土组合楼板也相对较高。

综合比较以上各种因素，规范建议多高层钢结构宜采用压型钢板现浇钢筋混凝土组合楼板，因为当压型钢板现浇钢筋混凝土组合楼板与钢梁有可靠连接时，具有很好的平面整体刚度，同时不需要现浇模板，提高了施工速度。规范同时规定，对于 6 度、7 度不超过 50m 的钢结构尚可采用装配整体式钢筋混凝土楼板，亦可采用装配式楼板或其他轻型楼板。

具体设计和施工中，当采用压型钢板钢筋混凝土组合楼板或现浇钢筋混凝土楼板时，应与钢梁有可靠连接；当采用装配式、装配整体式或轻型楼板时，应将楼板预埋件与钢梁焊接，或采取其他保证楼盖整体性的措施。必要时，在楼盖的安装过程中要设置一些临时支撑，待楼盖全部安装完成后再拆除。

（7）多层和高层钢结构房屋的地下室

规范规定，超过 50m 的钢结构应设置地下室，对 50m 以下的不作规定。当设置地下室时，其基础形式亦应根据上部结构及地下室情况、工程地质条件、施工条件等因素综合考虑确定。地下室和基础作为上部结构连续的锚伸部分，应具有可靠的埋置深度和足够的承载力及刚度。规范规定，当采用天然地基时，其基础埋置深度不宜小于房屋总高度的 1/15；当采用桩基时，桩承台埋置深度不宜小于房屋总高度的 1/20。

钢结构房屋设置地下室时，为了增强刚度并便于连接构造，框架—支撑（抗震墙板）结构中竖向连续布置的支撑（或抗震墙板）应延伸至基础；框架柱应至少延伸至地下一层。在地下室部分，支撑的位置不可因建筑方面的要求而在地下室移动位置。但是，当钢结构的底部或地下室设置钢骨混凝土结构层，为增加抗侧刚度、构造等方面的协调性，可将地下室部分的支撑改为混凝土抗震墙。至于抗震墙是由钢支撑外包混凝土构成还是采用混凝土墙，依设计而定。

是否在高层钢结构的下部或地下室设置钢骨混凝土结构层，各国的观点不一样。日本认为在下部或地下室设置钢骨混凝土结构层时，可以使内力传递平稳，保持柱脚的嵌固性，增加建筑底部刚性、整体性和抗倾覆稳定性。而美国无此要求，故我国规范对此不作规定。

2. 抗震计算

（1）抗震设计的验算内容

多高层钢结构房屋的抗震设计，也是采用两阶段设计法。第一阶段为多遇地震作用下的弹性分析，验算构件的承载力和稳定以及结构的层间侧移；第二阶段为罕遇地震下的弹塑性分析，验算结构的层间侧移。对大多数的一般结构，可只进行第一阶段的设计，只是通过概念设计和采取抗震构造措施来保证第三水准的设计要求。

第一阶段抗震设计的地震作用效应可参见抗震规范有关章节所述。多高层钢结构房屋第二阶段抗震设计的弹塑性变形计算可采用静力弹塑性分析方法（如 push-over 方法）或弹塑性时程分析；其计算模型，对规则结构可采用弯剪型层模型或平面杆系模型等，不规则结构应采用空间结构模型。

（2）计算模型及有关参数的选取

① 计算模型

多高层钢结构房屋的计算模型，当结构布置规则、质量及刚度沿高度分布均匀、不计扭转效应时，可采用平面结构计算模型；当结构平面或立面不规则、体型复杂、无法划分成平面抗侧力单元的结构，或为筒体结构等时，应采用空间结构计算模型。

地震作用计算中有关重力荷载代表值的计算方法、地震作用的计算内容以及地震作用的计算方法等请参考现行《建筑抗震设计规范》[1]。

② 抗侧力构件的模拟

在框架—支撑（抗震墙板）结构的计算分析中，其计算模型中部分构件单元模型可作适当的简化。支撑斜杆构件的两端连接节点虽然按刚接设计，但在大量的分析中发现，支撑构件两端承担的弯矩很小，则计算模型中支撑构件可按两端铰接模拟。内藏钢支撑钢筋混凝土墙板构件是以钢板为基本支撑，外包钢筋混凝土墙板的预制构件。它只在支撑节点处与钢框架相连，而且混凝土墙板与框架梁柱间留有间隙，因此实际上仍是一种支撑，则计算模型中其可按支撑构件模拟。对于带竖缝混凝土抗震墙板，可按只承受水平荷载产生的剪力、不承受竖向荷载产生的压力来模拟。

③ 阻尼比的取值

阻尼比是计算地震作用一个必不可少的参数。实测表明，多层和高层钢结构房屋的阻尼比小于钢筋混凝土结构的阻尼比；同时 ISO 规定，低层建筑阻尼比大于高层建筑阻尼比。在此基础之上规范规定：在多遇地震作用下的阻尼比，高度不大于 50m 时可取 0.04；高度大于 50m 且小于 200m 时，可取 0.03；高度不小于 200m 时，宜取 0.02；当偏心支撑框架部分承担的地震倾覆力矩大于结构总地震倾覆力矩的 50% 时，其阻尼比可比普通钢结构相应增加 0.005；在罕遇地震作用下，不同层数的钢结构阻尼比都取 0.05。由于采用这些阻尼比之后，地震影响系数曲线的阻尼调整系数和形状参数详见《建筑抗震设计规范》GB 50011—2010[1]。

④ 非结构构件对结构自振周期的影响

由于非结构构件及计算简图与实际情况存在差别，结构实际周期往往小于弹性计算周期。因此钢结构的计算周期，应采用按主体结构弹性刚度计算所得的周期乘以考虑非结构构件影响的修正系数，该修正系数宜根据填充墙的布置、数量及材料确定。

⑤ 现浇混凝土楼板对钢梁刚度的影响

当现浇混凝土楼板与钢梁之间有可靠连接时，在弹性计算时宜考虑楼板与钢梁的共同工作。具体进行框架弹性分析时，压型钢板组合楼盖中梁的惯性矩对两侧有楼板的梁宜 $1.5I_b$，对仅一侧有楼板的梁宜取 $1.2I_b$，I_b 为钢梁惯性矩。

⑥ 重力二阶效应的考虑方法

由于钢结构的抗侧刚度相对较弱，随着建筑物高度的增加，重力二阶效应的影响也越来越大。规范规定，当结构在地震作用下的重力附加弯矩与初始弯矩之比符合式 3.7-1 时，应计入重力二阶效应的影响。对于重力二阶效应的影响，准确的计算方法就是在计算模型中所有的构件都应考虑几何刚度；当在弹性分析时，可以用一种简化方法来近似的计算，就是将所有构件的地震响应乘一个增大系数，这个增大系数可近似取为 $1/(1-\theta)$。

$$\theta_i = \frac{M_a}{M_0} = \frac{\sum G_i \cdot \Delta u_i}{V_i h_i} > 0.1 \qquad (3.7\text{-}1)$$

⑦ 节点域对结构侧移的影响

在多高层钢结构中，是否考虑梁柱节点域剪切变形对层间位移的影响要根据结构形式、框架柱的截面形式以及结构的层数、高度而定。研究表明，节点域剪切变形对框架—支撑体系影响较小；对钢框架结构体系影响相对较大。而在纯钢框架结构体系中，当采用工字形截面柱且层数较多时，节点域的剪切变形对框架位移影响较大，可达 10%～20%；当采用箱形柱或层数较少时，节点域的剪切变形对框架位移影响很小，不到

1%，可忽略不计。因此规范规定，对工字形截面柱，宜计入梁柱节点域剪切变形对结构侧移的影响；中心支撑框架和不超过 50m 的钢结构，可不计入梁柱节点域剪切变形对结构侧移的影响。

（3）钢结构在地震作用下的内力调整

为了体现钢结构抗震设计中多道设防、强柱弱梁原则以及保证结构在大震作用下按照理想的屈服形式屈服，抗震规范通过调整结构中不同部分的地震效应或不同构件的内力设计值，即乘以一个地震作用调整系数或内力增大系数来实现。

① 结构不同部分的剪力分配

抗震设计中的一条原则就是多道设防，对于框架—支撑结构这种双重抗侧力体系结构，不但要求支撑、内藏钢支撑钢筋混凝土墙板等这些抗侧力构件具有一定的刚度和强度，还要求框架部分还有一定独立的承担抗侧力能力，以发挥框架部分的二道设防作用。美国 UBC 规定，框架应设计成能独立承担至少 25% 的底部设计剪力。但是在设计中与抗侧力构件组合的情况下，符合该规定较困难。故我国规范在美国 UBC 规定的基础之上又参考了混凝土结构的双重标准，规定：框架—支撑结构中，框架部分按计算得到的地震层剪力应乘以调整系数，达到不小于结构底部总地震剪力的 25% 和框架部分地震最大层剪力 1.8 倍二者的较小者。

② 框架—中心支撑结构构件内力设计值调整

在钢框架—中心支撑结构中，斜杆轴线偏离梁柱轴线交点不超过支撑杆件的宽度时，仍可按中心支撑框架分析，但应考虑支撑偏离对框架梁造成的附加弯矩。

③ 框架—偏心支撑结构构件内力设计值调整

为了使按塑性设计的偏心支撑框架具有其特有的优良抗震性能，在屈服时按所期望的变形机制变形，即其非弹性变形主要集中在各耗能梁段上，其设计思想是：在小震作用下，各构件处于弹性状态；在大震作用下，消能梁段纯剪切屈服或同时梁端发生弯曲屈服，其他所有构件除柱底部形成弯曲铰以外其他部位均保持弹性。为了实现上述设计目的，关键要选择合适的消能梁段的长度和梁柱支撑截面，即强柱、强支撑和弱消能梁段。为此规范规定，偏心支撑框架构件的内力设计值应通过乘以增大系数进行调整。

a. 支撑斜杆的轴力设计值，应取与支撑斜杆相连接的消能梁段达到受剪承载力时支撑斜杆轴力与增大系数的乘积；其增大系数，一级不应小于 1.4，二级不应小于 1.3，三级不应小于 1.2；

b. 位于消能梁段同一跨的框架梁内力设计值，应取消能梁段达到受剪承载力时框架梁内力与增大系数的乘积；其增大系数，一级不应小于 1.3，二级不应小于 1.2，三级不应小于 1.1；

c. 框架柱的内力设计值，应取消能梁段达到受剪承载力时柱内力与增大系数的乘积；其增大系数，一级不应小于 1.3，二级不应小于 1.2，三级不应小于 1.1。

④ 其他构件的内力调整问题

对框架梁，可不按柱轴线处的内力而按梁端内力设计。钢结构转换层下的钢框架柱，其内力设计值应乘以一增大系数，增大系数可取为 1.5。

（4）结构在地震作用下的变形验算

① 多遇地震作用变形验算

多高层钢结构的抗震变形验算，也是分多遇地震和罕遇地震两个阶段分别验算。首先所有的钢结构都要进行多遇地震作用下的抗震变形验算，并且弹性层间位移角限值取 1/250，即楼层内最大的弹性层间位移应符合式 3.7-2 要求。

$$\Delta u_e \leqslant h/250 \qquad (3.7-2)$$

式中：Δu_e 为多遇地震作用标准值产生的楼层内最大弹性层间位移；h 为计算楼层层高。

② 罕遇地震作用变形验算

结构在罕遇地震作用下薄弱层的弹塑性变形验算，规范规定，高度超过 150m 的钢结构必须进行验算；高度不大于 150m 的钢结构，宜进行弹塑性变形验算。规范同时规定，多、高层钢结构的弹塑性层间位移角限值取 1/50，即楼层内最大的弹塑性层间位移应符合式 3.7-3 要求。

$$\Delta u_P \leqslant h/50 \qquad (3.7-3)$$

式中，Δu_P 为薄弱层（部位）弹塑性层间位移，h 为计算楼层层高。

（5）钢结构构件的承载力验算

构件的抗震承载能力是多高层钢结构抗震设计中的关键内容，一些关键构件或特殊部位的抗震承载能力验算内容如表 3-24 中所列[1][3]：

构件及连接的抗震承载力验算的主要内容　　　　　表 3-24

类型	序号	名称	验算内容	备注
构件	1	框架柱	强度	
			平面内和平面外的整体稳定性	
	2	框架梁	抗弯强度	
			抗剪强度	
			整体稳定性	设置刚性铺板情况除外
	3	中心支撑	受压、受拉承载力	地震反复拉压荷载作用下承载力要降低
	4	人字支撑和 V 形支撑的横梁	抗弯强度	
			抗剪强度	
	5	消能梁段	抗剪承载力	
	6	梁柱节点处	全塑性承载力	
	7	节点域	抗剪强度	
			屈服承载力	
			稳定性	

续表

类型	序号	名称	验算内容	备注
连接	8	梁柱连接	抗弯承载力	1. 分弹性设计和极限承载力两阶段; 2. 第一阶段,按构件承载力而不是设计进行计算,高强螺栓不许滑移
			抗剪承载力	
	9	支撑连接	与框架连接的极限受压(拉)承载力	
			支撑拼接地极限受压(拉)承载力	
	10	梁的拼接	极限受弯承载力	
	11	柱的拼接	极限受弯承载力	
	12	柱脚	极限抗弯承载力	

3. **钢框架结构抗震构造措施**

（1）框架柱的构造措施

框架柱是框架结构主要抗侧力构件，并且是主要的竖向承载力构件，因此，柱应具有较高的承载能力和变形、耗能能力。影响柱变形耗能能力的因素有长细比、板材宽厚比、板材焊缝等，上述因素在以往地震中造成框架柱出现的翼缘屈曲、板件间的裂缝、拼接破坏和整体失稳等破坏形式，针对上述因素，设计中必须满足以下抗震构造：

① 框架柱的长细比关系到结构的整体稳定性

一级不应大于 $60\sqrt{235/f_{ay}}$，二级不应大于 $80\sqrt{235/f_{ay}}$，三级不应大于 $100\sqrt{235/f_{ay}}$，四级时不应大于 $120\sqrt{235/f_{ay}}$。

② 框架柱板件的宽厚比限值

板件的宽厚比限制是构件局部稳定性的保证，考虑到"强柱弱梁"的设计思想，即要求塑性铰出现在梁上，框架柱一般不出现塑性铰。因此梁的板件宽厚比限值要求满足塑性设计要求，梁的板件宽厚比限值相对严些，框架柱的板件宽厚比相对松点。

③ 框架柱板件之间的焊缝构造

框架节点附近和框架柱接头附近的受力比较复杂。为了保证结构的整体性，规范对这些区域的框架柱板件之间的焊缝构造都进行了规定。

梁柱刚性连接时，柱在梁翼缘上下各 500mm 的节点范围内，工字形截面柱的翼缘与柱腹板间或箱形柱的壁板之间的连接焊缝，都应采用坡口全熔透焊缝。

框架的柱板件宽厚比限值　　　　　　　　表 3-25

板件名称		抗震等级			
		一级	二级	三级	四级
柱	工字形截面翼缘外伸部分	10	11	12	13
	工字形截面腹板	43	45	48	52
	箱形截面壁板	33	36	38	40

注：表列数值适用于 Q235，当材料为其他牌号钢材时，应乘以 $\sqrt{235/f_{ay}}$。

　　框架柱的柱拼接处，上下柱的对接接头应采用全熔透焊缝，柱拼接接头上下各 100mm 范围内，工字形截面柱的翼缘与柱腹板间或箱形柱的壁板之间的连接焊缝，都应采用全熔透焊缝。

　　④ 其他规定

　　框架柱接头宜位于框架梁的上方 1.3m 附近。在柱出现塑性铰的截面处，其上下翼缘均应设置侧向支撑，相邻两支承点间构件长细比按国家标准《钢结构设计规范》关于塑性设计的有关规定计算。

　　(2) 框架梁的构造措施

　　框架梁是框架和框架结构在地震作用下的主要耗能构件，因此，梁特别是梁的塑性铰区应保证有足够的延性。影响梁延性的诸因素有梁板材的宽厚比、受压区计算长度等。新的抗震设计规范按不同抗震等级对上述诸方面有不同的要求。规范规定，当框架梁的上翼缘采用抗剪连接件与组合楼板连接时，可不验算地震作用下的稳定性。故规范对梁的长细比限值无特殊要求。

　　① 框架梁板件的宽厚比限值

　　"强柱弱梁"的设计思想，就是要求大震作用下塑性铰出现在梁上，而框架柱一般不出现塑性铰。因此梁的板件宽厚比限值要求满足塑性设计要求，梁的板件宽厚比限值相对严些，框架柱的板件宽厚比相对松点。规范规定框架梁的板件宽厚比应符合表 3-26 的规定：

框架梁板件宽厚比限值　　　　　　　　表 3-26

板件名称		抗 震 等 级			
		一级	二级	三级	四级
梁	工字形截面和箱形截面翼缘外伸部分	9	9	10	11
	箱形截面翼缘在两腹板之间部分	30	30	32	36
	工字形截面和箱形截面腹板	$72-120N_b$ $/(Af)$	$72-100N_b$ $/(Af)$	$80-110N_b$ $/(Af)$	$80-120N_b$ $/(Af)$

注：1. 工字形梁和箱形梁的腹板宽厚比，对一、二、三、四级分别不宜大于 60、65、70、75。

　　2. 表列数值适用于 Q235，当材料为其他牌号钢材时，应乘以 $\sqrt{235/f_{ay}}$；

　　3. $N_b/(Af)$ 为梁轴压比。

② 其他规定

规范还规定，在受压翼缘应根据需要设置侧向支承；在梁构件出现塑性铰的截面处，其上下翼缘均应设置侧向支撑。相邻两支承点间的构件长细比，按国家标准《钢结构设计规范》关于塑性设计的有关规定计算。

（3）梁柱连接的构造

以往的震害表明，梁柱节点的破坏除了设计计算上的原因外，很多是由于构造上的原因。近几年国内外很多研究机构在梁柱节点方面做了很多研究工作，本次规范在这些研究的基础上对节点的构造也作了详细的规定。

① 基本原则

a. 梁与柱的连接宜采用柱贯通型。

b. 柱在两个互相垂直的方向都与梁刚接时，建议采用箱形截面，并在梁翼缘连接处设置隔板。当仅在一个方向与梁刚接时，可采用工字形截面，并将柱的强轴方向置于刚接框架平面内。

c. 框架梁采用悬臂梁段与柱刚性连接时，悬臂梁段与柱应预先采用全焊接连接，梁的现场拼接可采用翼缘焊接腹板螺栓连接（图 3-57a）或全部螺栓连接（图 3-57b）。

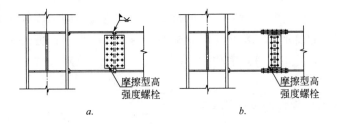

图 3-57
带悬臂梁段的梁柱刚性连接

d. 在 8 度Ⅲ、Ⅳ类场地和 9 度场地等强震地区，梁柱刚性连接可采用能将塑性铰自梁端外移的狗骨式节点（图 3-58）

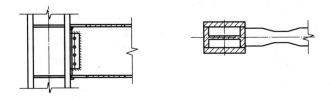

图 3-58
狗骨式节点

② 细部构造

工字形截面和箱形截面柱与梁刚接时，应符合下列要求，有充分依据时也可采用其他构造形式。

a. 梁腹板宜采用摩擦型高强度螺栓与柱连接板连接；腹板角部应设置焊接孔，孔形应使其端部与梁翼缘和柱翼缘间的全熔透坡口焊缝完全隔开（图 3-59）；经工艺试验合格能确保现场焊接质量时，梁腹板与柱连接板之间可采用气体保护焊进行焊接连接。

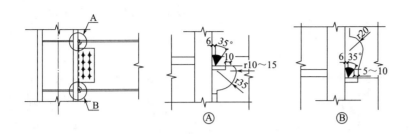

图 3-59
钢框架梁柱刚性
连接的典型构造

b. 下翼缘焊接衬板的反面与柱翼缘或壁板相连处，应采用角焊缝连接；角焊缝应沿衬板全长焊接，焊角尺寸宜取 6mm（图 3-60）。

c. 梁翼缘与柱翼缘间应采用全熔透坡口焊缝；一、二级时，应检验 V 形切口的冲击韧性，其恰帕冲击韧性在 $-20\,℃$ 时不低于 27J。

d. 柱在梁翼缘对应位置设置横向加劲肋（隔板），加劲肋（隔板）厚度不应小于梁翼缘厚度，强度与梁翼缘相同。

e. 腹板连接板与柱的焊接，当板厚不大于 16mm 时应采用双面角焊缝，焊缝有效厚度应满足等强度要求，且不小于 5mm；板厚大于 16mm 时采用 K 形坡口对接焊缝。该焊缝宜采用气体保护焊，且板端应绕焊。

f. 一级和二级时，宜采用能将塑性铰自梁端外移的端部扩大形连接、梁端加盖板或骨形连接。

（4）节点域的构造措施

当节点域的抗剪强度、屈服强度以及稳定性不能满足上述钢结构构件的承载力验算中关节点域的有规定时，应采取加厚节点域或贴焊补强板的措施。补强板的厚度及其焊缝应按传递补强板所分担剪力的要求设计。具体设计时根据以下加强措施：

a. 对焊接组合柱，宜加厚节点板，将柱腹板在节点域范围更换为较厚板件。加厚板件应伸出柱横向加劲肋之外各 150mm，并采用对接焊缝与柱腹板相连。

b. 对轧制 H 型柱，可贴焊补强板加强。补强板上下边缘可不伸过横向加劲肋或伸过柱横向加劲肋之处各 150mm。当补强板不伸过横向加劲肋时，加劲肋应与柱腹板焊接，补强板与加劲肋之间的角焊缝应能传递补强板所分担的剪力，且厚度不小于 5mm；当补强板伸过加劲肋时，加劲肋仅与补强板焊接，此焊缝应能将加劲肋传来的力传递给补强板，补强板的厚度及其焊缝应按传递该力的要求设计。补强板侧边可采用角焊缝与柱翼缘相连，其板面尚应采用塞焊与柱腹板连成整体。塞焊点之间的距离不应大于相连板件中较薄板件厚度的 $21\sqrt{235/f_y}$ 倍。

（5）刚接柱脚的构造措施

高层钢结构刚性柱脚主要有埋入式、外包式以及外露式三种（图 3-60、图 3-61）。考虑到在 1995 年日本阪神大地震中[4][8]，埋入式柱脚的破坏较少，性能较好，所以规范建议：钢结构的刚接柱脚宜采用埋入式，也可采用外包式；6 度、7 度且高度不超过 50m 时也可采用外露式。

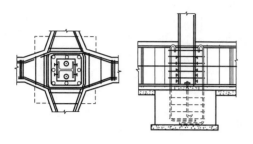

图 3-60 埋入式柱脚

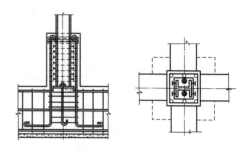

图 3-61 外包式柱脚

① 埋入式柱脚

埋入式柱脚就是将钢柱埋置于混凝土基础梁中。上部结构传递下来的弯矩和剪力都是通过柱翼缘对混凝土的承压作用传递给基础的；上部结构传递下来的轴向压力或轴向拉力由柱脚底板或锚栓传给基础，其弹性设计阶段的抗弯强度和抗剪强度要满足计算要求。

其设计尚应满足以下构造要求：

a. 柱脚的埋入深度对 H 形截面柱的埋置深度不应于钢柱截面高度的 2 倍，箱形柱的埋置深度不应小于柱截面长边的 2.5 倍，圆管柱的埋置深度不应小于柱外径的 3 倍。

b. 埋入式柱脚在钢柱埋入部分的顶部，应设置水平加劲肋或隔板，加劲肋或隔板的宽厚比应符合现行国家标准《钢结构设计规范》关于塑性设计的规定。柱脚在钢柱的埋入部分应设置栓钉，栓钉的数量和布置可按外包式柱脚的有关规定确定。

c. 柱脚钢柱翼缘的保护层厚度，对中间柱不得小于 180mm，对边柱和角柱的外侧不宜小于 250mm（图 3-62）。

图 3-62
埋入式柱脚的保护层厚度

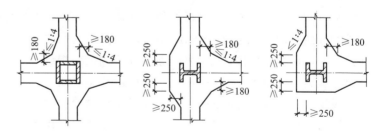

d. 柱脚钢柱四周，应按计算要求设置主筋和箍筋。

② 外包式柱脚

外包式柱脚就是在钢柱外面包以钢筋混凝土的柱脚。上部结构传递下来的弯矩和剪力全部都是通过外包混凝土承受的；上部结构传递下来的轴向压力或轴向拉力由柱脚底板或锚栓传给基础。其弹性设计阶段的抗弯强度和抗剪强度要满足计算要求（图 3-63）。

其设计尚应满足以下主要构造要求:

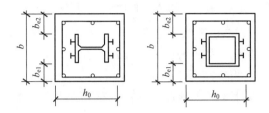

图 3-63
外包式柱脚截面

a. 柱脚钢柱的外包高度,外包混凝土的高度不应小于钢柱截面高度的 2.5 倍,且从柱脚底板到外包层顶部箍筋的距离与外包混凝土宽度之比不应小于 1.0。

b. 柱脚钢柱翼缘外侧的钢筋混凝土保护层厚度,一般不应小于 180mm,同时应满足配筋的构造要求。

c. 柱脚底板的长度、宽度和厚度,可根据柱脚轴力计算确定,但柱脚底板的厚度不宜小于 20mm。

d. 锚栓的直径,通常根据其与钢柱板件厚度和底板厚度相协调的原则确定,一般可在 29~42mm 的范围取,不宜小于 20mm;当不设锚板或锚梁时,柱脚锚栓的锚固长度要大于 30 倍锚栓直径,当设有锚板或锚梁时,柱脚锚栓的锚固长度要大于 25 倍锚栓直径。

4. 钢框架—支撑结构抗震构造措施

钢框架—支撑结构除了要满足上述 3. 钢框架部分所要求的构造措施外,其他部分还需满足本节所规定的抗震构造措施。

(1) 钢框架—中心支撑结构抗震构造措施

① 框架部分的构造措施

框架—中心支撑结构的框架部分,当房屋高度不高于 100m 且框架部分按计算分配的地震剪力不大于结构底部总地震剪力的 25% 时,一、二、三级的抗震构造措施可按框架结构降低一级的相应要求采用。其他抗震构造措施,仍按前述对纯框架结构抗震构造措施的有关规定执行。

② 中心支撑杆件的构造措施

支撑杆件是框架—中心支撑结构在地震作用下的主要抗侧力构件,因此支撑应具有较高的承载能力和变形、耗能能力。影响支撑承载力和延性的诸因素有支撑的截面形式、长细比、板材宽厚比等。新的抗震设计规范按不同抗震等级对上述诸方面有不同的要求。

a. 支撑杆件的布置原则

当中心支撑采用只能受拉的单斜杆体系时,应同时设置不同倾斜方向的两组斜杆,且每组中不同方向单斜杆的截面面积在水平方向的投影面积之差不得大于 10%。

b. 支撑杆件的截面选择

一、二、三级,支撑宜采用 H 型钢制作。

c. 支撑杆件的长细比限值

规范规定：支撑杆件的长细比，按压杆设计时，不应大于 $120\sqrt{235/f_{ay}}$；一、二、三级中心支撑不得采用拉杆设计，四级采用拉杆设计时，其长细比不应大于 180。

d. 支撑杆件的板件宽厚比限值

支撑杆件的板件宽厚比不宜大于表 3-27 所列值。

钢结构中心支撑板件宽厚比限值　　　　　　　表 3-27

板件名称	一级	二级	三级	四级
翼缘外伸部分	8	9	10	13
工字形截面腹板	25	26	27	33
箱形截面壁板	18	20	25	30
圆管外径与壁厚比	38	40	40	42

注：表列数值适用于 Q235，当材料为其他牌号钢材时，应乘以 $\sqrt{235/f_{ay}}$，圆管应乘以 $235/f_{ay}$。

③ 中心支撑节点的构造措施

a. 支撑两端的连接节点形式

两端与框架可采用刚接构造，梁柱与支撑连接处应设置加劲肋；一级和二级采用焊接工字形截面的支撑时，其翼缘与腹板的连接宜采用全熔透连续焊缝。

b. 支撑与框架连接处，支撑杆端宜做成圆弧。

c. 梁在其与 V 形支撑或人字支撑相交处，应设置侧向支承；该支承点与梁端支承点间的侧向长细比（λ_y）以及支承力，应符合国家标准《钢结构设计规范》GB 50017 关于塑性设计的规定。

d. 若支撑和框架采用节点板连接，应符合现行国家标准《钢结构设计规范》GB 50017 关于节点板在连接杆件每侧有不小于 30°夹角的规定；一、二级时，支撑端部至节点板最近嵌固点（节点板与框架构件连接焊缝的端部）在沿支撑杆件轴线方向的距离，不应小于节点板厚度的 2 倍。

（2）钢框架—偏心支撑框架结构抗震构造措施

① 框架部分的构造措施

框架—偏心支撑结构的框架部分，当房屋高度不超过 100m 且框架部分按计算分配的地震作用不大于结构底部总地震剪力的 25％时，一、二、三级的抗震构造措施可按框架结构降低一级的相应要求采用。其他抗震构造措施，仍按前述对纯框架结构抗震构造措施的有关规定执行。

② 偏心心支撑杆件的构造措施

偏心支撑框架的支撑杆件的长细比不应大于 $120\sqrt{235/f_{ay}}$，支撑杆件的板件宽厚比不应超过国家标准《钢结构设计规范》GB 50017 规定的轴心受压构件在弹性设计时的宽厚比限值。

③ 消能梁段的构造措施

a. 基本规定

偏心支撑框架消能梁段的钢材屈服强度不应大于 345MPa。消能梁段的腹板不得贴焊补强板，也不得开洞。

b. 消能梁段及与消能梁段同一跨内的非消能梁段的板件宽厚比限值

消能梁段及与消能梁段同一跨内的非消能梁段，其板件的宽厚比不应大于表 3-28 规定的限值。

偏心支撑框架梁板件宽厚比限值表　　　　　表 3-28

板件名称		宽厚比限值
翼缘外伸部分		8
腹板	当 $N/(Af) \leqslant 0.14$ 时	$90[1.65N/(Af)]$
	当 $N/(Af) > 0.14$ 时	$33[2.3N/(Af)]$

注：表列数值适用于 Q235 钢，当材料为其他钢号时，应乘以 $\sqrt{235/f_{ay}}$，$N_b/(Af)$ 为梁轴压比。

c. 消能梁段的长度规定

当 $N > 0.16Af$ 时，消能梁段的长度应符合下列规定：

$$当 \rho(A_w/A) < 0.3 时，a < 1.6M_{lp}/V_1 \tag{3.7-4}$$

$$当 \rho(A_w/A) \geqslant 0.3 时，a \leqslant [1.15 - 0.5\rho(A_w/A)]1.6M_{lp}V_1 \tag{3.7-5}$$

$$\rho = N/V$$

式中：a——消能梁段的长度；

ρ——消能梁段轴向力设计值与剪力设计值之比。

d. 消能梁段腹板的加劲肋设置要求

a) 消能梁段与支撑连接处，应在其腹板两侧配置加劲肋，加劲肋的高度应为梁腹板高度，一侧的加劲肋宽度不应小于 $(b_t/2 - t_w)$，厚度不应小于 $0.75t_w$ 和 10mm 的较大值；

b) 当 $a \leqslant 1.6M_{lp}/V_1$ 时，加劲肋间距不大于 $(30t_w - h/5)$；

c) 当 $2.6M_{lp}/V_1 < a \leqslant 5M_{lp}/V_1$ 时，应在距消能梁段端部 $1.5b_f$ 处配置中间加劲肋，且中间加劲肋间距不应大于 $(52t_w - h/5)$；

d) 当 $1.6M_{lp}/V_1 < a \leqslant 2.6M_{lp}/V_1$ 时，腹板上设置中间加劲肋的间距宜在上述二者之间线性插入；

e) 当 $a > 5M_{lp}/V_1$ 时，腹板上可不配置中间加劲肋；

f) 腹板上中间加劲肋应与消能梁段的腹板等高，当消能梁段截面高度不大于 640mm 时，可配置单侧加劲肋，消能梁段截面高度大于 640mm 时，应在两侧配置加劲肋，一侧加劲肋的宽度不应小于 $(b_t/2 - t_w)$，厚度不应小于 t_w 和 10mm。

④ 消能梁段与柱连接的构造措施

消能梁段与柱的连接应符合下列要求：

a. 消能梁段与柱连接时，其长度不得大于 $1.6M_{lp}/V_1$，且应满足消能梁段的承载力验算规定。

b. 消能梁段翼缘与柱翼缘之间应采用坡口全熔透对接焊缝连接，消能梁段腹板与柱之间应采用角焊缝连接；角焊缝的承载力不得小于消能梁段腹板的轴向承载力、受剪承载力和受弯承载力。

c. 消能梁段与柱腹板连接时，消能梁段翼缘与连接板间应采用坡口全熔焊缝，消能梁段与柱间应用角焊缝；角焊缝的承载力不得小于消能梁段腹板的轴向承载力、受剪承载力和受弯承载力。

⑤ 侧向稳定性构造

消能梁段两端上下翼缘应设置侧向支撑，支撑的轴力设计值不得小于消能梁段翼缘轴向承载力设计值（翼缘宽度、厚度和钢材受压承载力设计值三者的乘积）的 6％，即 $0.06 b_{\mathrm{f}} t_{\mathrm{f}} f$。

偏心支撑框架梁的非消能梁段上下翼缘，应设置侧向支撑，支撑的轴力设计值不得小于梁翼缘轴向承载力的 2％，即 $0.02 b_{\mathrm{f}} t_{\mathrm{f}} f$。

3.7.2 大跨空间钢结构的抗震设计要点

本节适用于采用拱、平面桁架、立体桁架、网架、网壳、张弦梁、弦支穹顶等基本形式及其组合而成的大跨度钢屋盖建筑。

近年来，大跨屋盖的结构新形式不断出现，体型复杂化、跨度极限不断突破。为保证结构的安全性，避免抗震性能差、受力很不合理的结构形式被采用，新版抗震规范修订时明确指出：采用非常用形式以及跨度大于 120m、结构单元长度大于 300m 或悬挑长度大于 40m 的大跨钢屋盖建筑的抗震设计，应进行专门研究和论证，采取有效的加强措施。

1. 抗震设计的一般规定

（1）结构布置的基本原则

屋盖结构的规则性对结构抗震性能的影响最为重要，具体需要结构的合理布置来保证。新版抗震规范修订强调了屋盖结构合理布置的基本原则，包括以下几方面的要求：①应能将屋盖的地震作用有效地传递到下部支承结构；②应具有合理的刚度和承载力分布，屋盖及其支承的布置宜均匀对称；③宜优先采用两个水平方向刚度均衡的空间传力体系；④结构布置宜避免因局部削弱或突变形成薄弱部位，产生过大的内力、变形集中。对于可能出现的薄弱部位，应采取措施提高其抗震能力；⑤宜采用轻型屋面系统；⑥下部支承结构应合理布置，避免使屋盖产生过大的地震扭转效应。

（2）结构布置要求

根据是否存在明确的抗侧力系统，将屋盖结构体系划分为单向传力体系和空间传力体系。单向传力体系指平面拱、单向平面桁架、单向立体桁架、单向张弦梁等结构形式；空间传力体系指网架、网壳、双向立体桁架、双向张弦梁和弦支穹顶等结构形式。规范分别对这两类体系的结构布置提出了要求。

① 对单向传力体系的要求

对于单向平面拱、单向桁架、单向张弦梁等单向传力体系，主结构

（桁架、拱、张弦梁）一般抵抗竖向和主结构方向的水平地震作用，而垂直于主结构方向的水平地震作用靠支撑系统承担。

一般情况下，单向传力体系的主要抗震措施是保证垂直于主结构方向的水平地震力传递以及主结构的平面外稳定性。因此，强调了屋盖支撑系统合理布置的重要性。在单榀立体桁架中，与屋面支撑同层的两（多）根主弦杆间也应设置斜杆，见图 3-64 所示。其次，当桁架支座采用下弦节点支承时，必须采取有效措施确保支座处桁架不发生平面外扭转，设置纵向桁架是一种有效的做法，同时还可保证纵向水平地震力的有效传递。这一方面可提高桁架的平面外刚度，同时也使得纵向水平地震内力在同层主弦杆中分布均匀，避免薄弱区域的出现。

② 对空间传力体系的要求

网架、网壳、双向立体桁架、双向张弦梁和弦支穹顶等空间传力体系，一般具有良好的整体性和空间受力特点，抗震性能优于单向传力体系。结构布置的重点是保证结构的刚度均匀和整体性，避免出现薄弱环节。

对平面形状为矩形且三边支承一边开口的屋盖结构，应通过在开口边局部增加层数来形成边桁架，以提高开口边的刚度和加强结构整体性的措施。对于两向正交正放网架和双向张弦梁，由于屋盖平面的水平刚度较弱，为保证结构的整体性及水平地震作用的有效传递与分配，应沿上弦周边网格设置封闭的水平支撑（图 3-65），当结构跨度较大或下弦周边支承时，下弦周边网格也应设置封闭的水平支撑。规范同时也强调了单层壳的节点应刚接。

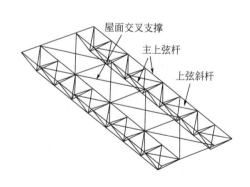

图 3-64　立体桁架的主弦杆件设置斜杆

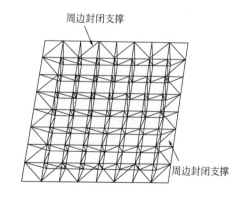

图 3-65　两向正交类结构的周边封闭支撑

（3）防震缝

当大跨屋盖分区域采用不同抗震性能的结构形式或屋盖支承于不同的下部结构上时，在结构交界区域通常会产生复杂的地震响应，给构件和节点的设计带来困难。此时在建筑设计和下部支承条件允许时，设置防震缝往往是有效的。由于目前大跨屋盖结构基本上采用的是轻型屋面系统，即便是结构分缝，屋面系统一般可在防震缝处不断开，从而满足屋面防水的要求。

对于防震缝宽度，不宜小于 150mm。这主要是根据下部支承结构为框架结构或框架—抗震墙结构时的最小缝宽综合确定。

2. 抗震计算要点

(1) 可不进行抗震验算的范围

① 对于 6 度区的大跨屋盖结构和 7 度区的网架结构，由于构件和节点设计往往由非地震作用工况控制，因此可不进行地震作用计算，但应满足相应的抗震措施的要求。

② 对于矢跨比小于 1/5 的单向平面桁架和单向立体桁架，水平地震效应较小，7 度时可不进行沿桁架的水平向和竖向地震作用计算。但是由于垂直桁架方向的水平地震作用主要由屋盖支撑承担，由于规范中并没有对支撑的布置进行详细规定，因此对于 7 度及 7 度以上的该类体系，均应进行垂直于桁架方向的水平地震作用计算并对支撑构件进行验算。这也说明，单向传力体系抗震计算的重点更主要的是屋面支撑系统的计算。

(2) 计算模型

① 基本要求

屋盖结构自身的地震效应是与下部结构协同工作的结果。由于下部结构的竖向刚度一般较大，以往在屋盖结构的竖向地震作用计算时通常习惯于仅单独以屋盖结构作为分析模型。但研究表明，不考虑屋盖结构与下部结构的协同工作，会对屋盖结构的地震作用，特别是水平地震作用计算产生显著影响，甚至得出错误结果。即便在竖向地震作用计算时，当下部结构给屋盖提供的竖向刚度较弱或分布不均匀时，仅按屋盖结构模型所计算的结果也会产生较大的误差。因此，考虑上下部结构的协同作用是屋盖结构地震作用计算的基本原则。

考虑上下部结构协同工作的最合理方法是按整体结构模型进行地震作用计算。特别是对于不规则的结构，抗震计算应采用整体结构模型。当下部结构比较规则时，也可以采用一些简化方法来计入下部结构的影响。但是，这种简化必须依据可靠且符合动力学原理（即应综合考虑刚度和质量等效后的有效性）。抗震规范修订规定：a. 应合理确定计算模型，屋盖与主要支承部位的连接假定应与构造相符；b. 计算模型应计入屋盖结构与下部结构的协同作用。

② 张弦梁和弦支穹顶的地震作用

研究表明，对于预应力桁架和网格结构、悬挂（斜拉）结构，几何刚度对结构动力特性的影响非常小，完全可以忽略。但是，对于跨度较大的张弦梁和弦支穹顶结构，预张力引起几何刚度对结构动力特性有一定的影响。此外，对于某些布索方案（譬如肋环型布索）的弦支穹顶结构，撑杆和下弦拉索系统实际上是需要依靠预张力来保证体系稳定性的几何可变体系，且不计入几何刚度也将导致结构总刚矩阵奇异。因此，这些形式的张弦结构计算模型就必须计入几何刚度。几何刚度一般可取重力荷载代表值作用下结构平衡态的内力（包括预张力）贡献。因此规范规定：张弦梁和弦支穹顶的地震作用计算模型，宜计入几何刚度的影响。

③ 单向传力体系支撑构件的地震作用，宜按屋盖结构整体模型计算。

（3）阻尼比取值

屋盖钢结构和下部支承结构协同分析时，阻尼比应符合下列规定：

① 当下部支承结构为钢结构或屋盖直接支承在地面时，阻尼比可取 0.02；

② 当下部支承结构为混凝土结构时，阻尼比可取 0.025～0.035。

（4）地震作用

① 计算方法

大跨屋盖结构通常均有较多的结构自由度，结构分析主要方法是有限元法。由于这里所述的大跨屋盖结构为满足小变形假定的刚性体系，属于线性结构，因此其多遇地震作用计算可采用振型分解反应谱法；对于体型复杂或跨度较大的结构，也可采用多向地震反应谱法或时程分析法进行补充计算。对于周边支承或周边支承和多点支承相结合且规则的网架、平面桁架和立体桁架结构，其竖向地震作用可按规范第 4 章规定进行简化计算。

② 水平地震作用的计算方向

对于单向传力体系，可以主结构方向和垂直于主结构方向分别作为主方向进行地震作用计算。

而空间传力体系的屋盖结构，通常难以明确划分为沿某个方向的抗侧力构件，需要沿两个水平主轴方向同时计算水平地震作用。对于平面为圆形、正多边形的屋盖结构，可能存在两个以上的主轴方向，此时需要根据实际情况增加地震作用的计算方向。另外，当屋盖结构、支承条件或下部结构的布置明显不对称时，也应增加水平地震作用的计算方向。

（5）地震效应组合

对于单向传力体系，结构的抗侧力构件通常是明确的。桁架（主结构）构件抵抗其面内的水平地震作用和竖向地震作用，垂直桁架方向的水平地震作用则由屋盖支撑承担。因此，可针对各向抗侧力构件分别进行地震作用计算。因此规范规定：单向传力体系，主结构构件的验算可取主结构方向的水平地震效应和竖向地震效应的组合、主结构间支撑构件的验算可仅计入垂直于主结构方向的水平地震效应。

对于一般屋盖结构的构件，难以明确划分为沿某个方向的抗侧力构件，即构件的地震效应往往包含三向地震作用的结果，因此其构件验算应考虑三向（两个水平向和竖向）地震作用效应的组合。

（6）构件地震组合内力值的调整

大跨屋盖结构的震害情况表明，支座及其邻近构件发生破坏的情况较多，因此通过放大地震作用效应来提高该区域杆件和节点的承载力，是重要的抗震措施。规范规定：①关键杆件的地震组合内力设计值应乘以增大系数；其取值，7度、8度、9度宜分别按1.1、1.15、1.2采用。②关键节点的地震作用效应组合设计值应乘以增大系数；其取值，7度、8度、9度宜分别按1.15、1.2、1.25采用。

对于关键杆件和关键节点的具体范围和定义：对于空间传力体系，关键杆件指临支座杆件，即：临支座2个区（网）格内的弦杆、腹杆及临支座1/10跨度范围内的弦杆、腹杆，两者取较小的范围；对于单向传力体系，关键杆件指与支座直接相临节间的弦杆和腹杆。关键节点为与关键杆件连接的节点。

拉索是预张拉结构的重要构件。在多遇地震作用下，应保证拉索不发生松弛而退出工作。在设防烈度下，也宜保证拉索在各地震作用参与的工况组合下不出现松弛。

（7）地震作用下的变形验算

大跨屋盖结构在重力荷载代表值和多遇竖向地震作用标准值下的组合挠度值不宜超过表3-29的限值。

大跨屋盖结构的挠度限值　　　　表3-29

结构体系	屋盖结构（短向跨度 l_1）	悬挑结构（悬挑跨度 l_2）
平面桁架、立体桁架、网架、张弦梁	$l_1/250$	$l_2/125$
拱、单层网壳	$l_1/400$	—
双层网壳、弦支穹顶	$l_1/300$	$l_2/150$

3. 抗震构造措施

（1）屋盖钢杆件的长细比

屋盖钢杆件的长细比，宜符合表3-29的规定。

大跨屋盖结构的挠度限值　　　　表3-30

杆件形式	受拉	受压	压弯	拉弯
一般杆件	250	180	150	250
关键杆件	200	150(120)	150(120)	200

注：1. 括号内数值用于8度、9度；
　　2. 表内数据不适用于拉索等柔性构件。

（2）屋盖构件节点的抗震构造

在地震作用下，节点应不先于杆件破坏，也不产生不可恢复的变形，所以要求节点具有足够的强度和刚度。杆件相交于节点中心将不产生附加弯矩，也使模型计算假定更加符合实际情况。因此规范规定：①采用节点板连接各杆件时，节点板的厚度不宜小于连接杆件最大壁厚的1.2倍；②采用相贯节点时，应将内力较大方向的杆件直通。直通杆件的壁厚不应小于焊于其上各杆件的壁厚；③采用焊接球节点时，球体的壁厚不应小于相连杆件最大壁厚的 1.3 倍；④杆件宜相交于节点中心。

规范仅对常用节点板连接、相贯节点和焊接球节点的板件厚度提出了一定的要求，主要是保证节点不出现过小的承载力和刚度。实际上大跨屋盖钢结构的节点形式众多，抗震设计时的节点选型要与屋盖结构的类型及整体刚度等因素结合起来，采用的节点要便于加工、制作、焊接。设计中，结构杆件内力的正确计算，必须用有效的构造措施来保证，且节点构造应符合计算假定。

（3）支座的抗震构造

支座节点是将屋盖地震作用传递给下部结构的关键部件，其构造应与结构分析所取的边界条件相符，否则将使结构实际内力与计算内力出现较大差异，并可能危及结构的整体安全。规范规定节点应具有足够的强度和刚度，在荷载作用下不应先于杆件和其他节点破坏，也不得产生不可忽略的变形。支座节点构造形式应传力可靠、连接简单，并符合计算假定。支座节点属于前面定义的关键节点的范畴，应予加强。在节点验算方面，已经对地震作用效应进行了必要的提高。

支座节点在超过设防烈度的地震作用下，应有一定的抗变形能力。但对于水平可滑动的支座节点，较难得到保证。因此建议按设防烈度计算值作为可滑动支座的位移限值（确定支承面的大小），在罕遇地震作用下采用限位措施确保不致滑移出支承面。规范规定对于水平可滑动的支座，应保证屋盖在罕遇地震下的滑移不超出支承面，并应采取限位措施。

对于 8 度、9 度设防，当按多遇地震验算时在竖向仅受压的支座节点，但在强烈地震作用（如中震、大震）下可能出现受拉，建议采用构造上也能承受拉力的拉压型支座形式，且预埋锚筋、锚栓也按受拉情况进行构造配置。

屋盖结构采用隔震及减震支座时，其性能参数、耐久性及相关构造应符合现行抗震规范第 12 章的有关规定。

3.8　木结构房屋设计要点

当前在我国，木结构房屋主要用于一些低层民用房屋，主要包括穿斗木构架、木柱木屋架、木柱木梁承重等结构形式。为了保证这些房屋在地震中更加抗震，在木结构房屋建造和日常使用维护中，除了保证施工质量外，还应采取一些有效的措施，提高房屋的抗震能力，减少地震中财产的损失和人员受到的伤害。

3.8.1　保障木结构更加抗震的原则

1. 木结构房屋的体形应简单、规整，平面布局不宜有局部的凸出和凹进，立面也不宜层数不等、层高沿高度变化，也不要出现错层。

2. 木结构房屋的主要受力构件要明确，不应采用木柱与砖柱（或者石柱等）混合承重。

3. 做好建设规划，可以选择安全有利的地段建造房屋，避开不利和危险的地段，以避免地震中遭受地质灾害等造成损失。建造时选址要选当地自然条件较好的环境，避免木材腐朽或被虫蛀。

4. 采用轻质材料

屋顶和内隔墙应尽量采用轻质材料，还可以在窗台以上采用轻质材料的外墙，设置天窗要尽量做到小而轻，这样可以降低房屋的地震作用。

5. 经常进行维护和检修。每年应进行一次房屋安全普查，检查有无木材受潮、腐朽或被虫蛀的问题，查看螺栓或夹板等连接件是否连接可靠，房屋有无倾斜或主要构件有无下垂，发现问题应该及时处理。及时更换或加固受损的杆件，以免地震时单个杆件的破坏影响整体的抗震能力。

3.8.2　保障木结构抗震的主要措施

1. 注意选择结构合理的房屋形式和房屋层数

在建造房屋的时候，房屋的高度和层数不要超高，一般的民用木结构房屋，层数不宜超过两层，在合理的使用条件下层高不要太高。一般单层的不超过 4m，两层的不超过 3.6m。

2. 木柱与基础连接应可靠

柱脚与柱脚石之间宜有石销键，或采用螺栓及预埋扁钢锚固于基础上进行固定。木柱脚与基础接触面应做防潮处理。

3. 加强构件之间的连接和锚固

重点需要注意木柱与屋架、檩条与屋架、木柱与基础等部位的连接。木柱与木梁之间增设斜撑，以保证榫头在地震中不被破坏。屋架之间增设水平与竖向斜撑，保证屋架的空间作用。屋面的檩条要固定好。木柱顶应有暗榫与屋架连接，搁置在墙上的檩条或屋架要有足够的支撑长度并固定好。

4. 选材及加工的注意事项

除了保证施工质量外，选材时要注意木材的质量符合材料标准，控制木材的含水率，注意最小截面的控制尺寸，如普通方形木柱截面不小于150mm×150mm，木柱的梢径一般不小于180mm，木材加工时注意榫眼不要过大或太集中，避免同一高度处纵横向同时开槽。木柱不宜有接头，有接头时应采用铁套或铁件等可靠措施加固。

5. 采取防腐、防潮和通风措施

建造时应采取防腐、防潮措施，木柱下应设柱墩，严禁将木柱直接埋入土中，必要时进行药剂防虫处理，日常使用时应该注意通风，检查通风口是否畅通。

6. 屋面瓦和其他挂饰加强固定

保证各种装饰的连接，以免地震时坠落。屋面瓦瓦底设置钉孔，与椽子钉牢，盖瓦与底瓦应用砂浆粘牢。

7. 维护墙、隔墙与木骨架之间要做好连接

砖围护墙宜贴砌在木柱外侧，不应将木柱完全包裹。内隔墙宜采用轻质材料，与外围护墙之间应拉牢。墙顶与屋架做好连接，沿高度围护墙上要设置木圈梁、砖圈梁或配筋砂浆。生土的围护墙更应注意采取拉结措施增加稳定性。山墙、山尖墙应设置采用角铁或木条制作的墙揽。

参 考 文 献

[1] 中国建筑科学研究院主编．建筑抗震设计规范 GB 50011—2001（2008 版）．中国建筑工业出版社，2008．

[2] 周炳章．砌体房屋抗震设计．地震出版社：1990．

[3] 刘大海．房屋抗震设计．陕西科技出版社，1985．

[4] 高小旺等．建筑抗震设计规范理解与应用．中国建筑工业出版社，2002．

[5] 高小旺等．底部两层框架—抗震墙砖房侧移刚度分析和第三层与第二层侧移刚度比的合理取值．建筑结构，1999（11）．

[6] 高小旺等．底层框架—抗震墙砖房抗震能力的分析方法．建筑科学，1995（4）．

[7] 高小旺等．底部两层框架—抗震墙砖房的抗震性能．建筑结构，1999（11）．

[8] 高小旺等．底层框架—抗震墙砖房抗震设计计算若干问题的研究．建筑科学，1995．

[9] 王菁等．底部两层框架—抗震墙砖房第三层与第二层侧移刚度比的合理取值．工程力学增刊，1996．

[10] 高小旺等．底层框架—抗震墙砖房的抗震性能．建筑结构，1997（2）．

[11] 高小旺，龚思礼等．建筑抗震设计规范理解与应用．中国建筑工业出版社，2002．

[12] 王亚勇，戴国莹．建筑抗震设计规范疑问解答．中国建筑工业出版社，2006．

[13] 中华人民共和国国家标准．建筑抗震设计规范 GB 50011—2010．北京：中国建筑工业出版社，2010．

[14] 刘大海，杨翠如，钟锡根．空旷房屋抗震设计．地震出版社，1989．

[15] 陈寿梁，魏琏．抗震防灾对策．河南科学技术出版社，1988．

[16] 《建筑抗震鉴定标准》GB 50023—2009．

[17] 史铁花．《建筑抗震鉴定标准》（GB 50023—2009）与《建筑抗震加固技术规程》（JGJ 116—2009）疑问解答．中国建筑工业出版社，2011．

[18] 王亚勇，黄卫．汶川地震建筑震害启示录．地震出版社，2009．

[19] 王亚勇．抗震设计手册．中国建筑工业出版社，2008．

[20] 徐培福，傅学怡，王翠坤，肖从真编著．复杂高层建筑结构设计．中国建筑工业出版社，2005．

[21] 黄世敏，杨沈等编著．建筑震害与设计对策．中国计划出版社，2009．

［22］ 高层及多层钢筋混凝土建筑抗震设计手册编写组．抗震设计手册．中国建筑科学研究院抗震研究所，1985.

［23］ 刘大海，钟锡根，杨翠如．单层与多层建筑抗震设计．陕西科学技术出版社，1989.

［24］ 唐曹明，戴国莹．建筑结构抗震分析模型的一些比较．工程抗震，1996（3）.

［25］ 李宏男．结构多维抗震理论设计方法．科学出版社，1998.

［26］ 赵西安．高层结构设计．中国建筑工业出版社，1995.

［27］ 朱伯龙等．工程结构抗震设计原理．上海科学技术出版社，1982.

［28］ 魏琏，王广军．地震作用．地震出版社，1991.

［29］ ［墨西哥］E 罗森布卢斯主编．结构抗震设计．滕家禄，奚毓堃，马兴文等译．中国建筑工业出版社，1989.

［30］ 高立人，方鄂华，钱稼茹．高层建筑结构概念设计．中国计划出版社．

［31］ 胡庆昌，孙金墀等．建筑结构抗震减震与连续倒塌控制．中国建筑工业出版社．

［32］ 易方民．高层建筑偏心支撑钢框架结构抗震性能和设计参数研究．中国建筑科学研究院博士学位论文，2000.

［33］ 中华人民共和国国家标准．钢结构设计规范 GB 50017—2003．北京：中国建筑工业出版社，2003.

［34］ 易方民，高小旺，苏经宇．建筑抗震设计规范理解与应用．北京：中国建筑工业出版社，2011.2.

［35］ 易方民，高小旺，张维嶽等．高层建筑偏心支撑钢框架减轻地震响应分析．建筑科学，2000.5.

［36］ Tide, R H R. Fracture of Beam-to-Column Connections Under Seismic load of Northridge. California Earthquake.

［37］ 高小旺，张维嶽，易方民等．高层建筑钢结构梁柱节点试验研究报告．中国建筑科学研究院试验报告，2000.

［38］ 黄南翼，张锡云．日本阪神地震中的钢结构震害．钢结构，1995（2）.

［39］ 李和华．钢结构连接节点设计手册．北京：中国建筑工业出版社，1992.

［40］ 赵熙元等．建筑钢结构设计手册（上、下册）．北京：冶金工业出版社，1995.

第四章 地震的次生灾害

破坏性地震作用，除了可能导致建筑物倒塌、构筑物或基础设施破坏，并因此造成人员伤亡外，还经常伴随有火灾、海啸、山体滑坡、泥石流、放射性物质扩散等一系列对生命产生威胁的灾害，统称为地震次生灾害。历次地震灾害表明，绝大多数破坏性地震均有次生灾害发生，有时次生灾害所造成的人员伤亡和财产损失还超过地震直接灾害。因此，地震次生灾害应引起全社会足够的重视，应采取科学有效的措施予以预防和减轻。

4.1 火灾

火灾是地震次生灾害中最易发生也是最危险的。强烈的震动会造成炉具倒塌、漏电、漏气以及其他易燃易爆物品产生反应，发生火灾。从国内外诸多震例可知，大多数破坏性地震都会引发火灾，而且地震引发火灾造成的损失有时甚至超出了地震直接造成的损失。

1906 年 4 月 18 日，美国旧金山发生 8.3 级地震。由于烟囱倒塌、火炉翻倒等原因，全市 50 多处同时起火。当时，消防队被震毁，警报和通信系统失灵加上路陷、房塌、交通堵塞、自来水管断裂、水源断绝，火灾难以扑救，以致大火烧了三天三夜，烧掉 521 条街巷、28188 幢房屋，死亡 400 人，损失达 4 亿美元。据统计，这次地震火灾造成的损失比地震直接造成的损失大出了 3 倍。

图 4-1
地震造成火灾
（1906 年美国旧金山 8.3 级地震）

1923 年 9 月 1 日星期天正午时分，日本关东地区发生 7.9 级地震。地震正值人们用火的高峰期，直接导致了大量的起火事件。东京市内，地震时有 131 处同时起火，其中 47 处被灭掉，84 处蔓延造成火灾。在死亡和失踪的 14 万人中，有 10 万多人死于火灾，而因房屋倒塌致死的仅占 10％，东京市区烧毁 2/3，损失率达到 71％的惊人程度。

图 4-2
地震造成火灾
（1923 年日本东京
8.3 级地震）

上述两起特大地震次生火灾的资料显示，地震次生火灾是极其危险的，其造成的损失是极为严重的。总结各次地震中火灾发生原因，包括如下：

1. 地震使大量家用电器损坏，造成电线震断、短路，高温高压设施遭破坏，炉具翻倒等原因造成大量火源、电源失控，引发多处同时起火。

2. 地震使城市燃气管道受损，油罐、化学危险品储罐破裂、化学制剂在撞击和摩擦下发生化学反应致使大量易燃易爆物质外泄，遇火发生燃烧甚至爆炸。

3. 居民及公用服务设施在装修时使用大量可燃、易燃材料，使震后火灾快速蔓延。

4. 消防基础设施遭破坏，交通通信系统瘫痪，消防人员的伤亡以及余震的干扰，限制和妨碍了消防工作的正常开展。

4.2　海啸

海底下较浅的地方发生大地震时，海底突然隆起又下沉。海底巨大急剧的形变产生的波形成了海啸。地震能够引起海啸，要有充分的环境条件。

1. 地震必须发生在深海海沟附近的海底。

2. 地震震级要在 6.5 级以上。

3. 地震震源深度要小于 25km。

满足上述三个条件的深海海沟地震激起海水剧烈扰动，在海面激起惊涛恶浪，形成海啸。和普通海浪相比，海啸宽度特别宽，有时往往达数公里、数十公里，汹涌而来。

1960 年 5 月 22 日，智利沿海地区发生 20 世纪震级最大的震群型地震，其中最大震级9.5级，引起的海啸最大波高为25m。海啸使智利一座城市中的一半建筑物成为瓦砾，沿岸100多座防波堤坝被冲毁，2000余艘船只被毁，损失5.5亿美元，造成10000人丧生。此外，海浪还以每小时600～700km的速度扫过太平洋，到太平洋彼岸的日本列岛波高仍有6～8m，最高8.1m。日本的本州、北海道等地都遭到了极大的破坏，数百日本人被突如其来的波涛卷入大海，几千所住宅被冲走、冲毁，2万多亩良田被淹没，15万人无家可归，港口、码头设施多数被毁坏。

 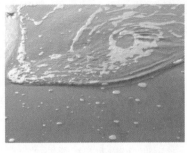

图 4-3
地震造成海啸
（1960 年智利 9.5
级地震）

　　2004年12月26日，印度尼西亚苏门答腊岛附近海域发生的8.9级强烈地震引发的海啸，波及东南亚、南亚和东非地区10多个国家，造成近15万人死亡。印度尼西亚、斯里兰卡、印度、泰国等国灾情最为严重。这也是人类历史上自有海啸记录以来最为严重的一次海啸灾难。

图 4-4
地震造成海啸
（2004 年印尼苏门
答腊 8.9 级地震）

　　2011年3月11日，日本当地时间14时46分，日本东北部海域发生里氏9.0级地震，震中位于宫城县首府仙台市以东的太平洋海域，震源深度测得数据为24.4km，并引发最高40.5m的海啸。此次地震是日本有观测记录以来规模最大的地震，引起的海啸也是最为严重的，加上其引发的火灾和核泄漏事故，导致大规模的地方机能瘫痪和经济活动停止，东北地方部分城市更遭受毁灭性破坏。该地震造成14万人死亡，13万人失踪，其中绝大部分都是由于海啸引起的。

　　地震海啸绝大多数发生在太平洋里，其他海洋很少。在太平洋发生大地震后，太平洋海啸警报中心会发出海啸警报。但是目前太平洋以外的地区，这样的警报系统还没有建立。我国很少有地震海啸的历史记载，这与我国沿海有很好的屏障、大陆架平坦、又没有深海海沟的地震地理条件有关。

图 4-5
地震造成海啸
(2011 年日本东京
9.0 级地震)

4.3 滑坡、泥石流

滑坡是斜坡上不稳定的土体（或岩体）在地震力或重力作用下沿一定的滑动面（滑动带）整体向下滑动的现象。雨水、地震、人为扰动等都是滑坡的诱发因素。地震后，如遇到大雨或暴雨，山体滑坡形成的大量松散土石体便可转变成泥沙的河流，即地震引起的泥石流。滑坡对人类社会发展和经济建设的危害是世界性的，它给世界各国造成的经济损失估计每年可达数十亿美元，防灾减灾费用十分惊人。

泥石流是山地在地震力或重力作用下爆发的包含大量水、泥、砂、石块的洪流。我国因 70％地域为山区，故滑坡灾害发生密度大、频率高，已成为世界上受滑坡危害最严重的国家之一，每年因滑坡灾害造成的损失数以亿计，给国家和人民生命财产带来巨大损失，产生严重社会影响。

地震滑坡和泥石流灾害延续时间长、反复性大，一次强震之后发生大量的滑坡和崩塌，为形成大型的泥石流提供了物质来源。泥石流动的过程中对河床进行下切，两岸进行冲刷和刮挖，这样使边坡又失去平衡，产生新的滑坡。这样循环反复互为因果，因而地震滑坡和泥石流灾害延续时间长，从地震开始，一直延续到次年以至于数年之内。

1970 年 5 月 31 日秘鲁 7.7 级地震，造成 6.7 万人死亡，10 多万人受伤，100 万人无家可归。来自瓦斯卡蓝山北峰的大规模的滑坡、崩塌形成的泥石流；流速为每秒 80～90m，流程达 160km，携带的固体物质多达 1000 万 m^3。掩埋了阳盖镇和潘拉赫卡城的一部分，有 18000 人葬身。其伤亡人数占这次受害者总数的 40％，成为南美洲地震史上的空前事件。

2008 年 5 月 12 日中国四川省发生 8.0 级汶川地震，震中位于中国四川省汶川县，受影响地区超过 10 万 km^2。汶川地震发生在多山的西部地区，和其他地震相比，山体滑坡现象尤为明显。汶川地震触发 15000 多处滑坡，估计直接造成 2 万人死亡，约占地震灾害造成的 8.8 万人死亡的 1/4。以北川中学为例，北川中心位于北川县城东面山坡上，地震发生时，由于竖向地震动的影响，一部分房屋下陷，紧接着由于地震造成了严重的山体滑坡，从山上滚下来的石头和砂土掩埋了整个学校，使震后的救援工作变得十分困难。

图 4-6
地震造成滑坡
（2008 年中国汶川
8.0 级地震）

汶川地震后数年，余震区泥石流灾害频发，这些地区仍有再次发生各种山地灾害的可能，快则持续 3 至 5 年，慢则 7 至 8 年。

图 4-7
地震造成泥石流
（2008 年中国汶川
8.0 级地震）

4.4　放射性污染

毒气污染、细菌污染和放射性污染是城市潜在的次生灾害，其产生原因比火灾简单得多。一般局限于生产、储存及使用这些物质的部门，涉及面较小。它们产生的原因一般来自两个方面：

1. 生产车间破坏、储存容器损坏。

2. 生产或使用时的失控造成。

2011 年 3 月 11 日 14 时 46 分，日本东北部海域发生里氏 9.0 级地震，震中位于宫城县首府仙台市以东的太平洋海域，震源深度测得数据为 24.4km，并引发最高 40.5m 的海啸。

地震引发的海啸，除造成大量房屋被破坏外，还导致福岛第一核电站机组进水，6 个机组中有 5 个机组发生爆炸进而停止运转，大批居民被疏散。核电站周围居民及农作物遭到辐射，并导致地下水和周围海域海水受到污染。此次核泄漏事故被认为是历史上最严重的三次核事故之一，被定为最严重的 7 级。

图 4-8
地震造成放射性
污染（2011 年日
本东日本 9.0 级
地震）

　　受日本核泄漏影响，全球核电站建设进程放缓。同时各国开始加强沿海及出海河流的堤防工程建设，尤其是建在海边的核电站和火电厂等的堤防工程，提高抵御灾害的能力。加强对沿海城市和重大工程设施的安全保护，提高防护标准。

　　目前城市地震次生灾害问题已引起全社会的广泛关注，在强化城市发展的同时，要充分考虑城市合理规划、对重大工程和可能产生严重次生灾害的工程除进行必要的抗震设防外，开展城市活断层探测研究工作也势在必行，以最大限度地减少次生灾害源，将城市灾害控制在最低限度。

　　只要我们做到预防为先，意识在前，措施得力，那么地震次生灾害是完全可以预防和减轻的。

参 考 文 献

[1]　赵思健，任爱珠，熊利亚．城市地震次生火灾研究综述．自然灾害学报，2006.